面向新工科的电工电子信息基础课程系列教材

教育部高等学校电工电子基础课程教学指导分委员会推荐教材

计算机视觉基础

付 莹 编著

清华大学出版社

北京

内 容 简 介

本书全面介绍计算机视觉的基础知识体系,包括计算机视觉的各种典型任务、算法和应用。首先介绍计算机视觉的基础知识和典型任务,分析相机成像的基本原理和模型,并展示如何进行基本的图像处理,从一幅图像中提取关键特征;然后依次介绍用于解决图像识别、目标检测、图像分割和立体视觉等常见视觉任务的传统方法;之后介绍时下流行的深度学习技术在计算机视觉各领域中的应用;最后介绍计算机视觉技术在智慧交通系统、空对地监视系统、医学图像诊断等现实生活中的应用。

本书面向计算机视觉领域的初学者,语言简洁易懂,配套习题和代码实现,旨在帮助读者理解和掌握计算机视觉的基本理论和方法,有能力查阅相关文献进行更深入的研究。

图书在版编目(CIP)数据

计算机视觉基础/付莹编著.—北京:清华大学出版社,2024.4
面向新工科的电工电子信息基础课程系列教材
ISBN 978-7-302-66122-1

Ⅰ.①计…　Ⅱ.①付…　Ⅲ.①计算机视觉-高等学校-教材　Ⅳ.①TP302.7

中国国家版本馆 CIP 数据核字(2024)第 085127 号

责任编辑:文　怡
封面设计:王昭红
责任校对:郝美丽
责任印制:沈　露

出版发行:清华大学出版社
　　　　网　　　址:https://www.tup.com.cn,https://www.wqxuetang.com
　　　　地　　　址:北京清华大学学研大厦 A 座　　　邮　　编:100084
　　　　社 总 机:010-83470000　　　　　　　邮　　购:010-62786544
　　　　投稿与读者服务:010-62776969,c-service@tup.tsinghua.edu.cn
　　　　质量反馈:010-62772015,zhiliang@tup.tsinghua.edu.cn
　　　　课件下载:https://www.tup.com.cn,010-83470236
印 装 者:三河市铭诚印务有限公司
经　　销:全国新华书店
开　　本:185mm×260mm　　　印　　张:20　　　字　　数:453 千字
版　　次:2024 年 6 月第 1 版　　　　　　　印　　次:2024 年 6 月第 1 次印刷
印　　数:1~1500
定　　价:69.00 元

产品编号:098560-01

前言

计算机视觉作为人工智能领域应用最广的技术之一,经过长期发展已形成庞大的知识体系。其目标是让计算机可以像人一样从图像或视频中提取信息,具体任务包括图像目标识别、检测、跟踪等。随着深度学习的发展,深度学习方法在计算机视觉中的应用也不断涌现。计算机视觉不仅包括计算机"看"世界的原理,还包括普遍性的算法和思想,其中许多原理和方法通常可以迁移到语音处理、自然语言处理等其他学科领域。

现有计算机视觉相关教材篇幅过长、讲解晦涩,不利于初学者学习。本书面向计算机视觉领域的初学者,使用简洁易懂的语言,让读者了解过去几十年计算机视觉的完整发展脉络,理解和掌握计算机视觉技术的基本理论知识。本书仅要求读者具有一定的数学基础知识,如对微积分、线性代数等常用数学方法有基本的了解。本书将详细讲解计算机视觉各个子领域的基础知识,包括基本概念和一些简单高效的算法,而对于一些更复杂的算法只做简要介绍。相信读者阅读本书后将具备一定的基础,有能力查阅相关文献或专业书籍进行更深入的学习。

本书全面地介绍计算机视觉的整体体系,覆盖传统方法与目前流行的深度学习技术。为了让读者可以快速地动手实现各种算法,部分算法讲解之后给出了对应的 Python 语言程序作为参考。

由于计算机视觉的知识体系十分庞大,本书中难免出现有待修正的地方,欢迎读者批评指正,我们将不断迭代更新。感谢本书的所有编写者和校订人员的辛苦付出。感谢武汉大学李迎松博士等优质博客作者对各种算法的分析与见解,为本书的资料收集工作提供了极大的帮助。

希望本书可以帮助读者初识计算机视觉,在以后的学习道路上打下坚实的基础。我们共同进步!

付 莹

2024 年 4 月于北京理工大学

目录

目录

目录

目录

目录

目录

目录

第1章

计算机视觉概述

计算机视觉是计算机科学的一个重要研究领域,主要研究如何用机器代替人类的眼睛和大脑实现对真实世界的"观察"和"理解"。在深入学习"计算机视觉"课程之前,1.1节对计算机视觉的基本概念与典型应用任务进行简要介绍;1.2节回顾计算机视觉的发展脉络,展示计算机视觉技术的演变史;1.3节简单分析当前计算机视觉技术面临的挑战。

1.1 简介

本节首先介绍计算机视觉的基本概念,阐述计算机视觉的主要研究内容;其次介绍计算机视觉领域的典型任务和在现实生活中的典型应用。

1.1.1 基本概念

计算机视觉是一门研究如何使机器"看"的科学,包括但不限于用相机和计算机代替人类的眼睛和大脑,完成对图片或视频中目标的识别、追踪和测量,并对图像进行分析,输出对图像内容更深层次的理解。它的研究内容可以概括为对采集的图片或视频进行处理和分析,从中获取需要的信息。计算机视觉涉及计算机科学、信号处理、物理学、应用数学、统计学、神经生理学和认知科学等领域知识,也包括机器学习在视觉领域的应用,是人工智能领域的一个重要组成部分。

计算机视觉具有很强的实用价值,可以为人类智能化决策提供支持。首先,对于从现实场景中拍摄的图片,计算机视觉可以通过图像处理技术,实现对图片亮度、饱和度和对比度的调整,对图像的去噪与增强[1]等,以获取更高质量的图片。其次,结合机器学习模型,计算机视觉还可以实现对图片内容的认知。例如,使用分类模型可以辨识图片中前景物体的种类[2],使用检测模型可以检测图片中目标的坐标并预测其类别[3],使用分割模型可以将图片中不同语义的区域提取出来[4]。此外,根据识别的结果还可以进一步对图片内容进行更深层次的理解。例如,分析图片中人的行为,判断图片中场景是否存在异常等[5]。基于对图片内容的理解,人工智能系统可以给出决策建议,指导人们在现实世界中的行动;当然,系统也可以直接控制机器执行相应操作,实现智能化控制。总的来说,计算机视觉可以让机器"看"到周围环境,并准确感知环境中的物体,分析环境状态。计算机视觉是人工智能系统中非常重要的一环,未来有着广阔的应用前景。

在计算机视觉中,图像采集是开端,图像处理和特征提取是过程,识别和认知是结果。所以,采集高质量图像、设计鲁棒的图像处理与特征提取算法对计算机视觉技术十分重要。数字图像的采集主要根据物体对光线的反射,并利用互补金属氧化物半导体(CMOS)传感器等将获得的影像信息转变为数字信号输出,最终采集得到数字图像。在图像处理与特征提取领域,早期的方法主要是通过构建滤波器与特征算子,提取图片的特征并进行学习。近年来,随着大数据与高性能计算平台的迅猛发展,基于深度学习的卷积神经网络在计算机视觉中得到广泛应用。其具有强大的特征提取与增强能力,推动计算机视觉技术的不断发展。此外,研发人员还设计出了许多更强大的图像采集装置(如高光谱相机和高速相机),并在不同的现实场景中逐渐推广,催生了许多有趣且有价值的计算机视觉应用,如无人机监视[6]、自动驾驶[7]、人脸识别[8]等。

近年来,基于计算机视觉的人工智能系统在诸多行业得到了广泛应用。例如,在日常生活中,人脸识别系统、车辆安全监视系统和行人检测系统等应用不仅为我们的生活提供了极大便利,也极大地提升了城市的现代化治理水平。在国防领域,人们通过计算机视觉技术对遥感图像进行舰船检测、飞机检测和场景识别等任务,实现了空对地广域覆盖,对提高国防水平、保障国民经济安全有着重要意义。此外,2020 年以来,新型冠状病毒在全球肆虐,为了更好地抵御病毒,基于计算机视觉的 X 射线与 CT 影像识别技术在疫情诊断中发挥了重要作用,为更高效地排查确诊病例做出了积极贡献。

由此可见,计算机视觉技术已经无处不在,给我们的生活带来了深刻的影响。学习并掌握计算机视觉相关技术可以从视觉角度解决更多现实问题,从而改善我们的生活。

1.1.2 典型任务

计算机视觉技术包含诸多不同的任务,这些任务支撑了计算机视觉在现实场景中的丰富应用。本节将从图像增强、图像分类、目标检测、图像分割和目标跟踪 5 个方面简要介绍计算机视觉领域的典型应用。

1. 图像增强

虽然随着相机设备的发展,相机的分辨率、感光度等性能都有了极大提升,但由于实践应用中环境复杂,采集得到的图像质量通常不是非常理想,有时需要利用图像增强技术对直接拍摄的图像进一步处理,以得到更好的目标特征和视觉效果。常见的图像增强任务有图像去雾[9]、图像去雨[10]、图像去噪[11]和图像超分辨率[12]。图 1.1 是图像去雾算法的示例,经过算法增强处理,图 1.1(a)明显比图 1.1(b)具有更好的清晰度。

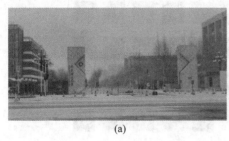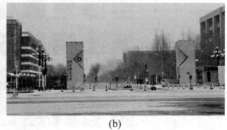

(a)　　　　　　　　　　　　　　　(b)

图 1.1　图像去雾示意图

2. 图像分类

图像分类是根据图像的语义信息对图像进行不同类别的区分,并用事先确定的类别标签描述图像。图像分类任务中需要识别图像中包含的所有物体,例如,图 1.2(a)中包含多个待识别物体,对应 3 种类别,分别是人、羊和狗。图像分类是计算机视觉中的基础任务之一,是目标检测、语义分割、目标跟踪等其他高层次视觉任务的基础。常见的用于图像分类的数据集有 CIFAR-10[13]、ImageNet[14]等。图 1.3 展示了 CIFAR-10 数据集中的 10 个图像类别。

(a) 图像分类

(b) 目标检测

(c) 语义分割

(d) 实例分割

图 1.2　图像分类、目标检测、语义分割与实例分割示例[15]

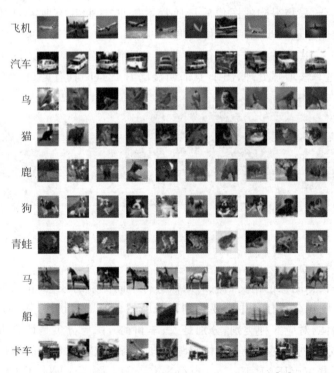

飞机
汽车
鸟
猫
鹿
狗
青蛙
马
船
卡车

图 1.3　CIFAR-10 数据集中的 10 个图像类别[13]

3. 目标检测

分类任务往往关注图像整体,得到的是对整张图像内容的描述;目标检测关注图像中特定的目标对象,要求同时获得目标对象的类别(classification)信息和位置(localization)信息[3],如图 1.2(b)所示。目前,在深度学习技术的支撑下,目标检测算法性能得到了极大提升。目标检测是计算机视觉领域最具挑战性的问题之一,同时,目标检测任务也是计算机视觉在现实世界中应用最广泛的任务之一,其广泛应用于智能视频监控、机器人导航和工业检测等领域。

4. 图像分割

图像分割需要识别图像中每个像素点的类别,将图像划分为多个不相交的区域,每个区域表示一类或一个特定的目标。图像分割任务可细分为语义分割[16]和实例分割[17]。语义分割只区分不同像素的类别,如图 1.2(c)所示,其可以看作像素级别上的分类,属于同一类的像素都要分成一类,即便它们在图像中属于两个不同的物体。实例分割需要进一步区分同一类别的不同个体,可将其视作目标检测和语义分割的结合,如图 1.2(d)所示。两种分割任务的区别是对于一张图片中相同类别的两个物体,语义分割不需要对二者进行区分,实例分割需要对二者做不同的标记。图 1.2 在同一个场景上展示了图像分类、目标检测、语义分割和实例分割的区别,通过对比可以明显地看到这些任务之间的关联与差异。

5. 目标跟踪

简单来说,目标跟踪是在连续的视频帧序列中建立所要跟踪物体的位置关系,并预测物体的运动轨迹[18]。通常来说,给定目标在图像第一帧中的坐标位置,通过模型预测下一帧图像中该目标的坐标和移动轨迹。在运动的过程中,目标在图像中呈现的状态可能会有变化,如姿态变化、外观形变、尺度变化。同时,背景遮挡或光线亮度的变化也会使目标的外观呈现较大差异,这些变化都给实现准确的目标跟踪带来了极大挑战。高效准确的目标跟踪可以为视频内容分析和场景理解提供基础。图 1.4 展示了使用目标跟踪算法显示目标移动轨迹[19]。

图 1.4　目标跟踪算法显示目标移动轨迹的示意图

1.2 发展脉络

1. 20世纪50年代：研究生物视觉工作原理

20世纪50年代左右，生物学家做了很多努力，试图理解动物的视觉系统，其中比较著名的是 Hubel 和 Wiesel[20] 的研究成果。他们从电生理学（electrophysiology）的角度分析猫的视觉脑皮层系统，从中发现了视觉通路中的信息分层处理机制，并提出了感受野的概念。他们也因此获得了1981年诺贝尔生理学或医学奖。该研究也被视为人类对视觉系统工作原理探索的开端。

2. 20世纪60年代：计算机视觉研究起步

从严格意义上讲，计算机视觉是在20世纪60年代逐步发展起来的。这个时期有了人类历史上第一位计算机视觉博士，即 Larry Roberts。他在1963年撰写的论文 *Machine Perception of Three-Dimensional Solids*[21] 中将物体简化为立方体、棱柱体等类似积木的集合形状（如图1.5所示），并在此基础上提取特征而加以识别。该项针对"积木世界"的研究工作开创了以理解三维场景为目标的计算机视觉研究的先河，实现了对简单几何体的边缘提取和三维重建。该论文被认作计算机视觉领域的第一篇专业论文。

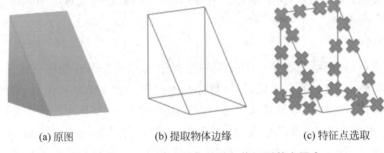

(a) 原图　　　　　(b) 提取物体边缘　　　　　(c) 特征点选取

图 1.5　Larry Roberts 提出的几何体识别基本概念

1966年，麻省理工学院举办了名为 *Summer Vision Project*[22] 的活动，与会人员希望利用暑假时间彻底解决计算机视觉问题。虽然这个活动没能达到预期的目的，但其激发了随后几十年研究人员对计算机视觉探索的热情，有力地促进了计算机视觉领域的起步与探索。

3. 20世纪70—80年代：计算机视觉课程兴起

麻省理工学院的人工智能实验室在这一时期的计算机视觉领域中发挥了积极的推动作用。一方面，他们开设了由著名学者 B. K. P. Horn 教授主讲的"机器视觉"（Machine Vision，MV）课程，吸引了全球很多研究人员参与计算机视觉的理论和实践研究。另一方面，该实验室的 David Marr 教授融合心理学、神经生理学和数学等多门学科，提出了模拟人类神经架构的视觉理论框架。该理论成为20世纪80年代计算机视觉研究领域中非常重要的理论框架，对计算机视觉和模式识别领域的研究具有深远影响。David Marr 教授的代表著作 *Vision*[23] 更是严谨地指出了计算机视觉领域的一些长远发展方向和基本方法,为后续计算机视觉的研究奠定了基础。总的来说,这一时期研究人员的探索标志着计算机视觉开始成为一门独立学科。

4. 20 世纪 80 年代:计算机视觉形成独立学科

20 世纪 80 年代,计算机视觉的方法论也开始随人工智能技术的发展而发生改变,研究人员发现,要让计算机理解图像,不一定先恢复物体的三维结构,而是可以将所看到的物体表征与先验知识库进行匹配实现认知。日本计算机科学家 Kunihiko Fukushima 受 Hubel 和 Wiesel 的研究启发,建立了一个简单的神经网络 Neocognitron[24]。该模型包括几个卷积层,利用卷积滤波器在输入图像上进行滑窗操作,并在执行某些计算后产生一组激活输出。这些输出将作为网络后续层的输入,继续进行特征处理与学习。Neocognitron 是第一个使用卷积和下采样的神经网络,为现代卷积神经网络的设计提供了范例及灵感来源。

这一时期,计算机视觉技术也逐渐从研究室走向工业实践,开始应用于真实场景,造福我们的生活。例如,1982 年 COGNEX 公司建立了 DataMan,它是世界上首个能够读取、验证和确认零件和组件上字母、数字和符号的工业光学字符识别(OCR)系统。

5. 20 世纪 90 年代:特征对象识别开始成为重点

20 世纪 90 年代,随着统计学习理论的发展与完善,支持向量机和朴素贝叶斯等方法广泛应用于计算机视觉领域,有效推动了目标识别与认知技术的发展。同时,研究人员也开始关注具备一定视角和光照稳定性的局部特征。David Lowe 提出的尺度不变特征变换(Scale-Invariant Feature Transform,SIFT[25])是其中的典型工作。如图 1.6 所示,SIFT 具有尺度、旋转不变性,且图像的亮度或者拍摄角度也具有一定的不变性。其可用于匹配不同视角、纵深、光线等条件下采集的多幅图像中的相同元素,在后来的图像处理与识别工作中发挥了重要作用。SIFT 算子的提出也标志着在这一时期手工设计特征及基于特征的对象识别技术成为计算机视觉算法的核心。

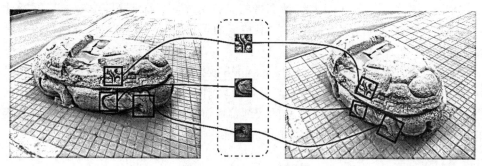

图 1.6　SIFT 特征示意图

同时,这一时期现代神经网络也逐渐萌芽。在算法层面,1998 年法国学者 Yann LeCun 将一种后向传播学习算法应用于 Fukushima 提出的卷积神经网络结构中,并提出了 LeNet-5 网络[26]。该网络结构如图 1.7 所示,其包含了诸多现代神经网络的基本组件,如卷积、池化和全连接层,并用反向传播优化模型参数。LeNet-5 是第一个使用误差反向传播进行训练的神经网络,其已基本具备了现代神经网络的全部要素。

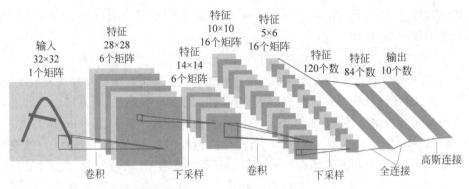

图 1.7　LeNet-5 网络结构

在硬件层面,1999 年 Nvidia 公司在推销 Geforce 256 芯片时提出了图形处理器(GPU)概念。GPU 是专门为并行执行大量复杂的数学和集合计算而设计的数据处理芯片。随着 GPU 性能的提升,游戏行业、图形设计行业和视频行业也迎来飞速发展,出现了越来越多高画质游戏、高清图像和超清视频。更重要的是,GPU 可以极大提升计算机硬件对图形数组的运算能力,为深度学习的发展提供了重要保障。虽然这一时期卷积神经网络尚未受到广泛重视,但是其相关理论和技术开始萌芽为其未来全面引领计算机视觉领域的发展奠定了基础。

6. 21 世纪初:特征工程技术与深度学习基础理论进一步发展完善

基于之前的研究,21 世纪初人们对图像特征工程的探索也取得了更深入的进展。例如,2005 年 Dalal 等提出方向梯度直方图(Histogram of Oriented Gradients,HOG)[27]并应用于行人检测,引领了基于梯度特征的目标检测器的发展。截至目前,HOG 仍是计算机视觉和模式识别领域常用的一种描述图像局部纹理特征的方法。2006 年,Lazebnik 等提出一种利用空间金字塔(Spatial Pyramid Matching,SPM)[28]进行图像匹配、识别和分类的算法。其在不同分辨率上统计图像特征点分布,从而获取图像的多尺度特征表达。这种通过构建空间金字塔提取多尺度特征的思想对目前的卷积神经网络依然有着重要影响。

2009 年,芝加哥大学的 Pedro Felzenszwalb 教授提出基于 HOG 的可变形零件模型(Deformable Parts Model,DPM)[29]。它是深度学习之前最成功的目标检测与识别算法,尤其是在行人检测领域取得了优异的成绩。目前,DPM 也是分类、分割、姿态估计等算法的核心部分,Felzenszwalb 也因此被 Pascal VOC 挑战赛的组委会授予"终身成就奖"。

此外,P. Viola 和 M. J. Jones 于 2004 年提出的 Viola-Jones(VJ)检测器[30]也是这一时期具有代表性的视觉模型,其在人脸检测应用方面具有划时代意义,在当时计算资源非常有限的情况下实现实时人脸检测,推动了人脸检测的商业应用。为避免滑动窗口遍历图像过程中带来的巨大计算量,VJ 检测器在特征提取、特征选择和判断处理三方面采用了一定的优化策略,大大提高了运算效率。

这一时期,开始涌现了一些对深度学习领域产生重大影响的数据集。2006 年,Pascal VOC 项目启动,它提供了可用于目标检测与分割任务的标准化数据集。基于

Pascal VOC,研究人员对目标检测与目标分割进行了大量探索。此外,Pascal VOC 的创始人 2006 年—2012 年依托该数据集多次举办视觉相关的竞赛,得到了来自全球各地研究人员的广泛参与,相应的竞赛成果也引起了较大反响。

2006 年左右,Geoffrey Hilton 和他的学生提出了用 GPU 优化深度神经网络的方法,并在 *Science* 上发表了相关论文[31]。他们给基于多层神经网络的学习方法赋予了一个新名词——深度学习。在随后的十几年,深度学习吸引了人们越来越多的研究目光,并取得了飞跃式发展。其广泛应用于图像处理和语音识别等领域,大大促进了人工智能技术的进步。

7. 2010 年至今:深度学习席卷视觉领域

2009 年,李飞飞教授在 CVPR 会议上发表的一篇题为 *ImageNet:A Large-Scale Hierarchical Image Database*[14] 的论文标志着 ImageNet 数据集的发布。该数据集规模庞大,其筹划与组建历经三年的时间,至今仍是计算机视觉领域涵盖素材最全、规模最大的数据集之一。2010 年—2017 年,基于 ImageNet 数据集共进行了 8 届 ImageNet 图像分类挑战赛,极大地推动了计算机视觉技术的进步,引领了近十年来计算机视觉技术的潮流。可以说,ImageNet 改变了人工智能(AI)领域人们对数据集的认识,使人们开始真正意识到数据在研究中可以像算法一样重要。ImageNet 是计算机视觉发展的重要里程碑,更是深度学习热潮的关键助推器,将图像分类算法乃至整个计算机视觉领域推向了新的高度。

2012 年,Alex Krizhevsky 等提出了 AlexNet[32],赢了当年的 ImageNet 挑战赛冠军,并大幅提高了模型的精度,将识别错误率从 25% 左右降至 16% 左右。AlexNet 首次在卷积神经网络中成功应用了 ReLU、Dropout 等操作,并使用 GPU 进行运算加速,为现代深度卷积神经网络模型奠定了基础。AlexNet 模型发表在论文 *ImageNet Classification with Deep Convolutional Networks*[32] 中,其迄今被引用超过 10 万次,被业内普遍视作深度学习领域里程碑的工作之一。如图 1.8 所示,在随后的几年中,深度卷积神经网络在历次 ImageNet 挑战赛中不断刷新图像分类算法的性能纪录,不断突破计算机视觉技术的瓶颈。

从那时起,基于深度学习的视觉模型逐步应用于目标检测、语义分割和图像恢复等任务,并推动了计算机视觉技术在现实场景中的应用。

在目标检测领域,R. Girshick 等率先提出的 RCNN[33] 开启了基于深度学习的目标检测新篇章。之后,相继提出 Faster RCNN[34]、SSD[35]、YOLO[36] 等检测算法,实现了基于卷积神经网络的端到端检测,在保证精度的同时极大地提升了计算速度,推动了整个目标检测任务的发展。

在语义分割领域,2015 年 Long 等提出的全卷积神经网络(Fully Convolutional Network,FCN)[37] 第一次将深度学习技术端到端地应用于语义分割,其将常规分类模型转换为像素级别的分类网络,实现了对图像中目标逐像素的分割。在 FCN 模型的基础上,基于编码器-解码器(encoder-decoder)的语义分割模型迅速发展。U-Net 模型是早期采用编码器-解码器结构的模型,其通过 U 形结构实现对医学图像的语义分割,同时其内

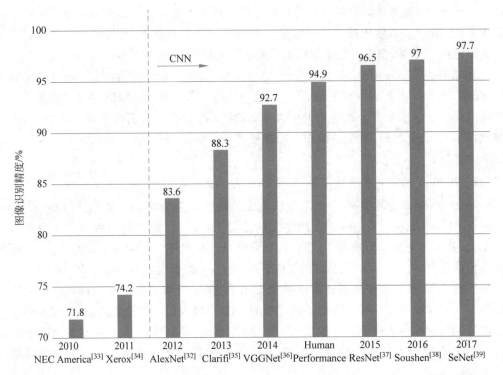

图 1.8　近几年 ImageNet 挑战赛冠军模型识别精度的演变

部独特的跨层跳跃连接(skip-connection)也极大地弥补了图像还原过程中细节信息的损失。之后,DeepLab[38]系列网络利用空洞卷积、空间金字塔池化等操作,高效聚合目标的多尺度特征,成为目前最成功、应用最广泛的分割算法之一。

在图像恢复领域,DnCNN[39]率先将深度卷积神经网络应用到图像去噪任务中。通过加入残差学习、批归一化等操作,其性能相较于传统方法有明显的提升。自此开始,深度卷积神经网络成为图像去噪任务的主流方法,也产生了 FFDNet[40]、CBDNet[41]等一系列工作。近年来,随着人们对网络结构的深入探索,拥有更强全局建模能力的Transformer[42]结构也使其在恢复任务中逐渐取代深度卷积网络。例如,以Restormer[43]为代表的"恢复器"网络成为目前性能最优的通用图像恢复方法,其不仅在图像去噪任务中表现出色,同时能胜任去模糊、去雨、去雾等图像恢复任务。总的来说,从 20 世纪中期开始,计算机视觉技术不断发展,相关研究经历了从二维图像到三维图像,再到视频及真实空间的探知,研究方向从还原三维信息逐步向特征识别转变,主流算法从传统特征算子演变为目前的深度学习相关技术。在这个过程中,计算机视觉技术的能力不断提高,各种有价值的视觉应用被逐步推广,在日常生活中发挥着越来越重要的作用。

1.3　面临的挑战

当前计算机视觉技术发展迅速,其应用也已具备初步产业规模。但是,计算机视觉技术的发展仍面临许多挑战。

一是如何推动计算机视觉技术更深层次理解图像内容并将这些技术应用于日常生活。计算机视觉在有些领域的处理能力已经逐渐走向成熟甚至超过人类，而在某些问题上却难以取得良好效果。例如，对于一个给定的图片，计算机视觉可以较好地识别图片中的物体，并实现高精度的目标检测与分割。但是，当图片中的物体存在遮挡或者较为严重的形变时，计算机视觉算法往往难以像人类一样维持高水平的识别能力。同时，尽管现有计算机视觉技术可以较好地完成一些客观任务，如识别、检测等，但是对于一些主观性较强的推断，或者对图片内容进行深层次理解时，计算机视觉模型有时仍然难以胜任。例如，基于人脸图片进行情感分析，或者对图片氛围进行理解。这种涉及主观情感的问题，现有计算机视觉技术还远远无法达到人类的水平。此外，计算机视觉作为一门实践学科，需要走出实验室，落地于我们的生活中。近年来，随着相关技术的发展，人脸识别、车辆检测和医学图像诊断等计算机视觉应用也不断涌现，为我们的日常生活提供了极大的便利。但是，这些应用系统在部署之前的训练学习往往依赖对应场景的数据。而且，当真实场景出现光照不足、能见度差等问题时，系统往往无法正常工作。如何提高这些应用系统部署在新场景时的处理能力，以及如何提升其应对复杂环境的鲁棒性，仍是亟待解决的问题。

二是如何减少计算机视觉算法的开发时间和降低人力成本。目前计算机视觉中最强有力的深度学习模型依赖大量的数据与人工标注，而要获取这些标注通常费时费力。一方面，随着模型在旧数据集上性能的逐渐饱和，研究人员为了进一步研究算法性能，不得不继续收集数据，以建立规模更大、覆盖面更广的数据集。但是，收集新的数据并标注通常工作量很大。此外，对于一些特定的任务，如精细化的细粒度图像分类，普通标注人员甚至难以胜任，需要相关领域的专家才能完成标注。因此，现有深度学习算法对数据的依赖也会在一定程度上制约其发展。另一方面，越来越大的数据集通常会带来更长的训练时间和更大的训练开销。虽然近几年计算机硬件技术不断发展，高性能计算平台不断升级，但是采用这些性能更强的硬件进行计算机视觉研究与开发也意味着更高的经济成本，这对于推广计算机视觉技术是不利的。因此，近几年研究模型量化压缩、边缘计算的计算机视觉技术受到了广泛关注，它们对推动计算机视觉进一步发展具有重要意义。

三是如何促进计算机视觉算法与硬件的协同开发。随着新的成像硬件与人工智能芯片的出现，针对不同芯片与数据采集设备的计算机视觉算法设计也面临全新的挑战。现有深度学习算法主要关注如何在图像算法层面实现高质量的图像处理、特征提取与目标识别。事实上，设计高性能的图像采集装置，获取高质量的图像输入，对于提高计算机视觉系统的处理水平同样重要。但是，现有的计算机视觉算法大多忽视与输入端的联动，它们往往将系统的输入当作一个不变的"确定性条件"处理，只关注后续的算法设计。事实上，连通数据采集设备与算法，进行系统全流程的适配，并实现一体化协同处理也十分重要。

1.4　本书的章节安排

通过本章的学习，读者已经对计算机视觉有了初步的认识。后面章节将逐步展开对计算机视觉技术的深入介绍。本书后续内容包括计算机视觉技术中的各种典型算法和应用,分为以下 5 部分。

第 2 章和第 3 章介绍相机成像模型。第 2 章从整体上介绍数字图像的形成过程及影响数字图像采集的关键参数与硬件配置;第 3 章介绍相机成像的几何模型及相机几何标定、图像去畸变的方法,这是对拍摄的图像进行其他处理前的重要一步。

第 4 章和第 5 章介绍如何进行基本的图像处理,例如,对图像进行滤波处理,以及如何从一幅图像中提取关键特征。这些基本操作是解决计算机视觉任务的基础。

第 6～8 章依次介绍图像识别、目标检测、图像分割和立体视觉相关问题的传统方法。这些方法通常要用到第 4 章和第 5 章中关于图像特征提取的知识。

第 9 章和第 10 章介绍深度学习方法在计算机视觉领域的应用。第 9 章作为铺垫介绍卷积神经网络的基础知识,包括其基本组成、训练方法和一些典型的分类模型;第 10 章介绍各种基于卷积神经网络的视觉应用,如目标检测和图像分割。

第 11 章介绍计算机视觉技术在现实生活中的应用,主要涉及其在交通、遥感和医学领域的重要应用,展示了计算机视觉技术给人们的生活和生产带来的重大改变。

本书各章关系如图 1.9 所示。

为使读者快速地动手实现各种算法,讲解部分算法之后给出了对应的 Python 语言程序。读者按照章节顺序学习,在了解理论知识后结合本书给出的 Python 代码动手编程实现相关算法,相信会对其有更深入的了解。此外,各章末尾给出了小结和习题,帮助读者回顾全章内容,巩固所学知识,并引发新的思考。

习题

1. 通过本章的学习,你对计算机视觉技术有哪些新的认识?

2. 你觉得生活中哪些领域可以运用计算机视觉技术,促进该领域智能化、自动化技术的提升?

参考文献

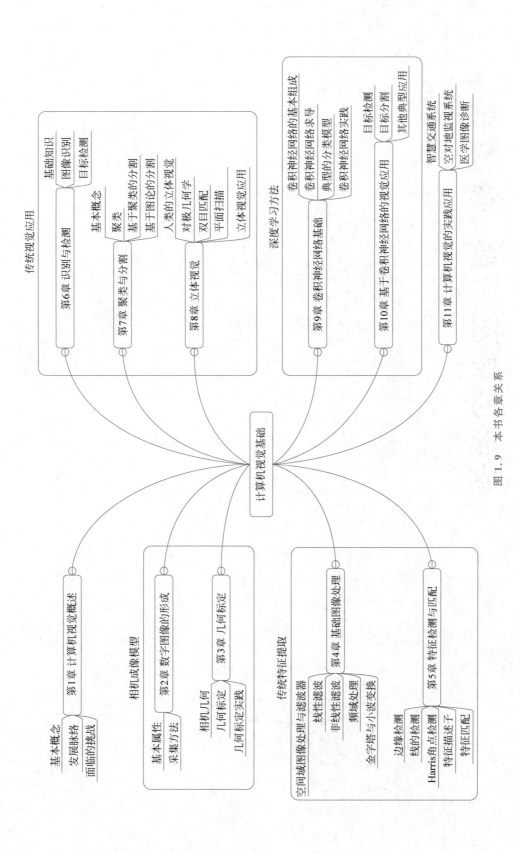

图 1.9　本书各章关系

第

2

章

数字图像的形成

在处理和分析图像前,首先要理解数字图像的基本属性和形成过程,本章将系统讲解这些概念。2.1 节介绍数字图像的基本属性,包括数字图像的形成,颜色与光谱特性,图像的对比度、亮度、饱和度等概念,以及图像的特征类别。2.2 节介绍简单的成像流程,讨论成像时基本参数的设置对图像的影响,最后介绍镜头和传感器的相关知识。

2.1 数字图像的基本属性

本节首先介绍数字图像的组成,在此基础上介绍可见光、光谱、颜色,以及图像的对比度、亮度、饱和度等相关概念。这些概念对于理解数字图像的形成、掌握数字图像处理技术及优化图像质量都是非常重要的。最后,本节还将介绍图像的自然及人工特征,这些图像特征在数字图像处理中有着广泛的应用。

2.1.1 数字图像的组成

本节将探讨数字图像的组成和采集步骤。首先介绍图像的连续表示(模拟图像)和图像的离散表示(数字图像),通过对这两种图像表示方式进行比较,有助于深入理解数字图像的本质。之后分别介绍图像的连续表示方式及图像的数字化步骤,即采样、量化、图像的离散表示。

1. 模拟图像与数字图像

1826 年前后,法国科学家尼埃普斯(Joseph Nicéphore Nièpce)发明了第一张可永久保存的照片。它通过某种物理量(如光、电等)的强弱变化记录图像亮度信息,因此是连续变化的,这样表示的图像称为模拟图像。模拟信号的特点是易受干扰,因此目前大多数使用及处理的图像均为更先进的数字图像,而不是模拟图像。

1920 年数字图像首先被发明并应用于报纸行业。1921 年数字图像通过巴特兰有线电视传输系统实现从伦敦至纽约的首次传输,其亮度用离散数值表示。发送端编码图片并使用打孔带记录,通过系统传输后,在接收端使用特殊的打印机再次打印为图像。数字图像将连续的模拟图像离散化为规则网格,使用一个数字阵列表达客观场景。

2. 图像的连续表示

如图 2.1 所示,光照射到场景后,由成像系统感知并产生与接收的入射光成正比的输出。通过模拟电路扫描这些输出,可将其转化为模拟信号。

可将二维模拟图像看作空间上各点光强度的集合,它随坐标(x,y)、光线的波长 λ 连续变化。其数学表达式为

$$g = f(x, y, \lambda) \tag{2.1}$$

若只考虑光的能量,而不考虑其波长,图像视觉上则表现为灰色影像,称为灰度图像或单色图像,可表示为

$$g = f(x, y) = \int f(x, y, \lambda) V_S(\lambda) \mathrm{d}\lambda \tag{2.2}$$

式中:$V_S(\lambda)$ 为成像系统的光谱响应函数,该函数是指传感器针对特定波长 λ 接收并记录的亮度值与入射光强的比值。

由于传感器硬件的限制,传感器在某个特定波长范围内的响应不可能是100%,因此式(2.2)得到传感器在每个波长处实际检测到的光,再对光的波长进行积分,得到某一点处的综合亮度值。

因为光是能量的一种形式,所以$f(x,y)$大于零,即

$$0 < f(x,y) < \infty \tag{2.3}$$

在人类的视觉活动中,人眼看到的图像一般由物体反射的强度组成。$f(x,y)$由两个分量组成:一个分量是所见场景的入射光量$i(x,y)$;另一个分量是场景中物体反射光量的能力,即反射率$r(x,y)$。$f(x,y)$可表示为$i(x,y)$和$r(x,y)$之积,即

$$f(x,y)=i(x,y)r(x,y) \tag{2.4}$$

式中

$$0 < i(x,y) < \infty \tag{2.5}$$

并且

$$0 < r(x,y) < 1 \tag{2.6}$$

上式表示反射率$r(x,y)$在极限0(全吸收)和1(全反射)之间。$i(x,y)$的性质由光源的光照强度确定,而$r(x,y)$由场景中物体的特性确定。

图像$f(x,y)$在任意坐标(x_i,y_i)处的强度称为图像在该点处的灰度$f(x_i,y_i)$,由式(2.4)~式(2.6)可知,$f(x_i,y_i)$的范围为

$$F_{min} \leqslant f(x_i,y_i) \leqslant F_{max} \tag{2.7}$$

理论上,对F_{min}的唯一要求是必须为正,对F_{max}的要求是必须有限。间隔$[F_{min},F_{max}]$称为灰度范围,通常将这一间隔在数值上移到$[0,F]$,其中$F=F_{max}-F_{min}$,$f=0$,表示黑,$f=F$,表示白。

3. 图像数字化(采样、量化、数字图像的表示)

随着计算机技术的兴起,由于模拟图像易受干扰且不易存储和处理,逐渐被数字图像取代。图像数字化是通过采样和量化将一幅画面转化为计算机便于处理的数字图像的过程。具体来说,在成像过程中将一幅图画分割为如图2.1所示的一个个小区(像元或像素),并以整数表示各小区的灰度,这样便形成一幅数字图像。这种转换包括采样和

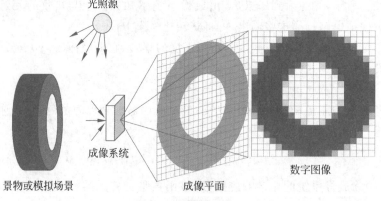

图 2.1　图像数字化

量化两个处理步骤。

采样是对模拟图像空间坐标 (x,y) 的离散化。将空间上连续的图像变换为离散点（像素）的操作称为采样。采样间隔和采样孔径的大小是采样的两个重要参数。

进行采样时，对各采样点间隔的选择会影响数字图像的空间分辨率。采样时，若横向的像素数（列数）为 M，纵向的像素数（行数）为 N，则生成数字图像的总像素数为 $M \times N$。一般来说，采样间隔越大，所得图像总像素数越少，空间分辨率低，图像质量差；采样间隔越小，所得图像总像素数越多，空间分辨率高，图像质量好，但需要存储的数据量大。如何选取横向及纵向像素数 M、N，即如何选取采样间隔 Δx、Δy 需要根据采样定理进行分析。在数字信号处理领域中，采样定理是模拟信号和数字信号之间的基本桥梁。该定理说明采样频率与信号频谱之间的关系，是连续信号离散化的基本依据，它为采样率的选择提供依据。该定理描述为：在进行模拟/数字信号的转换过程中，当采样频率 f 大于信号中最高频率 $f_{\max}$ 的 2 倍时，采样之后的数字信号可完整地保留原始信号中的信息。设 x、y 方向的采样间隔分别为 Δx、Δy，其采样频率分别为 $\Delta u = 2\pi/\Delta x$，$\Delta v = 2\pi/\Delta y$。设图像在 x、y 方向的最高频率分别是 U_c、V_c，则不失真采样应满足 $\Delta u \geqslant 2U_c$、$\Delta v \geqslant 2V_c$。

采样孔径的形状和大小与采样方式有关。采样孔径通常有圆形、正方形、长方形、椭圆形 4 种，如图 2.2 所示[1]。在实际使用时，由于受到光学系统特性的影响，采样孔径会在一定程度上产生畸变，使其边缘出现模糊，图像会出现不同程度的失真。

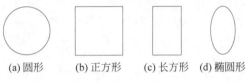

(a) 圆形   (b) 正方形   (c) 长方形   (d) 椭圆形

图 2.2　采样孔径

确定采样间隔和采样孔径后，便可通过不同的采样方式进行采样。采样方式是指相邻采样像素间的位置关系。如图 2.3 所示，可分为有缝、无缝和重叠采样 3 种情况，通常使用无缝采样的方式。

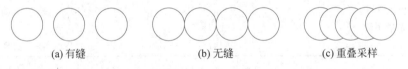

(a) 有缝   (b) 无缝   (c) 重叠采样

图 2.3　采样方式

经采样后图像被分割成空间上离散的像素，但每个像素的灰度值仍是小数点后有无限位的实数，这仍不能用计算机进行处理。将像素灰度值转换成离散的整数值的过程称为量化。一幅数字图像中不同灰度值的个数称为灰度级数，用 G 表示。例如，一幅数字图像的量化灰度级数 $G = 256 = 2^8$ 级，则像素灰度取值是 $0 \sim 255$ 的整数。由于该例中用 8bit 就能表示灰度图像像素的灰度值，因此称为 8bit 量化。一般来说，用大于或等于 6bit 量化的灰度图像，视觉效果就能令人满意。

进行采样和量化过程前需要决定影像大小（行数 M、列数 N）和灰度级数 G 的取值。一般数字图像灰度级数 G 为 2 的整数幂，即 $G = 2^g$，g 为量化后表示像素灰度值所需的比特位数。那么一幅大小为 $M\times N$、灰度级数为 $G(G=2^g)$ 的图像所需的存储空间 $M\times N\times g$（单位 bit）称为图像的数据量。

常见的数字图像根据灰度级数的差异可分为灰度图像、黑白（二值）图像和彩色图像。灰度图像可以表现不同深度的灰色，是指每个像素由一个 8bit 量化的灰度来描述的图像，只有亮度信息没有彩色信息，通常采用 0～255 之间的整数表示像素灰度范围，其中 0 表示黑色，255 表示白色，如图 2.4 所示。二值图像只能表现黑白两种颜色，其图像像素灰度只有两级，通常取 0（黑色）或 1（白色），如图 2.5 所示。

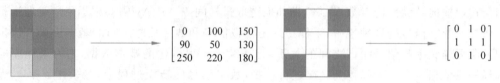

$$\begin{bmatrix} 0 & 100 & 150 \\ 90 & 50 & 130 \\ 250 & 220 & 180 \end{bmatrix} \qquad \begin{bmatrix} 0 & 1 & 0 \\ 1 & 1 & 1 \\ 0 & 1 & 0 \end{bmatrix}$$

图 2.4　灰度图像　　　　　　　　　　图 2.5　二值图像

彩色图像是指每个像素由红、绿、蓝（分别用 R、G、B 表示）三个分量构成的图像，每个颜色分量称为一个通道，其中 R、G、B 是由不同的灰度级描述的，如图 2.6 所示。当每种颜色使用 2^g 级进行线性量化时，每个颜色分量需要 g 位，每个彩色图像的像素以 $3g$ 位量化存储。表 2.1 给出各类图像的表示形式。

$$\boldsymbol{R}=\begin{bmatrix} 255 & 240 & 240 \\ 255 & 0 & 80 \\ 255 & 0 & 0 \end{bmatrix} \quad \boldsymbol{G}=\begin{bmatrix} 0 & 160 & 80 \\ 255 & 255 & 160 \\ 0 & 255 & 0 \end{bmatrix} \quad \boldsymbol{B}=\begin{bmatrix} 0 & 80 & 160 \\ 0 & 0 & 240 \\ 255 & 255 & 255 \end{bmatrix}$$

图 2.6　彩色图像的 R、G、B

表 2.1　图像的表示形式

类　别	形　式	备　注
二值图像	$f(x,y)=0,1$	文字、线图形、指纹等
灰度图像	$0\leqslant f(x,y)\leqslant 2^g-1$	普通照片，$g=6\sim8$
彩色图像	$\{f_i(x,y)\},i=\mathrm{R,G,B}$	彩色照片，彩色印刷
多光谱图像	$\{f_i(x,y)\},i=1,\cdots,m$	用于遥感
运动图像（视频）	$\{f_t(x,y)\},t=t_1,\cdots,t_n$	动态分析、视频影像制作

根据上述讨论可知，图像可以是二值的、灰色的或彩色的。二值图像中的像素只有 0 或 1 两个值，灰色图像则量化成多强度级数，彩色图像的不同颜色通道则量化为多强度级数。当量化级数增加时，图像表现得与原始图像更接近，但是对存储的需求也会增加。

二值图像对存储和处理要求都是最低的。例如，二值图像可以是线描、白纸上打印的文本或剪影。类似二维码，这些图像主要包含对象的轮廓信息，可以被容易地识别及处理。在计算机视觉中有一些应用使用二值图像进行对象识别、跟踪等[4,5]。通过阈值处理，灰度图像可被转换成二值图像。

4. 数字图像的表示

数字图像即二维图像，用有限个像素值表示，通常由数组或矩阵表达，其光照位置和强度都是离散的。连续图像函数通过采样和量化可以转换为数字图像。每个图像的像素通常对应二维空间中一个特定的位置,并且由一个或者多个与该特定位置相关的采样值组成该像素数值。假如把连续图像 $f(x,y)$ 取样为一个包含 M 行和 N 列的二维阵列 $f(m,n)$,其中 (m,n) 是离散坐标,$m=0,1,2,\cdots,M-1$; $n=0,1,2,\cdots,N-1$。由一幅图像的坐标张成的实平面部分称为空间域,m 和 n 称为空间变量或空间坐标。

在经过采样及量化过程后,一幅 $M\times N$ 大小的数字图像便可用矩阵表示为

$$F=\begin{bmatrix} f(0,0) & f(0,1) & \cdots & f(0,N-1) \\ f(1,0) & f(1,1) & \cdots & f(1,N-1) \\ \vdots & \vdots & \ddots & \vdots \\ f(M-1,0) & f(M-1,1) & \cdots & f(M-1,N-1) \end{bmatrix} \tag{2.8}$$

式(2.8)的右边是一个实数矩阵,该矩阵中的每个元素可以称为图像单元、图像元素或像素。数字图像中的每个像素对应矩阵中相应的一个元素。数字图像矩阵表示的优点是能应用矩阵理论对图像进行分析处理。如果是单色图像或二值图像,式(2.8)中矩阵的每个元素是一个整数;如果是彩色图像或其他多通道图像,式(2.8)中矩阵的每个元素是一个矢量,其每个元素代表一个通道上的数值。

2.1.2 颜色与光谱特性

颜色是重要视觉信息,人类从诞生起就能感知颜色。外界物体反射回的光线通过角膜、瞳孔、晶状体、玻璃体之后投射到视网膜,感光细胞把光信号转换为电信号,沿着视神经传到大脑皮层的视觉中枢,就形成了视觉。

在视网膜上主要有视杆细胞和视锥细胞两大类感知光线的细胞,视杆细胞可感知光强度,但是无法分辨颜色,视锥细胞则可以提供颜色信息。人的视觉系统有 3 类视锥细胞用于感知颜色,分别称为 S 视锥细胞、M 视锥细胞和 L 视锥细胞。每种视锥细胞内部都有不同的视色素,这些视色素吸收的光谱区域不一样,使每种视锥细胞都对某一个特定波长的颜色异常敏感。一般来说,S 视锥细胞对波长 420nm 的光线最为敏感,M 视锥细胞对 530nm 的波长最为敏感,而 L 视锥细胞对 560nm 的波长最为敏感。最终神经系统对视锥细胞感知的光线进行解译,以判断物体的颜色。

颜色信息是非常重要的图像特征之一,被应用于许多计算机视觉问题中,如目标识别、图像匹配、基于内容的图像检索、彩色图像压缩等[4,5]。当前在计算机视觉和数字图像处理领域,颜色科学仍然是一个极具挑战性的研究领域。

1. 可见光

自然光由不同波长的电磁波组成,每一种电磁波呈现一种特定的颜色。可见光是在电磁波范围内人类肉眼可以感知和察觉到的一部分。人眼对波长范围从 400nm(紫罗兰色)到 700nm(红色)的电磁辐射非常敏感,一般认为这个波段范围内的是可见光,其光谱如图 2.7 所示。当 400~700nm 所有波长的光混在一起时,就变成了白光,所以白光也称为复色光。

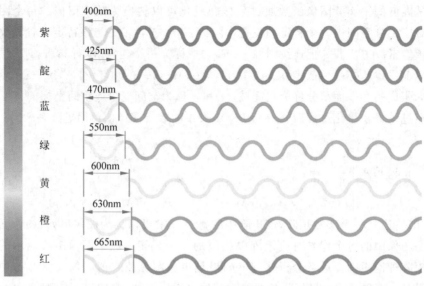

图 2.7　可见光谱

注：可见光谱展示了呈现不同颜色的光波的波长，其范围从紫色的 400nm 一直到深红色的 700nm。

2. 光谱

光谱是电磁辐射按照波长的有序排列。根据实验条件的不同，各个辐射波长都具有各自的特征强度。当复色光通过色散系统（如光栅、棱镜）进行分光后，依照光的波长（或频率）大小顺次排列形成的图案即为光谱。光的波长与频率成反比，即 $\lambda = v/f$，其中 λ 为波长，v 为波速，f 为频率。

在可见光谱的红光一侧之外存在波长更长的红外线，在紫光之外存在有波长更短的紫外线。红外线和紫外线都不能为肉眼觉察，但可通过仪器加以记录。因此，除可见光谱外，还有红外光谱与紫外光谱等。

3. 颜色

颜色或色彩是眼、脑和人的生活经验对光的颜色的视觉感知特征。这种对颜色的感知来自可见光谱中电磁辐射对人眼视锥细胞的刺激。这种辐射是由物体的物理性质，如物体的吸收、发射光谱等决定的。之所以物体呈现不同的颜色，是因为它们吸收了一部分颜色（吸收了一部分特定波长的光波），然后反射了其他颜色。物体颜色示例如图 2.8

图 2.8　物体颜色示例

所示,一件红色衬衫看起来是红色的,是因为衣物纤维中的染料分子吸收了光波光谱中除红色光波外的所有其他光波,红色光波是在衬衫上唯一被反射的。如果只有一束蓝光照射在红色的衬衫上,那么红衬衫看起来是黑色的,因为蓝色的光波将被衬衫吸收,没有红色光波可被反射。白色的东西看起来是白的,是因为它反射了所有的光波;黑色的东西看起来是黑的,是因为它吸收了所有光波,没有光波可被反射。

颜色通常用三个独立的变量描述,这三个独立变量综合作用构成一个空间坐标系,就是颜色空间。例如,在绘画时可以使用红色、黄色和蓝色三种原色生成不同的颜色,这些颜色就定义了一个色彩空间。颜色空间按照基本结构可以分为基色颜色空间(由几种基色组合而成)和色亮分离颜色空间(色彩和亮度单独描述)两类。RGB 颜色空间属于前者,HSV(色相、饱和度、明度)颜色空间属于后者。例如,在电脑上显示颜色时,通常使用RGB(红色、绿色、蓝色)色彩空间定义,红色、绿色、蓝色作为 3 个坐标轴。而 HSV 色彩空间生成颜色的方法是使用色相、饱和度和明度作为 3 个坐标轴。

现实生活中,彩色图像数据中巨大的色彩空间会降低对彩色图像编码、处理和分析的效率。在对彩色图像进行处理时,减少颜色数量可以减少搜索开销,可观地提高算法效率。对 RGB 色彩空间采样可以达到上述目的,该过程使用少量有代表性的颜色表示原始图像,以略微降低图像质量为代价,提升图像编码、处理和分析的效率。比如,BMP格式图像可以使用额外的 256 色调色板存储彩色图像中包含的代表性颜色,每个像素位置只需要存储其颜色在调色板中的代码(8 位),而不需要存储其颜色值(通常需要 24位),以节省空间。

2.1.3　图像的对比度、亮度与饱和度

在图像处理中主要通过对比度、亮度和饱和度描述一幅图像的整体视觉效果。

1. 图像对比度

对比度表示一幅图像中图像亮与暗的落差值,即图像最大灰度级与最小灰度级之间的差值,差值越大,对比度越高。如图 2.9 所示,对比度越高,一个图像给人的感觉越鲜亮,突出;对比度越低,给人感觉变化越不明显,反差越小。

低 ◄———————— 对比度 ————————► 高

图 2.9　图像对比度示意

2. 图像亮度

图像亮度是指画面的明亮程度。若是灰度图像,则与灰度值有关,灰度值越高,则图像越亮。从图 2.10 中可以直观感受亮度给图像带来的视觉影响。

低 ◀——————— 亮度 ———————▶ 高

图 2.10　图像亮度示意

3. 图像饱和度

图像饱和度是彩色图像独有的概念,指的是图像颜色的种类数量。如图 2.11 所示,饱和度越高,颜色种类越多,颜色表现越丰富。当饱和度为 0 时,图像表现为灰度图像。当使用 RGB 色彩空间时,RGB 分量值差距越大,饱和度越高;当使用 HSV 色彩空间时,S 值越大,饱和度越高。

低 ◀——————— 饱和度 ———————▶ 高

图 2.11　图像饱和度示意

总的来讲,图像亮度、对比度、饱和度之间并不是彼此独立的,改变其中一个特征可能同时引起其他特征的变化,其变化的程度取决于图像本身的特性。如图 2.10 所示,在增加图像亮度的同时,也降低了图像对比度。其原因是增加亮度导致图像整体灰度值增加,而最大灰度值是固定的,因此图像中最低灰度值与最高灰度值之间的差值减小,图像对比度降低。

2.1.4　图像的特征类别

图像特征是图像分析的重要依据,它可以是视觉能分辨的自然特征,也可以是人为定义的某些特性或参数,即人工特征。例如,数字图像的像素亮度、边缘轮廓等属自然特征,图像经过变换得到的频谱和灰度直方图等属人工特征。

1. 自然特征

图像是空间景物反射或辐射光能量的记录,具有以下特征。

(1)光谱特征:同一景物对不同波长的电磁波具有不同的反射率,不同景物对同一波长也可能具有相同的反射率。因而同一景物在各个波段的不同成像效果构成了数字图像的光谱特征。

(2)几何特征:其主要表现为图像的空间分辨率、图像纹理结构及图像变形等方面。空间分辨率反映采用的设备性能。纹理结构是指影像局部细节的形状、大小、位置、方向及分布特征,是模式识别的主要依据。

（3）时相特征：对于动态图像或视频而言,时相特征主要反映不同时间获得的同一地区各图像之间存在的差异。它是对物体进行监测和跟踪的主要依据。

2. 人工特征

图像的人工特征较多,常用的有以下四个特征。

（1）直方图特征：直方图是像素值数据分布的精确图形表示,其 X 轴为像素值（一般范围为 0～255）,Y 轴为图像中具有该像素值的像素数。为了构建直方图,第一步是将像素值的范围分段,即将整个值的范围分成一系列连续且不重叠的相等间隔,然后计算每个间隔中有多少值。由于图像直方图具有计算代价较小,且图像平移、旋转和缩放不变性等优点,广泛地应用于图像处理的各个领域,特别是灰度图像的阈值分割、基于颜色的图像检索及图像分类。

（2）边缘特征：图像灰度在某个方向的局部范围内表现出不连续性,这种灰度明显变化点的集合称为边缘,也就是人们通常所说的轮廓线。边缘特征反映了图像中目标或对象所占的面积大小和形状。

（3）角点特征：角点代表的局部结构关系不因视角而改变,在图像匹配中很有用。从图中提取出这些特征,不仅可压缩图像,而且可用于识别图像。例如,在城市区划图中有建筑群、街道、公路、铁路和桥梁等,这些地物均可用线和角点来表示。

（4）纹理特征：纹理区域是指某种结构在比它更大的范围内呈现重复排列,这种结构称为纹理基元。例如,草地、大面积农作物构成的自然纹理,以及砖墙、建筑群等构成的人工纹理。当图像中大量出现同样的或差不多的基纹理基元时,纹理分析是研究这类图像最重要的手段之一。纹理分析是指通过一定的图像处理技术抽取出纹理特征,从而获得纹理的定量或定性描述的处理过程。纹理特征是从图像中计算出来的值,它对区域内部灰度级变化的特征进行量化。

图像的特征很多,但在实际的特征提取中用何种特征主要依赖对象和处理的目的。按提取特征的范围大小可将上述特征分为以下四类。

（1）点特征：仅由各个像素就能决定的性质,如单色图像中的灰度值、彩色图像中的红（R）、绿（G）、蓝（B）分量的值。

（2）局部特征：在小邻域内所具有的性质,如线和边缘的强度、方向、密度和统计量（平均值、方差）等。

（3）区域特征：在图像的某区域（一般是指与该区域外部有区别的、具有一定性质的区域）内的点/局部的特征分布/统计量,以及区域的几何特征（面积、形状）等。

（4）整体特征：整个图像作为一个区域看待时的统计性质和结构特征等。

2.2 数字图像的采集

本节将介绍简单的图像成像流程,并分析影响数字图像传感器的一些主要因素及成像时所需的基本参数。了解相机的具体成像流程和参数对于理解相机的工作原理、调整摄影参数及优化图像质量都是非常有帮助的。本节将分析快门速度、采样间距、填充率、芯片尺寸、模拟增益、传感器噪声和模数转换器的分辨率等因素,并探讨焦距、光圈大小、曝光时间等参数对成像的影响。最后介绍与镜头和传感器有关的知识,了解这些知识对于选择和使用镜头和传感器都是非常重要的。

2.2.1 成像的流程

光最初从一个或多个光源出发,经单个或多个表面反射,再通过相机光学器件(镜头)最终到达成像传感器。到达该传感器的光子是如何转换成数字图像中彩色通道 (R,G,B) 数值的呢?图 2.12 给出了现代数码相机中对该转换过程的处理步骤。

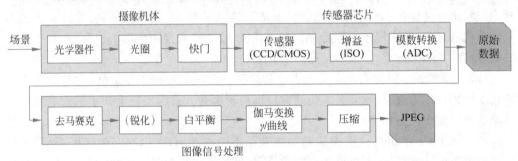

图 2.12 图像成像流程

注:图中展示了各种噪声源及典型的数字后处理步骤,根据文献[5]中的内容修改。

镜头将光信号投射到传感器的感光区域后,传感器经过光电转换,将 Bayer 格式的原始数据送给图像信号处理器。图像信号处理器经过去马赛克、锐化、白平衡、伽马变换、压缩等一系列算法处理,产生最终的 JPEG 图像。

用于数字图像获取的两种主要传感器是电荷耦合器件(CCD)和硅片上的互补型金属氧化物半导体(CMOS)器件。CCD 与 CMOS 图像传感器光电转换的原理相同,它们最主要的差别是信号的读出过程不同。由于 CCD 仅有一个输出节点统一读出,其信号输出的一致性非常好;而 CMOS 芯片中,每个像素都有各自的信号放大器,各自进行电荷—电压的转换,其信号输出的一致性较差。但是 CCD 为了读出整幅图像信号,要求输出放大器的信号带宽较宽;而在 CMOS 芯片中,每个像元中的放大器的带宽要求较低,大大降低了芯片的功耗。这就是 CMOS 芯片功耗比 CCD 低的主要原因。尽管降低了功耗,但是数以百万的放大器的不一致性带来了更高的固定噪声,这是 CMOS 相对 CCD 的固有劣势。目前,CMOS 具有成像速度快、功耗少、成本低的优势,常用在大多数数码相机中。

影响数字图像获取的主要因素是快门速度、采样间距、芯片尺寸、模拟增益、传感器噪声和模数转换器的分辨率。这些参数的实际数值大多可以从数码图像嵌入的可交换图像文件(EXIF)标注信息中读出。EXIF 专门为数码相机的照片设定,可以记录数码照片的属性信息和拍摄数据。EXIF 可以附加于 JPEG、TIFF、RIFF 等文件中,为其增加有关数码相机拍摄信息的内容和索引图或图像处理软件的版本信息。Windows 操作系统具备对 EXIF 的原生支持,通过右击图片→属性→详细信息标签即可查看 EXIF 信息。

其他部分信息则可以从相机制造商的说明书或相机相关评论网站获得。下面介绍其中的一些常用参数。

1. 快门速度

快门速度(曝光时间)直接控制到达传感器的光量,因此决定图像是欠曝光还是过曝光。快门速度通常以秒(s)为单位表示,如 1/500s、1/1000s 或 1/30s 等。较快的快门速度可以让相机在更短的时间内捕捉到光线,因此对于运动物体或充足光线环境下的拍摄更为合适,可以防止图像出现模糊。较慢的快门速度可以让相机在较长的时间内捕捉到光线,适用于在静态或低光环境下进行拍摄。但是,如果快门速度太慢,相机会对运动的物体留下更多的轨迹,导致图像中出现模糊现象。为了解决这个问题,摄影师可以选择使用中性密度滤镜减少光线的进入,从而缩短曝光时间。这可以帮助摄影师在较亮场景下使用较慢的快门速度,同时避免图像的过曝和运动模糊。对于动态场景,快门速度还会影响图像的运动模糊程度。一般来说,使用较快的快门速度可以使后续的图像分析更加容易。

2. 采样间距

采样间距是成像芯片上相邻传感器单元的物理间隔。具有较小采样间距的传感器具有更高的采样密度,因此在给定的活性芯片区域能有更高的分辨率。然而,较小的间距也意味着每个传感单元面积较小,因此可累积的光子数受限,使其光敏性降低从而更易受噪声影响。

3. 芯片尺寸

芯片直接影响相机的体积、重量与成像质量。超薄、超轻的相机一般 CCD/CMOS 尺寸较小,而越专业的相机 CCD/CMOS 尺寸也越大。目前的趋势是,在芯片尺寸不变甚至减小的前提下尽量增加像素的数量,以满足人们日益提高的要求。但是,芯片尺寸不变,增加像素就意味着单个像素捕获光线的能力下降,从而引发噪声增加、色彩还原不良、动态范围减小等问题。如果在增加像素数量的同时维持现有的图像质量,就必须在至少维持单个像素面积不减小的基础上增大芯片的总面积。图 2.13 显示了一些常见的芯片尺寸。

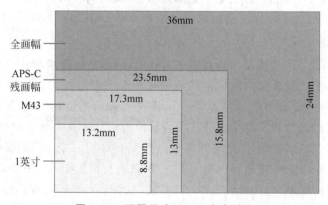

图 2.13 不同尺寸 CMOS 大小对比

4. 模拟增益

在模数转换前,感知到的信号通常由传感放大器增强。在视频相机中,这些放大器的增益由自动增益控制(AGC)逻辑控制,通过调整增益的数值获得良好的整体曝光。在数码相机中,通过对国际标准化组织感光度(International Organization for Standardization sensitivity,ISO)的设定可对增益进行调整。ISO 是描述相机或摄影机传感器对光的敏感程度的一个标准化数值。理论上,适当调高 ISO 带来的更高增益使相机在低光条件下可以获得更清晰的图像。但是,实践中更高的 ISO 设定在增强感知信号的同时也会放大传感器噪声。

5. 传感器噪声

在整个传感过程中可能包括固定样式的噪声、暗电流噪声、散粒噪声、放大器噪声和量化噪声。呈现在采样图像中的最终的噪声量依赖所有这些量,同时还依赖入射光(由场景辐射和光圈所控制)、曝光时间和传感器增益。

CMOS 与 CCD 传感器拍摄的图像中噪声通常可以根据是否随时间变化分为随机噪声与模式噪声两类。随机噪声也称时间噪声,是时间的随机函数,随图像帧的不同而不同。模式噪声是空间噪声,不随图像帧而变化。传感器成像各电子流程中的噪声源如表 2.2 所示。

表 2.2　传感器成像各电子流程中的噪声源

电子流程	噪声源
复位	复位噪声、固定模式噪声
传感器	光子散弹噪声、暗电流噪声、固定模式噪声、光响应非均匀性
像素内放大	热噪声、固定模式噪声
列电路	热噪声、固定模式噪声、复位噪声
在片放大	热噪声、固定模式噪声、行噪声
模数转换	量化噪声

目前,在计算机视觉领域为了解决一些图像去噪算法的数据问题,一些前沿的研究从传感器的物理底层角度对噪声的形成过程进行建模,即基于全元物理量的噪声建模技术研究。例如,Wei[6]等旨在从传感器的物理成像流程出发,对成像过程中的各全元物理量进行精细的研究,为低弱光下的图像视觉任务提供大量低成本、高质量的仿真数据。

6. 模数转换分辨率

模数转换(ADC)是指模拟信号到数字信号的转换,是将连续变化的模拟量转换为离散数字点集的过程。模数变换包括采样和量化两个主要过程。模数转换过程的三个重要指标是采样速率、分辨率和噪声水平。采样速率表示模拟信号转换为数字信号的速率,与 ADC 器件的制造技术有关。分辨率表示模拟信号转换为数字信号后的比特数,这些信号值通常用二进制存储,因此分辨率常以 bit 为单位。一般而言,采样速率和分辨率是互相制约的关系。采样速率每提高 1 倍,分辨率大约损失 1bit。另外,所有的模数转换过程都具有一定的噪声,包括量化噪声(ADC 转换时产生的噪声)和热噪声。量化噪声是指在量化过程中引起的误差,表现为量化结果和被量化模拟量之间存在差值。这种差值在输出端体现为引入了量化误差。热噪声是电导体内电荷的物理移动导致的误差,它是所有电子元件中固有的现象。

7. 数字后处理

一旦到达传感器的辐照度数值被转换成数字信号,多数相机就会进行各种图像信号处理(ISP)运算以增强图像,然后再对像素值进行压缩和存储。其中图像信号处理操作通常包括彩色滤波阵列(CFA)去马赛克、白平衡及伽马校正等。

2.2.2　图像信号处理

图像处理器也称为图像处理单元(IPU)或图像信号处理器(ISP),是一种专用的数字信号处理器(DSP),用于在数码相机中进行图像处理。图像信号处理器由各种模块组成,用于将图像传感器捕获的原始数据重建为人类视觉系统或计算机视觉应用程序能感知和使用的最终图像。这些后处理模块通常包括去马赛克、降噪、自动曝光、自动对焦、自动白平衡和图像压缩等操作,从而产生最终的 JPEG 格式图像。下面展开介绍其中重要的处理模块。

1. 色彩滤波阵列

色彩滤波阵列也就是常说的 CMOS 色彩滤镜。一般的光电传感器只能感应光的强度,不能区分光的波长(色彩),因此图像传感器需要通过色彩滤波器以获取像素点的色彩信息。色彩滤波器根据波长对光线进行滤波,特定的色彩滤波器只允许特定波长的光通过。

现代彩色相机中普遍使用的样式是拜尔样式(Bayer,1976),其中绿色传感器在传感器(棋盘样式)中占据了一半位置,红和蓝各占据 1/4 的位置,如图 2.14 所示。绿色滤波器的数目是红和蓝的 2 倍,其原因是亮度信号主要是由绿色数值决定的,而且人类视觉系统对亮度中的高频信息远比色彩中的敏感。在图像信号处理中通常所说的 Raw 图是从传感器中直接生成的图像,即拜尔域数据。

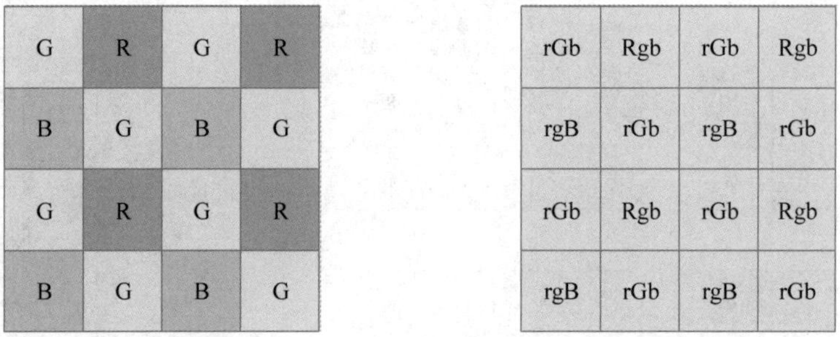

(a) 色彩滤波器阵列布置　　(b) 插值后的像素值(未知量(去马赛克步骤估计出的量)用小写字母表示)

图 2.14　Bayer RGB 样式

去马赛克算法的目标是从 CFA 色彩通道输出的不完全取样中重建出全彩影像,即重建出各像素完整的 RGB 三原色组合。去马赛克是影像处理管线中的一个必要环节,以将影像重建成一般可浏览的格式。

2. 去马赛克

拜耳阵列模拟人眼对色彩的敏感程度,采用1红2绿1蓝的排列方式将灰度信息转换成彩色信息。采用这种技术的传感器实际每个像素仅有一种颜色信息,因此需要利用去马赛克算法进行插值计算,将拜耳原色阵列转换为全彩图像,处理后的图像每个像素处包含红绿蓝全色信息。以下介绍几种去马赛克的方法。

图 2.15 展示了一种朴素的去马赛克思想,即将每个 2×2 的红色、绿色和蓝色阵列视为最基本的全色单元,通过统计单元内 RGB 光强度计算得出该单元像素点的颜色值。但是,由此导致的问题是每 4 个像素点共用一个色值,即纵向和横向分辨率只有实际像素的一半。

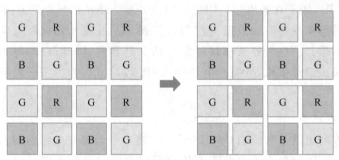

图 2.15 一种朴素的去马赛克思想

实践中大多数相机会采取额外的步骤从这个颜色阵列中提取更多的图像信息。如图 2.16 所示,如果相机采用的基本色彩单元是叠加式分布,即使用多个重叠的 2×2 阵列计算颜色,那么它可用于提取更多图像信息,实现比使用单组不重叠的 2×2 阵列更高的分辨率,有效提升输出图像的分辨率。

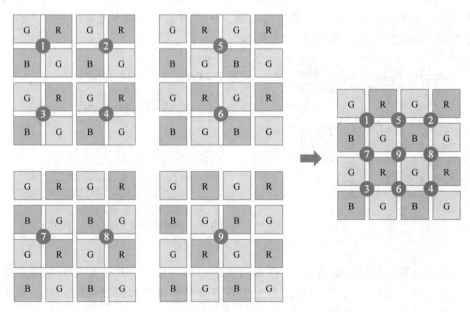

图 2.16 朴素去马赛克思想的进阶版本

以上介绍的两种朴素去马赛克方法均属于单纯插值法,该类算法对目标像素坐标对应的原图像像素坐标邻近方格的相同色彩元素进行相对直接的数学运算。同属单纯插值法的经典算法有近邻插值法、单线性插值法和双线性插值法。

近邻插值法从原图像矩阵中找到与目标图像的像素点距离最近的点,复制其像素值。邻近插值法计算量较小,但可能造成插值后生成的图像在颜色上的不连续,产生锯齿现象。近邻插值法只需要在原图像矩阵找到离它最近的像素点,然后进行赋值即可。单线性插值法则需要找到周围最近的两个点进行插值运算。另一种方式是双线性插值法,该方法背后的思想是,由于遗漏像素的值很可能与其现有相邻像素的值具有相似性,因此可以通过取其相邻像素的平均值来内插每个通道中的遗漏值。具体地,对于红色通道,计算其 4 个邻接像素红色通道的加权平均值(权重与邻接像素距离相关)作为该遗漏像素的通道值,蓝色与绿色计算方式类似。

尽管这些方法在影像均匀的区域可以获得不错的结果,但使用纯色滤波阵列时,影像的边缘及细节之处容易产生严重的去马赛克噪声。更先进的去马赛克算法利用色彩影像中像素的空间和色彩相关性。空间相关是指像素在影像的小块匀质区内的色彩值往往相似。色彩相关是指小块影像中不同色彩平面像素值之间的依赖性。

3. 白平衡

白平衡用于实现色调调节,白平衡的基本概念是"在任何光源下都能将白色物体还原为白色",对在特定光源下拍摄时出现的偏色现象,通过加强对应的补色进行补偿。在输出 RGB 数值之前,多数相机会进行白平衡处理,对红、绿、蓝三个颜色通道强度进行全局调整,以便将给定图像的白点移到靠近纯白(具有相同 RGB 数值)的位置。

一种简单的白平衡方法是以不同的因子乘红、绿、蓝三个颜色通道的数值。如图 2.17 所示,左图的图像经过白平衡处理转换为右侧的图像,此处对应的具体数学表达式为

$$\begin{bmatrix} r_{\text{wb}} \\ g_{\text{wb}} \\ b_{\text{wb}} \end{bmatrix} = \begin{bmatrix} 1/\ell_{\text{r}} & 0 & 0 \\ 0 & 1/\ell_{\text{g}} & 0 \\ 0 & 0 & 1/\ell_{\text{b}} \end{bmatrix} \begin{bmatrix} r \\ g \\ b \end{bmatrix} \tag{2.9}$$

式中:下标 wb 表示经过白平衡处理。

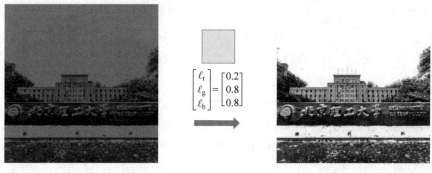

$$\begin{bmatrix} \ell_{\text{r}} \\ \ell_{\text{g}} \\ \ell_{\text{b}} \end{bmatrix} = \begin{bmatrix} 0.2 \\ 0.8 \\ 0.8 \end{bmatrix}$$

图 2.17 白平衡操作示意图

白平衡的重点在于确定合适的白平衡设置。通常可以手动设置白平衡,即用户可在相机中选择合适的专用白平衡矩阵(表 2.3 中展示了不同品牌相机的专用白平衡矩阵);否则,相机将执行自动白平衡(AWB)。下面简单介绍两种常用的自动白平衡算法,即灰度世界算法[8]及白块算法[9]。

表 2.3　不同品牌相机的专用白平衡矩阵[7]

	日　光			白　炽　灯			暗　　处		
Nikon D7000	2.0273	0	0	1.3047	0	0	2.4922	0	0
	0	1.0000	0	0	1.0000	0	0	1.0000	0
	0	0	1.3906	0	0	2.2148	0	0	1.1367
Canon 1D	2.0938	0	0	1.4511	0	0	2.4628	0	0
	0	1.0000	0	0	1.0000	0	0	1.0000	0
	0	0	1.5020	0	0	2.3487	0	0	1.2275
Sony A57K	2.6836	0	0	1.6523	0	0	3.1953	0	0
	0	1.0000	0	0	1.0000	0	0	1.0000	0
	0	0	1.5586	0	0	2.7422	0	0	1.2891

灰度世界算法以灰度世界假设为基础,其假设自然界景物对于光线的平均反射的均值在整体上是一个定值,这个定值近似为"灰色"。基于此假设,灰度世界算法将输入平均值调整为灰色,以从图像中消除环境光的影响,获得原始场景图像。首先估计平均响应:

$$\begin{cases} R_{avg} = \dfrac{1}{N_r}\sum r \\[2mm] G_{avg} = \dfrac{1}{N_g}\sum g \\[2mm] B_{avg} = \dfrac{1}{N_b}\sum b \end{cases} \tag{2.10}$$

式中:r、g、b 分别表示红色、绿色、蓝色像素值的大小;N_r、N_g、N_b 分别表示红色、绿色、蓝色像素值的个数。

计算出图像平均的 R_{avg}、G_{avg}、B_{avg} 值之后,即可将白平衡操作定义为下面的矩阵变换:

$$\begin{bmatrix} r' \\ g' \\ b' \end{bmatrix} = \begin{bmatrix} G_{avg}/R_{avg} & 0 & 0 \\ 0 & 1 & 0 \\ 0 & 0 & G_{avg}/B_{avg} \end{bmatrix} \begin{bmatrix} r \\ g \\ b \end{bmatrix} \tag{2.11}$$

式中:r'、g'、b' 分别为进行白平衡变换后的像素红色、绿色、蓝色像素值的大小。

白块算法假设图像中的"高光"(亮点)代表光源的镜面反射,这些高光区域又是图像中像素值最大的区域,这意味着最大 R、G、B 值可以用于对白点的估计。因此,需要先找到这些亮度最大的像素点:

$$\begin{cases} R_{\max} = \max(r) \\ G_{\max} = \max(g) \\ B_{\max} = \max(b) \end{cases} \tag{2.12}$$

式中：r、g、b 分别表示红色、绿色、蓝色像素值的大小。

基于 $R_{\max}$、$G_{\max}$、$B_{\max}$ 值，白平衡操作可定义为下面的矩阵变换：

$$\begin{bmatrix} r' \\ g' \\ b' \end{bmatrix} = \begin{bmatrix} G_{\max}/R_{\max} & 0 & 0 \\ 0 & 1 & 0 \\ 0 & 0 & G_{\max}/B_{\max} \end{bmatrix} \begin{bmatrix} r \\ g \\ b \end{bmatrix} \tag{2.13}$$

式中：r'、g'、b' 分别为进行白平衡变换后的像素红色、绿色、蓝色像素值的大小。

这里同样是以绿色为基准，计算其他两种颜色的调整因子，最后将调整因子应用于每个像素。

$R_{\max}$、$G_{\max}$、$B_{\max}$ 值是各通道分别计算，而非必须是一个像素点的三通道最大，这就导致该算法在很多场合中其实并不适用，因为该算法假设需要在场景中存在一个白色（标准光源下）像素点或者三通道反射率相同的点（灰点）。当场景中没有这样的点时，该算法的表现就会比较糟糕。而以后的许多算法也在找白点方面做了各种改进，白块算法最大的优点是简单高效。

4. 伽马校正

伽马（Gamma）校正是一种重要的非线性变换，其对输入图像灰度值进行指数变换，进而校正亮度偏差。进行伽马校正后，输出图像像素值 x' 与输入图像像素值 x 呈指数关系：

$$x' = Ax^{\gamma} \tag{2.14}$$

其中，非负实际输入值 x 被提升到 γ 次幂，并乘以常数 A，得到输出值 x'。当输入图像为单通道时，则应用式（2.14）对图像每个像素灰度值直接进行变换。当输入通道为三通道时，需应用式（2.14）对每个通道值分别进行变换。通过非线性变换，可对曝光或过暗的图像进行校正，使图像的暗部或亮部对比度增加。当 $\gamma > 1$ 时，较亮的区域灰度被拉伸，较暗的区域灰度被压缩得更暗，图像整体变暗；当 $\gamma < 1$ 时，较亮的区域灰度被压缩，较暗的区域灰度被拉伸得较亮，图像整体变亮。

5. 压缩

图像信号处理的最后阶段通常是图像压缩。数字图像需要用大量数据表示，因此必须对其进行数据压缩，目的是减少图像数据中的冗余信息，从而用更高效的格式存储和传输数据。常用的图像数据压缩方法主要有哈夫曼编码[10]、离散余弦变换（DCT）[11]、二维小波变换[12]、JPEG 压缩[13]及分形压缩[14]等。图像压缩分为有损数据压缩及无损数据压缩。

无损压缩是指可以根据压缩后的图像数据精确还原出原始图像的压缩方法。对于技术图表、漫画、医疗图像或者用于存档的扫描图像等，这些需要精确保存的图像应尽量选择无损压缩方法。常用的无损压缩方法有游程编码[15]、熵编码法[16]及 LZW[17]等自适应字典算法。

有损压缩是指只能根据压缩后的图像数据近似还原出原始图像的压缩方法。有损压缩非常适用于自然图像,例如,一些应用中图像的微小损失是可以接受的(有时无法感知),这样就可以大幅度地节省空间、提高传输速度。常用的有损压缩方法有以下三种。

(1)色度抽样[18]:色度抽样利用人眼对于亮度变化的敏感性远大于颜色变化的特点,将图像中的颜色信息减少一半甚至更多。

(2)变换编码[19]:变换编码首先使用如离散余弦变换或者小波变换等傅里叶相关变换处理图像的每一小块,然后进行量化并用熵编码法压缩。

(3)分形压缩[20]:这是一种以分形为基础的图像压缩,适用于纹理及一些自然影像。当需要压缩的图像自身存在部分相似性时,适用分形压缩。利用图像自相似性进行压缩,解压缩则反之。

压缩方法的质量经常用峰值信噪比评价,量化表示图像有损压缩带来的噪声。此外,观察者的主观判断也被认为是一个重要的衡量标准。

2.2.3 成像的基本参数

本小节将介绍数字图像采集过程中涉及的成像基本参数及其对最终成像的影响。

1. 焦距

焦距也称为焦长,是指从透镜中心到光聚集之焦点的距离,通常用 f 表示。它是光学系统中衡量光的聚集或发散的度量方式。在实际相机中,焦距是指从镜片光学中心到底片、CCD 或 CMOS 等成像平面的距离。

镜头的焦距决定了该镜头拍摄的被摄物体在成像平面上形成影像的大小。假设以相同的距离面对同一被摄体进行拍摄,那么镜头的焦距越长,被摄体在胶片或影像传感器上形成的影像的放大倍率就越大。总体来讲,焦距长短与成像大小成正比,焦距越长成像越大,焦距越短成像越小。第 3 章将更详细地讨论相机像的几何原理。

2. 光圈

光圈是照相机上用于控制镜头孔径大小的部件,控制景深、镜头成像质量并与快门协同控制进光量。对于已经制造好的镜头,不能随意改变镜头的直径,但是可以通过在镜头内部加入多边形或者圆形、面积可变的叶片组控制镜头的通光量,这个装置就称为光圈。

由于不同的镜头焦距不同,用光圈孔径描述镜头的通光能力,无法实现不同镜头的比较。为了方便在实际摄影中计算曝光量并用统一的标准衡量不同镜头光圈的实际作用,提出了"相对孔径"的概念。相对孔径等于镜头焦距 f 除以入射瞳直径 d。例如,某个镜头的焦距为 50mm,光圈的孔径直径为 25mm,则该镜头的相对孔径为 50/25＝2。通常在相对孔径前面加"$f/$"来标记相对孔径,如 $f/1.8$、$f/2.8$、$f/4$ 等。在实际应用中,通常用"光圈系数"表示相对孔径大小,简称"光圈"或"f 系数",记作 $f/$,如图 2.18 所示。

调节光圈可以控制进光量及景深。由于光圈控制镜头进光量的作用,在较弱的光线下拍摄时,需要使用大光圈镜头,以获得更多的进光量;在较强光线下拍摄时,需要使用小光圈以避免过度曝光。总之,可以通过对光圈的调节,达到准确曝光的目的。景深与光圈大小成反比关系,因此光圈除了控制进光量外,还可以控制拍摄画面的景深。景深是指一幅图像中能够保持清晰的距离范围。当光圈变小时,光线穿过镜头的孔径会变小,使来自不同距离的光线被聚焦在更小的区域内,这就导致了景深的增加。对于固定焦距和拍摄距离,使用较小的光圈可以增加景深,从而使整个图像更加清晰。

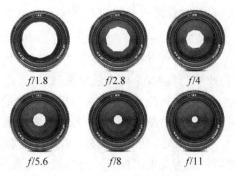

图 2.18　相机光圈示意图

2.2.4　镜头和传感器

本小节将介绍获取图像需要的硬件部件,包括镜头及传感器。镜头可使场景的入射光聚焦于传感器,以获得清晰的图像。

1. 镜头

一旦从场景投射来的光线到达相机,它在到达传感器之前会先通过镜头。对于很多应用,将镜头当作理想的针孔就足够了,即通过同一个投影中心投影所有的入射光线。

图 2.19 展示了基本的镜头模型,即由单片玻璃构成的两侧相同的薄透镜。根据透镜定律,到物体的距离 z_o 和镜头后到形成聚焦图像位置处的距离 z_i,这两者之间的关系可以表达为

$$\frac{1}{z_o} + \frac{1}{z_i} = \frac{1}{f} \tag{2.15}$$

式中:f 为镜头的焦距。

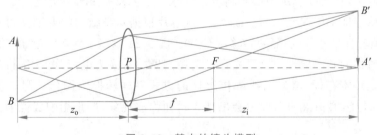

图 2.19　基本的镜头模型

如果令 $z_i \to \infty$,即调整镜头使无穷远处的物体对上焦,可以得到 $z_i = f$,这就是能将焦距 f 的镜头等同于距焦平面距离为 f 的针孔的原因。

虽然从理论上而言,一个简单的凸透镜就是一个镜头,但是在实际应用中镜头需要各种透镜的组合矫正光学畸变。一般来说,每个镜头都由多组不同曲面曲率的透镜按不同间距组合而成。间距和镜片曲率、透光系数等指标的选择决定了该镜头的焦距。镜头主要的参数指标包括焦距、光圈、最大像面、视场角、畸变和相对照度等,各项指标数值决定了镜头的综合性能。一些常见镜头有定焦镜头、红外镜头、手动变焦镜头、电动变焦镜

头、自动对焦镜头及同步对焦镜头。更多关于镜头的知识可以参见文献[2,3]。

2. 传感器

传感器可以根据多种方式分类,如其结构类型(CCD 或 CMOS)、频谱类型(彩色或黑白)或快门类型(全局或卷帘快门)。无论其分类如何,图像传感器的用途相同:将传入的光(光子)转换为可以查看、分析或存储的数字信号。本小节将主要讨论 CCD 和 CMOS 两种重要的传感器技术,两者的主要区别是从芯片中读出数据的方式不同。

如图 2.20 所示的线阵 CCD 传感器,由一行对光线敏感的光电探测器组成,光电探测器一般为光电二极管。每种光电探测器都有最多可以存储的电子数量的限制,该值常取决于光电探测器的大小。曝光时光电探测器累积电荷,通过转移门电路,电荷被移至串行读出寄存器读出。每个光电探测器对应一个读出寄存器。读出的过程是将电荷转移到电荷转换单元,转换单元将电荷转换为电压,并将电压放大。通过上述过程将电荷转换为电压并进行放大后,就可以转换为模拟或数字视频信号。

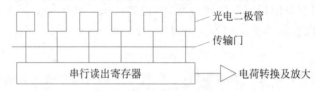

图 2.20 线阵 CCD 传感器

线阵 CCD 传感器只能生成高度为 1 行的图像,因此实际中常将多行读出数据组成二维图像。为得到有效图像,线阵传感器必须相对于被测物体运动。使用线阵传感器采集图像时传感器本身必须与被测物平面平行并与运动方向垂直以保障得到矩形像素。假定运动速度是恒定的,这样就可以保证所有像素采集到的图像具有一致性。如果运动速度是变化的,就需要编码器来触发传感器采集每行图像。由于难以使传感器非常好地与运动方向匹配,在实际应用中需要利用相机标定方法来确保测量精度。

面阵传感器即二维像元阵列。面阵 CCD 芯片根据自身结构的差别又可分为全帧转移型 CCD、帧转移型 CCD 和隔列转移型 CCD。图 2.21 示出了线阵传感器扩展为全帧转移型面阵传感器的基本原理。这里光在光电探测器中转换为电荷,电荷按行的顺序转移到串行读出电路寄存器,然后与线阵传感器的方式一样转换为图像信号。当强光照射时,CCD 图像传感器拍摄的图像中会出现光晕和弥散现象,严重影响成像质量。弥散是

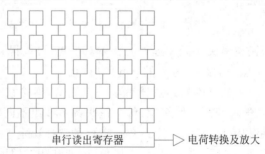

图 2.21 全帧转移型 CCD 传感器

CCD 传感器在拍摄强烈点光源照射下的景物时出现光散射形成条状光线影像的现象,一般称为漏光。这种称作漏光的光散射现象是 CCD 传感器物理结构上的缺陷导致,从 CCD 的读取方向,即画面的垂直方向上入射的强光会穿透图像保护层产生多余影像,特别是没有使用机械快门的相机在拍摄时会有严重漏光现象。为了避免出现漏光,电荷输出时需要用到机械快门进行遮光,这是全帧转移型面阵传感器的最大缺点。其最大的优点是全帧转移 CCD 结构相对简单,它提供了最大的填充因子(填充因子为像素光敏感区域与整个靶面之比),每个像元既可以收集光电荷又能实现电荷转移。这个填充因子可使像素的光灵敏度最大化,并使图像失真最小化。

为了解决全帧转移型传感器的漏光问题,可以加上另外的传感器用于存储,在这个传感器上覆盖有金属光屏蔽层,构成帧转移型面阵传感器,如图 2.22 所示。对于这种类型的传感器,图像产生于光敏感传感器,然后转移至有光屏蔽的存储阵列,在空闲时从存储阵列中读出。由于电荷在光敏感传感器和光屏蔽存储阵列间的转移速度很快(通常小于 $500\mu\mathrm{m}$),因此可以大大减少漏光。

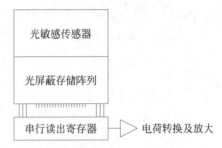

图 2.22 帧转移型 CCD 传感器

帧转移型传感器的最大优点是填充因子可达 100%,而且不需要机械快门或闪光灯。然而,在两个传感器间传输数据的短暂时间内图像还是在曝光,因而仍存在残留的漏光。帧转移型传感器的缺点是成本较高。

隔列转移型 CCD 传感器如图 2.23 所示。除光电探测器(如光电二极管)外,这种传感器还有一个带有金属屏蔽层的垂直转移寄存器(屏蔽垂直转移寄存器)。图像曝光后,累积的电荷通过传输门电路转移到垂直传输寄存器。这一过程通常在几十微秒到数百微秒内完成。电荷通过垂直转移寄存器移至串行读出寄存器,然后读出形成图像信号。

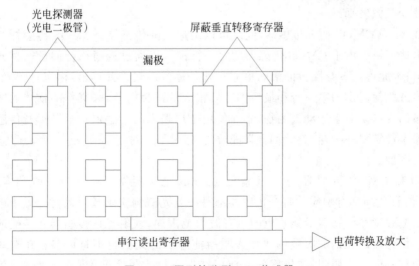

图 2.23 隔列转移型 CCD 传感器

由于从光电二极管传输至屏蔽垂直转移寄存器的速度很快,因此图像没有漏光现象,所以不需要机械快门和闪光灯。隔列转移型传感器的最大缺点是,由于其传输寄存器需要在传感器上占用空间,其填充因子可能低至20%,图像失真会增加。为了增大填充因子,常在传感器上加微镜头使光聚焦至光敏光电二极管,即便这样也不可能使其填充因子达到100%。

CMOS传感器如图2.24所示,其通常也采用光电二极管作为光电探测器。与CCD传感器不同,光电二极管中的电荷不是顺序地转移到读出寄存器,CMOS传感器的每一行都可以通过行和列选择电路直接选择并读出。如图2.24所示,CMOS每个像素都有一个独立放大器。这种类型传感器也称主动像素传感器(APS)。

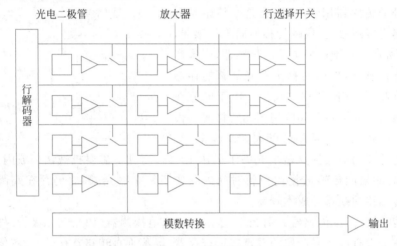

图 2.24 CMOS 传感器

因为上述结构中,放大器及行、列选择电路常会占用每个像素大部分面积,所以与隔列转移型CCD传感器一样,CMOS传感器的填充因子很低。因此,常使用微镜增加填充因子并减少图像失真。

图2.24为CMOS面阵传感器,同理可以构造线阵传感器。CMOS传感器的主要优点是读出速度快。由于CMOS传感器的每一行都可以通过选通该行的行选择开关实现独立读出,因此得到一幅图像的最简单方式就是逐行地曝光并读出,称作行曝光。显然,这种读出方式使图像的第一行和最后一行有很大的采集时差,采集运动物体的图像就会产生明显的变形。对于运动被测物,必须使用全局曝光的传感器。全局曝光传感器对应于每个像素都需要一个存储区,因此降低了填充因子。对于运动物体,全局曝光可以得到正确的图像。

CCD和CMOS传感器对于近紫外200nm至可见光380~780nm直至近红外1100nm波长范围都有响应。每个传感器都是按其光谱响应函数对入射光做出响应。传感器输出的强度在传感器所能感应的所有波长范围内,入射光按传感器光谱响应积累后的结果。传感器的光谱响应范围要比人眼所能感受的光谱范围宽许多。在有些应用中可以利用红外闪光灯照明,在传感器上使用红外通过滤镜使可见光得到抑制,仅使红外光到达传感器。另外,尽管传感器对紫外也有响应,但通常情况下镜头是玻璃制作的,阻止了紫外光的通过,因此不需要特殊滤光片滤掉紫外,当需要紫外响应时,需要特殊的镜头。

CCD 和 CMOS 传感器对于整个可见光波段全部有响应,无法直接产生三通道彩色图像。为了产生彩色图像,需要在传感器前面加上彩色滤波阵列使一定波长范围的光到达每个光电探测器,如 2.2.2 节所述。因为这种传感器仅使用一个芯片得到彩色信息,所以称作单芯片相机。

图 2.25 展示了通过三个传感器实现彩色相机的方法。通过镜头的光线被分光器或棱镜分为三束光,然后到达三个传感器。每个传感器前有一个不同的滤光片。这种相机称作三芯片相机。这种结构可以克服单芯片相机的图像失真问题。然而由于必须使用三个传感器,而且需要仔细地调整三个传感器的位置,因此三芯片相机比单芯片相机昂贵许多。

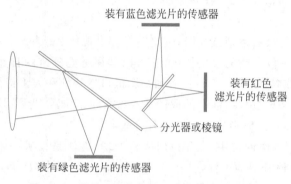

图 2.25　通过三个传感器实现彩色相机的方法

■ 本章小结

本章内容为后续的图像处理技术提供了背景知识。本章主要介绍了数字图像的数字化表示及其具有的丰富特性,以及数字图像采集过程的简化模型、涉及的基本参数和采集过程涉及的主要硬件。

2.1 节首先介绍了连续图像的描述方式,包括灰度图像与彩色图像的描述方式。在有了连续图像的描述方式后,为便于计算机处理,引入图像的数字化步骤,详细介绍了采样、量化、数字图像的表示三个过程。其次介绍了光谱特性与色彩理论,关于这一部分的讨论也是理解后续本书许多图像处理技术的基础。之后介绍数字图像的一些基本特性,包括对比度、亮度和饱和度。对比度即一幅图像中图像暗和亮的落差值;图像亮度是指画面的明亮程度;图像饱和度是彩色图像所独有的概念,是指彩色图像颜色的鲜艳度或纯度。最后介绍了图像的一些特征类别。图像特征是图像分析的重要依据,它可以是视觉能分辨的自然特征,包括光谱特征、几何特征及时相特征;也可以是人为定义的某些特性或参数,即人工特征,包括直方图特征、边缘特征、角点特征及纹理特征等。

2.2 节讨论了数字图像的采集过程,包括简单的图像成像流程;介绍了影响数字图像传感器的一些主要因素,包括快门速度、采样间距、填充率、芯片尺寸、模拟增益、传感器噪声和模数转换器的分辨率。在此基础上,讨论了成像时所需的基本参数,即焦距、光圈大小、曝光时间等对成像的影响,并介绍了与镜头和传感器有关的一些知识。

习题

1. 什么是图像亮度?

2. 图像数字化包括哪些过程?每个过程对数字化图像质量有何影响?

3. 采样时何时会产生频谱混叠?如何避免频谱混叠的发生?

4. 数字化图像的数据量与哪些因素有关系?

5. (1)存储一幅 1024×768,256 个灰度级的图像需要多少位?(2)一幅 512×512 的 32 位真彩图像的容量为多少位?

6. 连续图像 $f(x,y)$ 与数字图像 $f(m,n)$ 中各量的含义是什么?它们有何区别和联系?

7. 当图像的灰度级数逐渐减少时,输出图像会出现什么结果?

8. 图像特征是图像分析的重要依据,它可以是视觉能分辨的自然特征,也可以是人为定义的某些特性或参数,即人工特征。列举图像自然特征和人工特征类型。

9. 在数字图像采集过程中涉及的成像基本参数包括焦距、光圈、曝光时间,分别对这些成像参数进行调整对最终形成的图像会有哪些影响?

10. 进行白平衡调整的常用(在相机内或后处理)方法是拍摄一张白纸的照片,调整一幅图像的 RGB 值使其成为中性色。给定"白色"的一个样本 (R,G,B),描述如何调整一幅图像中的 RGB 值使其成为中性色。

参考文献

第

3 章

几何标定

相机制造时的工艺限制,在未经处理前,其拍摄到的图像常具有形状畸变,如现实中笔直的物体在图像中变弯曲。因此,在进行各类图像处理操作之前通常需要计算出相机的相关参数,从而对拍摄到的图片进行畸变矫正,得到能反映物体真实形状的图像。计算相机各种几何参数的过程称为几何标定。此外,只有已知相机自身的几何参数之后,才能通过拍摄到的图像计算所拍摄物体的大小、位置和角度等信息,因此对于立体视觉和摄影测量等计算机视觉任务来说几何标定也是至关重要的。在讲解几何标定方法之前,3.1节将介绍相机的基本成像原理、相关的几何知识及相机的几何参数;在此基础上,3.2节将介绍几何标定的原理和具体算法步骤;作为实践,3.3节将介绍如何使用Python语言和OpenCV工具包对相机进行几何标定及如何将拍摄到的照片去畸变。

3.1 相机几何

本节首先简要介绍两种经过简化的相机成像几何模型,即针孔相机模型与简单透镜模型;之后介绍与相机成像密切相关的几何变换,如平移、旋转、刚体变换、缩放、仿射变换与投影变换,并推导其在齐次坐标系统下的矩阵表示;最后介绍相机的内、外参数,为后续几何标定流程的讲解做铺垫。

3.1.1 针孔相机模型

文艺复兴初期的意大利建筑师布鲁内莱斯基(Brunelleschi)最早提出了几何透视模型[1],研究了如何将三维空间中的物体在二维画布上表现出来,如图3.1所示。

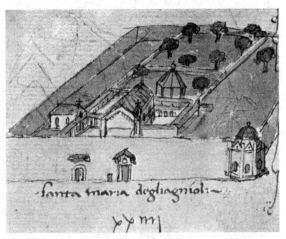

图 3.1 布鲁内莱斯基依据集合透视原理设计的《乡村法典》

早期的针孔照相机就是受几何透视模型的启发而发明的。如图3.2所示,在暗箱正前方开一个针孔,暗箱前方物体发出或反射来的光线穿过针孔照射到暗箱后端的物理成像平面上,由其上的光传感器或底片接收、记录影像。

根据光沿直线传播及小孔成像原理,图3.2中物理成像平面处得到的物体的实像是倒着的,更准确地说是与原物体关于针孔有缩放地中心对称。为了更直观、更方便地研

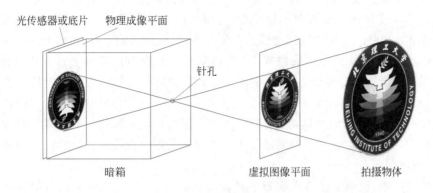

图 3.2 针孔相机模型

究物体的像与原物体间的几何关系,通常在与物理成像平面关于针孔中心对称的位置假想出一个虚拟图像平面,此平面上的图形其实是在针孔位置观察物体时得到的图像。注意这里所说的"虚拟图像平面"与镜子中的"虚像"含义不同,"虚像"是可以看到的,而"虚拟图像平面"是为了简化问题假想出来的。虚拟图像平面与物体在针孔的同一侧,且不再是倒像,因此讨论虚拟图像平面与物体之间的几何关系会容易很多。

图 3.2 中虚拟图像平面和物理成像平面到针孔的距离是相等的(通常称为焦距或像距,见 2.2.3 节),因此两个平面上的对应图形是全等的,研究虚拟图像平面上的图形就相当于研究了物理成像平面上的图形。3.2 节将根据针孔相机模型推导相机、物体及虚拟图像平面的几何关系,进而计算该相机的各种几何参数。

3.1.2 简单透镜模型

针孔相机原理简单,但实际使用时又存在矛盾:一方面为了应用小孔成像原理,即让入射光线照射到成像平面唯一的位置上,小孔应该越小越好;另一方面为了使像足够亮,应该允许更多的光线射入暗箱,即小孔越大越好。为解决这个问题,现代相机通常用一个或一组透镜代替小孔。理想的透镜如图 3.3 所示,从点 P 发出的光线可能从任意方向入射到透镜上,但经过透镜的两面时进行两次折射,最终都会聚到成像平面的像点 P'。

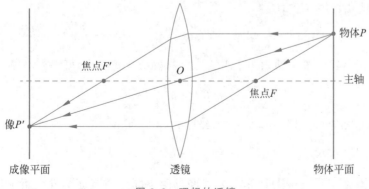

图 3.3 理想的透镜

图 3.3 中最上方光路的入射光线水平，根据焦点的定义，出射光线一定会经过透镜的左焦点 F'；中间的光路穿过透镜中心 O，由于透镜两个表面中心对称，出射光线方向不变；最下方光路的入射光线过透镜的右焦点 F，根据焦点的定义，出射光线一定会水平射出。由此可见，根据透镜的成像规律，点 P 射出的任意方向光都会被聚焦到像点 P'，这同时保证了光线充足和聚焦清晰，解决了针孔成像问题。然而上述机制假定了物体平面与成像平面与透镜的距离相等，当点 P 不在图 3.3 所示的物体平面时，其发出的各方向光线并不一定能严格地聚焦到同一点。下面证明当物体和折射点都距离主轴（如图 3.3 中虚线所示，穿过透镜中心且与透镜及两个平面都垂直的直线）足够近时，其像被严格聚焦到同一点。

为简化问题，证明中仅考虑透镜单侧表面上的折射，考虑双侧表面折射时严格聚焦的结论也同样成立，可参考几何光学或应用光学书籍中对共轴球面光学系统的介绍[2]。在图 3.4 中，仅考虑透镜的右表面，其距离主轴很近的部分可认为是标准的球面，球心为点 C。由于已经假设图中的所有点都是接近主轴的，因此图中所示的所有角度都很小，即对图中标记出的任一角 θ，有

$$\theta \approx \tan\theta \tag{3.1}$$

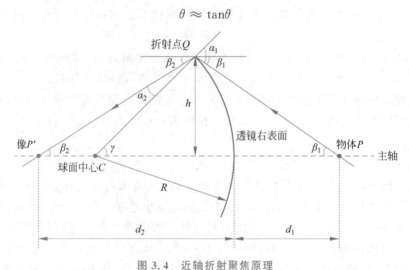

图 3.4 近轴折射聚焦原理

具体到图中的角 γ、β_1、β_2，有

$$\gamma \approx \tan\gamma = \frac{h}{R}, \quad \beta_1 \approx \tan\beta_1 = \frac{h}{d_1}, \quad \beta_2 \approx \tan\beta_2 = \frac{h}{d_2} \tag{3.2}$$

在 $\triangle CPQ$ 中，外角 α_1 等于两内角 γ 和 β_1 之和，再结合式(3.2)可得

$$\alpha_1 = \gamma + \beta_1 \approx h\left(\frac{1}{R} + \frac{1}{d_1}\right) \tag{3.3}$$

另外，由内错角相等可知，$\gamma = \alpha_2 + \beta_2$，再结合式(3.2)可得

$$\alpha_2 = \gamma - \beta_2 \approx h\left(\frac{1}{R} - \frac{1}{d_2}\right) \tag{3.4}$$

根据折射定律[斯涅耳(Snell)法则]，光线经过两不同介质表面会发生折射，入射角与反

射角的正弦值之比等于两种介质折射率的反比。假设透镜外的介质折射率为 n_1，透镜折射率为 n_2，则根据折射定律、式(3.3)和式(3.4)可得

$$\frac{n_2}{n_1} = \frac{\sin\alpha_1}{\sin\alpha_2} \approx \frac{\alpha_1}{\alpha_2} = \frac{\dfrac{1}{R} + \dfrac{1}{d_1}}{\dfrac{1}{R} - \dfrac{1}{d_2}} \tag{3.5}$$

整理上式可得

$$d_2 = 1 / \left[\frac{1}{R} - \frac{n_1}{n_2}\left(\frac{1}{R} + \frac{1}{d_1} \right) \right] \tag{3.6}$$

由此可见，当折射率 n_1、n_2 和透镜球面半径 R，以及透镜和物体间距 d_1 固定时，像点与透镜间距 d_2 也是固定的，即从图 3.4 中点 P 向各个方向发出的光线通过透镜聚焦到同一点 P'。

当物体或折射点距离主轴很远时，式(3.6)不再成立，因为此时式(3.1)不再成立。

第一种情况是物体在主轴附近，但折射点远离主轴，这造成单一透镜成像时出现图 3.5 所示的模糊圈。

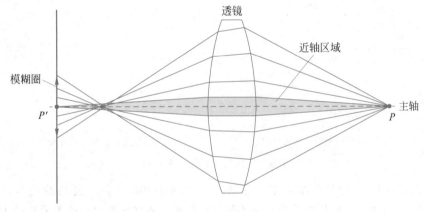

图 3.5　球形像差示意图

根据上述近轴折射聚焦原理，图 3.5 中灰色区域内的近轴光线（黑色折线）被严格聚焦到成像平面上的点 P'，而其他远离主轴的光线（其他折线）无法保证聚焦，经过实验发现它们会被投射到 P' 周围的圆形区域，形成一圈模糊的图像，这种现象被称为球形像差。

第二种情况是当物体偏离主轴时，其像会像彗星的尾部一样拖出一条光斑，如图 3.6 所示，这种现象称为彗形像差。

另外，透镜对不同波长光线的折射率是不一样的，因此具有混合色彩的光线通过透镜时会出现色散现象，它们聚焦的位置也不同。图 3.7 展示了两种情况下不同色光成像位置的差别——纵向色差和横向色差。

以上介绍的这些像差问题通常可以用多个透镜及光圈组成的复合镜头解决。例如，可以使用消色差透镜减少部分色光的色差。

其他像差问题不再一一介绍，读者可以查找几何光学和像差的相关书籍[3]了解各类

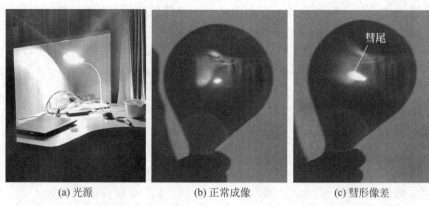

(a) 光源   (b) 正常成像   (c) 彗形像差

图 3.6 使用放大镜在一张白纸上投射台灯附近的发光场景。当光线垂直穿过放大镜镜片时,成清晰的倒像;当光线与镜片不垂直时,光源在原本的清晰成像点左侧拖出像"彗尾"一样的模糊光带,产生彗形像差

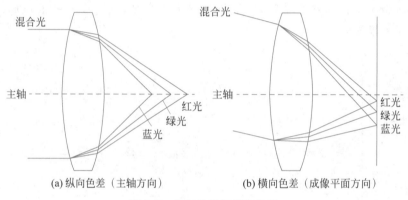

(a) 纵向色差(主轴方向)   (b) 横向色差(成像平面方向)

图 3.7 纵向色差和横向色差

像差的形成原因与对应的解决方案。尽管现实中的相机包含各类复杂的光学元件以减少像差问题的影响,但是从宏观效果来看用相机拍照时物体与像之间的关系仍然大致满足针孔相机模型。3.2 节和 3.3 节中相机标定实验的结果将验证这样简化的合理性。为几何标定做铺垫,3.1.3 节~3.1.5 节将讲解一些后续需要用到的几何知识,3.1.6 节与 3.1.7 节会利用这些几何知识建立物体从世界坐标系投影到图像坐标系的几何变换模型。

3.1.3 平移、旋转与刚体变换

本节首先讨论平面上点的平移和旋转。将平面上的点 p 平移到另一点 p' 的过程写成向量形式为

$$p' = p + t$$

即

$$\begin{bmatrix} x' \\ y' \end{bmatrix} = \begin{bmatrix} x \\ y \end{bmatrix} + \begin{bmatrix} t_x \\ t_y \end{bmatrix} \tag{3.7}$$

式中:t_x 和 t_y 分别是 x 方向和 y 方向的平移量;t 是 t_x 和 t_y 组成的平移向量。

点的旋转比平移更复杂一些。考虑平面上点 $\boldsymbol{p}$ 绕原点沿逆时针方向旋转 θ 角的过程,如图 3.8 所示。

设向量 $\boldsymbol{Op}$ 与 x 轴夹角为 α,向量 $\boldsymbol{Op'}$ 与 x 轴夹角为 α',则有角度关系:

$$\alpha' = \alpha + \theta \tag{3.8}$$

对式(3.8)用正弦函数和角公式可得

$$\sin\alpha' = \sin\alpha\cos\theta + \cos\alpha\sin\theta \tag{3.9}$$

另外,将点 $\boldsymbol{p}$ 和 $\boldsymbol{p'}$ 表示成极坐标形式可得

$$\begin{cases} x = r\cos\alpha \\ y = r\sin\alpha \end{cases}, \quad \begin{cases} x' = r\cos\alpha' \\ y' = r\sin\alpha' \end{cases} \tag{3.10}$$

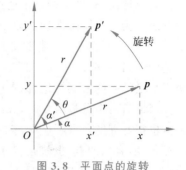

图 3.8 平面点的旋转

因此有

$$\begin{cases} \cos\alpha = x/r \\ \sin\alpha = y/r \end{cases}, \quad \begin{cases} \cos\alpha' = x'/r \\ \sin\alpha' = y'/r \end{cases} \tag{3.11}$$

将式(3.11)代入式(3.9)可得

$$\frac{y'}{r} = \frac{y}{r}\cos\theta + \frac{x}{r}\sin\theta \Rightarrow y' = y\cos\theta + x\sin\theta \tag{3.12}$$

同理,对式(3.8)用余弦函数和角公式可得

$$\cos\alpha' = \cos\alpha\cos\theta - \sin\alpha\sin\theta \tag{3.13}$$

将式(3.11)代入式(3.13)可得

$$\frac{x'}{r} = \frac{x}{r}\cos\theta - \frac{y}{r}\sin\theta \Rightarrow x' = x\cos\theta - y\sin\theta \tag{3.14}$$

根据式(3.12)和式(3.14),旋转变换的矩阵与向量形式可写为

$$\begin{bmatrix} x' \\ y' \end{bmatrix} = \begin{bmatrix} \cos\theta & -\sin\theta \\ \sin\theta & \cos\theta \end{bmatrix} \begin{bmatrix} x \\ y \end{bmatrix}, \quad \boldsymbol{p'} = \boldsymbol{Rp} \tag{3.15}$$

式中:$\boldsymbol{R}$ 为旋转矩阵,只与旋转角度 θ 有关。

容易看出,当 θ 角为负数(顺时针旋转)时上式仍然成立。

平移变换和旋转变换的组合变换通常称为刚体变换。刚体变换不改变物体的形状和大小,只改变物体的位置和朝向。由式(3.7)和式(3.15)易知,刚体变换过程可以分解为一次旋转和一次平移,写成向量与矩阵形式为

$$\begin{bmatrix} x' \\ y' \end{bmatrix} = \begin{bmatrix} \cos\theta & -\sin\theta \\ \sin\theta & \cos\theta \end{bmatrix} \begin{bmatrix} x \\ y \end{bmatrix} + \begin{bmatrix} t_x \\ t_y \end{bmatrix}, \quad \boldsymbol{p'} = \boldsymbol{Rp} + \boldsymbol{t} \tag{3.16}$$

可以看出,上式包含一个矩阵乘法和一个向量加法,分别代表旋转操作 $\boldsymbol{R}$ 和平移操作 $\boldsymbol{t}$。为了更简单地描述刚体变换及更复杂的几何变换,最好能用矩阵乘法的形式统一表示所有变换,即 $\boldsymbol{p'} = \boldsymbol{Ap}$,其中变换矩阵 $\boldsymbol{A}$ 包括所有要对 $\boldsymbol{p}$ 进行的变换操作。从式(3.16)可以看出,由于普通坐标系下向量加法的限制,平移变换是无法放到矩阵 $\boldsymbol{A}$ 中的,因此需要引入一个更完美的坐标系——齐次坐标系统。

3.1.4 齐次坐标系统

简单地说,齐次坐标系统通过增加额外的一维坐标 w,将各种常见几何变换的表示形式统一为一个矩阵乘法。以二维情况为例,点 $p(x,y)$ 的齐次坐标表示为 (xw, yw, w),其中 w 可以是任意非零实数,其并不影响 p 点的位置。例如,点 $(2,3)$ 的齐次坐标可以是 $(2,3,1)$、$(6,9,3)$、$(-2/7, -3/7, -1/7)$ 等。可以发现,平面上任何一个点的齐次坐标不是唯一的。同样地,原点 $(0,0)$ 的齐次坐标可以是 $(0,0,1)$、$(0,0,-3)$ 等。

当最后一个分量为 0 时,齐次坐标 $(x, y, 0)$ 表示向量 (x, y) 方向的无穷远的点。这一点也很好理解:当不全为零的坐标 x 和 y 固定时,(x, y, w) 表示的点等于 $(x/w, y/w, 1)$ 所表示的点,也就是普通坐标点 $(x/w, y/w)$,其一定在向量 (x, y) 所在的直线上。w 为正数时该点在向量正方向上,此时 w 越小,表示的点离原点越远。当 w 接近 0 时,所表示的点与原点距离接近无穷大,因此 w 等于 0,正好表示此方向上的无穷远的点。显然表示无穷远的点时,x 和 y 不能同时为 0,否则就不知道这个向量是哪个方向,因此齐次坐标不允许所有分量同时为 0,即不存在点 $(0,0,0)$。二维平面的齐次坐标系下的原点是 $(0,0,w)$,其中 w 是任意非零实数,不能是 0。

除了能表示无穷远点外,齐次坐标系统的优势是可以将各种常见几何变换的表示形式统一为一个矩阵乘法。首先看平移变换,将式(3.7)中平移前的点 p 和平移后的点 p' 都用齐次坐标表示可得

$$\begin{bmatrix} x' \\ y' \\ 1 \end{bmatrix} = \begin{bmatrix} x + t_x \\ y + t_y \\ 1 \end{bmatrix} = \begin{bmatrix} 1 & 0 & t_x \\ 0 & 1 & t_y \\ 0 & 0 & 1 \end{bmatrix} \begin{bmatrix} x \\ y \\ 1 \end{bmatrix}, \quad p' = \begin{bmatrix} I & t \\ 0^T & 1 \end{bmatrix} p \tag{3.17}$$

上式右侧的等式是使用了分块矩阵的形式来简化表示,其中 I 是二阶单位矩阵,0^T 是一行两列的零向量,t 仍然是两行一列的平移向量。通过这种方式,平移变换也被写作在原来点 p 左边乘以一个变换矩阵的形式。

此外,将式(3.15)中的旋转矩阵 R 增加一行一列,即可得到旋转变换的表达式:

$$\begin{bmatrix} x' \\ y' \\ 1 \end{bmatrix} = \begin{bmatrix} x\cos\theta - y\sin\theta \\ y\cos\theta + x\sin\theta \\ 1 \end{bmatrix} = \begin{bmatrix} \cos\theta & -\sin\theta & 0 \\ \sin\theta & \cos\theta & 0 \\ 0 & 0 & 1 \end{bmatrix} \begin{bmatrix} x \\ y \\ 1 \end{bmatrix}, \quad p' = \begin{bmatrix} R & 0 \\ 0^T & 1 \end{bmatrix} p \tag{3.18}$$

对比式(3.17)和式(3.18)可以发现,n 维齐次坐标系统下的变换矩阵最后一行通常由 n 个 0 和 1 个 1 组成,这是为了保证变换后的结果 p' 的最后一个齐次分量仍为 1。而变换矩阵上方的左右两部分分别嵌入了旋转矩阵和平移向量。式(3.17)中旋转矩阵部分为单位阵,即表示没有旋转;而式(3.18)中平移向量部分为零向量,即表示没有平移。因此,如果既有旋转又有平移,那么变换矩阵上方应该既有旋转矩阵 R,又有平移向量 t:

$$\begin{bmatrix} x' \\ y' \\ 1 \end{bmatrix} = \begin{bmatrix} x\cos\theta - y\sin\theta + t_x \\ y\cos\theta + x\sin\theta + t_y \\ 1 \end{bmatrix} = \begin{bmatrix} \cos\theta & -\sin\theta & t_x \\ \sin\theta & \cos\theta & t_y \\ 0 & 0 & 1 \end{bmatrix} \begin{bmatrix} x \\ y \\ 1 \end{bmatrix}, \quad p' = \begin{bmatrix} R & t \\ 0^T & 1 \end{bmatrix} p$$

$$\tag{3.19}$$

式(3.19)即为刚体变换在齐次坐标系统下的矩阵表示,这将在 3.1.6 节中推导相机外参数时用到。

3.1.5 缩放、仿射与投影变换

图 3.9 展示了三种基本几何变换对图形的影响。3.1.3 节和 3.1.4 节讨论了平移与旋转及二者的组合(刚体变换),它们在变换中都不改变图形的大小和形状。本节将介绍一些可能会改变图形形状的缩放、仿射与投影变换。

(a) 平移　　　　　(b) 旋转　　　　　(c) 缩放

图 3.9　三种基本几何变换对图形的影响

缩放变换将原图形在水平或竖直方向上拉长或缩短,相当于将原图形中所有点的横、纵坐标分别乘以一个缩放因子:

$$\begin{bmatrix} x' \\ y' \\ 1 \end{bmatrix} = \begin{bmatrix} s_x x \\ s_y y \\ 1 \end{bmatrix} = \begin{bmatrix} s_x & 0 & 0 \\ 0 & s_y & 0 \\ 0 & 0 & 1 \end{bmatrix} \begin{bmatrix} x \\ y \\ 1 \end{bmatrix}, \quad \boldsymbol{p}' = \begin{bmatrix} \boldsymbol{S} & \boldsymbol{0} \\ \boldsymbol{0}^{\mathrm{T}} & 1 \end{bmatrix} \boldsymbol{p} \quad (3.20)$$

式中:s_x 为水平缩放因子;s_y 为竖直缩放因子。

可以想象,若 $s_x = s_y$,则相当于对原图形整体放大或缩小;若 s_x 或 s_y 为负数,则横坐标或纵坐标符号改变,对应图形会水平或竖直翻转。式(3.20)将在 3.1.6 节中推导相机内参数时用到。

式(3.20)仅包括沿两个轴向的缩放变换。更一般的缩放变换允许将图形沿任意方向缩放。缩放变换一般可由旋转变换和轴向缩放变换组成,如图 3.10 所示。下面提到

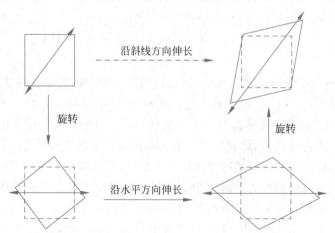

图 3.10　缩放变换示意图

缩放变换时仍然指沿轴向的缩放变换。

平移、旋转、缩放这3种几何变换之所以称为简单几何变换,是因为一旦确定了图形中一个点的变化轨迹(起点与终点),其他点的变化轨迹也会确定。也就是说,这3种变换各自可用两个对应的坐标点(变换前位置和变换后位置)表示。平移和旋转操作组成的刚体变换需要两对对应点表示。而平移、旋转、缩放3种变换组成的复合变换需要3对对应点确定,这种复合变换称为仿射变换。

一个正方形在仿射变换的作用下会变成一个任意形状的平行四边形;一个坐标系在仿射变换的作用下会变成另一个新的坐标系,这个新的坐标系不一定是直角坐标系,但每个坐标轴仍然是直线。仿射变换可能改变物体的形状,如两点间的距离、两条直线夹角大小,但两个平行线经过仿射变换后仍然是平行的。

平移、旋转、缩放这3种基本变换的任意组合都可以形成一个仿射变换,也就是说,任意一个仿射变换都可分解为这3种基本变换不限制次数和顺序的某种组合。显然,仿射变换在刚体变换的基础上进一步放宽了限制条件,即不再保证长度和角度不变。这意味着,仿射变换的变换矩阵具有比刚体变换更一般的形式:

$$\begin{bmatrix} x' \\ y' \\ 1 \end{bmatrix} = \begin{bmatrix} a_{11} & a_{12} & t_x \\ a_{21} & a_{22} & t_y \\ 0 & 0 & 1 \end{bmatrix} \begin{bmatrix} x \\ y \\ 1 \end{bmatrix}, \quad \boldsymbol{p}' = \begin{bmatrix} \boldsymbol{A} & \boldsymbol{T} \\ \boldsymbol{0}^{\mathrm{T}} & 1 \end{bmatrix} \boldsymbol{p} \tag{3.21}$$

与式(3.19)比较可以发现,仿射变换与刚体变换的不同在于不再要求变换矩阵左上角为旋转矩阵 $\boldsymbol{R}$,而变成了一个任意矩阵 $\boldsymbol{A}$。这样左上角的矩阵就从1个自由度(转角 θ)变为4个自由度,即多出了缩放的信息。假设平面上的坐标系也经过仿射变换而形成一个新的坐标系,则矩阵 $\boldsymbol{A}$ 描述了新、旧两个坐标系对应轴之间的长短和夹角关系,而平移向量 $\boldsymbol{t}$ 描述了两坐标系原点间的位置关系。当 $\boldsymbol{A}$ 为正交矩阵(列向量都是单位向量且彼此正交)时,两个坐标系的对应轴之间的长短和夹角相等,相当于只进行了旋转,因此 $\boldsymbol{A}$ 退化为旋转矩阵 $\boldsymbol{R}$,此时整个仿射变换退化为一个刚体变换。

还有一种比仿射变换更一般的平面几何变换——二维投影变换(简称投影变换):

$$\begin{bmatrix} x' \\ y' \\ 1 \end{bmatrix} \propto \begin{bmatrix} h_{11} & h_{12} & h_{13} \\ h_{21} & h_{22} & h_{23} \\ h_{31} & h_{32} & 1 \end{bmatrix} \begin{bmatrix} x \\ y \\ 1 \end{bmatrix}, \quad \boldsymbol{p}' \propto \boldsymbol{H}\boldsymbol{p} \tag{3.22}$$

其变换矩阵 $\boldsymbol{H}$ 也称单应性矩阵。与式(3.21)比较可以发现,投影变换矩阵 $\boldsymbol{H}$ 在仿射变换的基础上又多了 h_{31} 和 h_{32} 两个自由度。此时矩阵 $\boldsymbol{H}$ 最后一行与 $\boldsymbol{p}$ 相乘的结果不一定为1,因此式(3.22)中将等号改为了正比符号"$\propto$"。由于齐次坐标系统中 $\boldsymbol{p}'$ 整体乘以一个非零常数仍然表示点 $\boldsymbol{p}'$,因此"$\propto$"符号两端所差的常数并不重要。

投影变换不再保证平行线经过变换后仍然平行,它只能保证直线经过变换后仍然是直线。平面投影变换与相机对平面图像的成像过程密切相关:用相机从某一角度拍摄一个现实中的平面图片,得到的新图片与原图片之间的关系就是投影变换。或者说,用相机从不同位置、不同角度拍摄同一平面图片,得到的两幅图像之间的关系就是投影变换。

如图 3.11 所示,假设原图片是挂在墙上的一幅山峰的风景图,分别从左上方俯视拍摄和从下方仰视拍摄这幅图可以得到不同角度的两幅图像。这两幅图像之间及与原图片之间的变换都可以用投影变换描述。投影变换最大的特点是近大远小,可以看出距离相机越近的位置在拍出的照片中相对越大。另外,投影变换之后原本平行的两条线不一定平行,但原有的所有直线变换后仍然是直线。同时投影变换是保交点的,即原图片中的山峰位于矩形画框对角线交点处,拍摄得到的两幅图像中的山峰仍然位于四边形对角线的交点处。容易看出,一个投影变换可由 4 对对应点确定,如图片的 4 个角。3.2 节将根据从不同角度拍摄的同一平面图形,利用投影变换矩阵 **H** 计算相机参数。

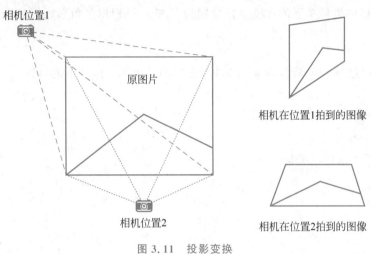

图 3.11　投影变换

3.1.6　相机参数

本节将推导世界坐标系、相机坐标系与图像坐标系之间的几何关系,为相机的几何标定做准备。根据 3.1.1 节介绍的针孔相机模型,三个坐标系之间的位置关系如图 3.12 所示。其中世界坐标系 $x_w y_w z_w$ 和相机坐标系 xyz 是三维空间直角坐标系,而图像坐标系 uv 是二维平面直角坐标系。相机坐标系的 z 轴表示物体的深度,也就是针孔相机模型中的主轴。

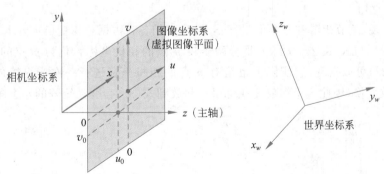

图 3.12　相机坐标系、图像坐标系与世界坐标系

注意,通常假定图像坐标系的 u、v 轴分别与相机坐标系的 x、y 轴平行。因为制造时存在的误差,图像坐标系的原点不一定位于相机坐标系的 z 轴上,这里将 z 轴在图像坐标系下的横纵坐标分别记为 u_0 和 v_0。另外,图像的像素不一定是严格的正方形,也就是说,u、v 两轴不一定等长。因此,需要两个参数分别描述同一点的相机坐标与图像坐标在横、纵两个方向上的比例关系。这里将图像平面上一点的 x、y 坐标相对于 u、v 坐标的缩放比例分别记为 s_x 和 s_y。

下面计算物点 $p(x,y,z)$ 的像点 $p'(x',y',z')$ 在图像坐标系下的坐标 (u,v)。

首先需要求像点 p' 点在相机坐标系下的坐标 (x',y',z')。如图 3.13 所示,已知 p' 点和 p 点在相机坐标系下的深度坐标分别为 z' 和 z,则根据三角形相似关系可得

$$y' = y\,\frac{z'}{z}, \quad x' = x\,\frac{z'}{z} \tag{3.23}$$

式(3.23)是通过 p 点坐标计算 p' 点坐标,它们都是相机坐标系下的坐标。

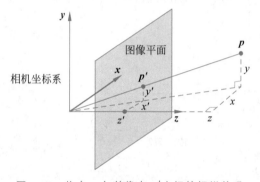

图 3.13　物点 p 与其像点 p' 坐标的相似关系

接下来需要根据 p' 点的相机坐标计算它的图像坐标,需要知道这两个坐标系间的变换关系。参考图 3.12,根据相机坐标系的 x、y 轴相对于图像坐标系的 u、v 轴有水平和竖直偏移 u_0 和 v_0,以及水平和竖直缩放比例 s_x 和 s_y,再仿照齐次坐标系统下的平移变换公式(3.17)和缩放变换公式(3.20),容易写出 p' 点在两坐标系中的坐标转换关系:

$$
\begin{bmatrix} u \\ v \\ 1 \end{bmatrix} =
\begin{bmatrix} s_x x' + u_0 \\ s_y y' + v_0 \\ 1 \end{bmatrix} =
\begin{bmatrix} s_x & 0 & u_0 \\ 0 & s_y & v_0 \\ 0 & 0 & 1 \end{bmatrix}
\begin{bmatrix} x' \\ y' \\ 1 \end{bmatrix} =
\begin{bmatrix} s_x & 0 & u_0 \\ 0 & s_y & v_0 \\ 0 & 0 & 1 \end{bmatrix}
\begin{bmatrix} x' \\ y' \\ 1 \end{bmatrix} \tag{3.24}
$$

可以发现,缩放矩阵和平移向量互不干扰,它们各自占据总体变换矩阵上方一部分。

式(3.23)与式(3.24)实际上是分两步将 p 点的相机坐标转化为 p' 点的图像坐标。观察式(3.23)可以发现,它实际上也是对 p 点的相机坐标进行一次横纵缩放比例均为 z'/z 的缩放变换,因此这个缩放变换可以一起放到式(3.24)变换矩阵的左上角:

$$
\begin{bmatrix} u \\ v \\ 1 \end{bmatrix} =
\begin{bmatrix} s_x \dfrac{z'}{z} & 0 & u_0 \\ 0 & s_y \dfrac{z'}{z} & v_0 \\ 0 & 0 & 1 \end{bmatrix}
\begin{bmatrix} x \\ y \\ 1 \end{bmatrix} =
\frac{1}{z}
\begin{bmatrix} s_x z' & 0 & u_0 \\ 0 & s_y z' & v_0 \\ 0 & 0 & 1 \end{bmatrix}
\begin{bmatrix} x \\ y \\ z \end{bmatrix}
$$

$$
= \frac{1}{z} \begin{bmatrix} s_x z' & 0 & u_0 & 0 \\ 0 & s_y z' & v_0 & 0 \\ 0 & 0 & 1 & 0 \end{bmatrix} \begin{bmatrix} x \\ y \\ z \\ 1 \end{bmatrix} \tag{3.25}
$$

p 点实际上是三维坐标,因此在上式中变换矩阵右侧补充了一列,以便在右端向量中加入 z。由于齐次坐标整体乘以一个非零常数不改变其表示的点,因此整个变换矩阵与前面提出的系数 $1/z$ 无关,即与相机外的物点 p 的深度 z 无关。变换矩阵内的参数称为相机的内参数,意思是这些参数仅由相机内部构造决定。每台相机的内参数是固定的:u_0 和 v_0 是相机坐标系的 x、y 轴相对于图像坐标系的 u、v 轴的水平和竖直偏移,s_x 和 s_y 是相机坐标系 x、y 轴相对于图像坐标系 u、v 轴的水平和竖直缩放比例。z' 是相机坐标系原点到物理成像平面或虚拟图像平面的距离,也称焦距(或像距),记为 f。由于 s_x 和 s_y 在变换矩阵中是与 z' 乘在一起的,因此也可以将 $s_x z'$ 和 $s_y z'$ 当作两个相机内参数,分别记为 f_x 和 f_y。这样变换矩阵中只有 4 个内参数,即 f_x、f_y、u_0 和 v_0:

$$
\begin{bmatrix} u \\ v \\ 1 \end{bmatrix} \propto \begin{bmatrix} f_x & 0 & u_0 & 0 \\ 0 & f_y & v_0 & 0 \\ 0 & 0 & 1 & 0 \end{bmatrix} \begin{bmatrix} x \\ y \\ z \\ 1 \end{bmatrix} \tag{3.26}
$$

此外,相机内参数还包括镜头的畸变参数,具体细节将在 3.1.7 节介绍。

除内参数外,外参数也是指示相机状态的重要参数,其描述的是相机在现实世界中的位置与拍摄角度。由于相机坐标系是依据相机的位置和方向建立的,外参数也代表了相机坐标系与世界坐标系的关系。为简单起见,不妨认为这两个坐标系是全等的(各坐标轴长度相等的直角坐标系),这样两个坐标系之间就是一个简单的刚体变换。参考式(3.19),很容易写出三维空间的刚体变换公式:

$$
\begin{bmatrix} x \\ y \\ z \\ 1 \end{bmatrix} = \begin{bmatrix} r_{11} & r_{12} & r_{13} & t_x \\ r_{21} & r_{22} & r_{23} & t_y \\ r_{31} & r_{32} & r_{33} & t_z \\ 0 & 0 & 0 & 1 \end{bmatrix} \begin{bmatrix} x_w \\ y_w \\ z_w \\ 1 \end{bmatrix}, \quad \boldsymbol{p} = \begin{bmatrix} \boldsymbol{R} & \boldsymbol{t} \\ \boldsymbol{0}^{\mathrm{T}} & 1 \end{bmatrix} \boldsymbol{p}_w \tag{3.27}
$$

式中:$\boldsymbol{p}_w$ 为 p 点在世界坐标系下的坐标;$\boldsymbol{p}$ 为 p 点在相机坐标系下的坐标;$\boldsymbol{R}$ 为三维空间中的旋转矩阵;$\boldsymbol{t}$ 为三维空间中的平移向量。

旋转矩阵中的 9 个 r 和平移向量中的 3 个 t 组成了相机的外参数。

实际上三维旋转矩阵 $\boldsymbol{R}$ 中的 9 个 r 并不是互不相关的,它还受到单位正交性的约束,即旋转矩阵 $\boldsymbol{R}$ 的列向量组必须是单位正交向量组,才能表示一个旋转变换。如果把任意一个三维旋转看成依次绕 x、y、z 轴旋转一次,每一次旋转相当于给向量左乘一个旋转矩阵,就可以将其改写为只有 3 个自由度的形式:

$$
\boldsymbol{R} = \begin{bmatrix} r_{11} & r_{12} & r_{13} \\ r_{21} & r_{22} & r_{23} \\ r_{31} & r_{32} & r_{33} \end{bmatrix} = \boldsymbol{R}_z(\alpha) \boldsymbol{R}_y(\beta) \boldsymbol{R}_x(\gamma)
$$

$$
= \begin{bmatrix} \cos\alpha & -\sin\alpha & 0 \\ \sin\alpha & \cos\alpha & 0 \\ 0 & 0 & 1 \end{bmatrix} \begin{bmatrix} \cos\beta & 0 & \sin\beta \\ 0 & 1 & 0 \\ -\sin\beta & 0 & \cos\beta \end{bmatrix} \begin{bmatrix} 1 & 0 & 0 \\ 0 & \cos\gamma & -\sin\gamma \\ 0 & \sin\gamma & \cos\gamma \end{bmatrix}
$$

$$
= \begin{bmatrix} \cos\alpha\cos\beta & \cos\alpha\sin\beta\sin\gamma - \sin\alpha\cos\gamma & \cos\alpha\sin\beta\cos\gamma + \sin\alpha\sin\gamma \\ \sin\alpha\cos\beta & \sin\alpha\sin\beta\sin\gamma + \cos\alpha\cos\gamma & \sin\alpha\sin\beta\cos\gamma - \cos\alpha\sin\gamma \\ -\sin\beta & \cos\beta\sin\gamma & \cos\beta\cos\gamma \end{bmatrix} \quad (3.28)
$$

式中：α、β 和 γ 是三个相互独立的角度参数，分别表示绕 z 轴、y 轴和 x 轴的旋转角度。

读者可以根据式(3.28)最后一行验证 $\boldsymbol{R}$ 的每一列是相互正交的单位向量。

将式(3.26)与式(3.27)连在一起即可得到所有参数和总体坐标转换关系：

$$
\begin{bmatrix} u \\ v \\ 1 \end{bmatrix} \propto \begin{bmatrix} f_x & 0 & u_0 & 0 \\ 0 & f_y & v_0 & 0 \\ 0 & 0 & 1 & 0 \end{bmatrix} \begin{bmatrix} r_{11} & r_{12} & r_{13} & t_x \\ r_{21} & r_{22} & r_{23} & t_y \\ r_{31} & r_{32} & r_{33} & t_z \\ 0 & 0 & 0 & 1 \end{bmatrix} \begin{bmatrix} x_w \\ y_w \\ z_w \\ 1 \end{bmatrix}
$$

$$
= \begin{bmatrix} f_x & 0 & u_0 \\ 0 & f_y & v_0 \\ 0 & 0 & 1 \end{bmatrix} \begin{bmatrix} r_{11} & r_{12} & r_{13} & t_x \\ r_{21} & r_{22} & r_{23} & t_y \\ r_{31} & r_{32} & r_{33} & t_z \end{bmatrix} \begin{bmatrix} x_w \\ y_w \\ z_w \\ 1 \end{bmatrix} \quad (3.29)
$$

其中第二行是把第一行两个矩阵中无关紧要的一列和一行删掉得到的。第二行左侧的变换矩阵称为相机内参矩阵，右侧的变换矩阵称为相机外参矩阵。3.2 节将展示如何计算这两个矩阵中的所有参数。

3.1.7　镜头畸变

镜头在实际使用中并非理想的透视成像，现实世界中的物体变为图像后带有不同程度的畸变。理论上镜头的畸变主要包括径向畸变(极坐标系下极径 r 方向上的畸变)和切向畸变(极坐标系下转角 θ 方向上的畸变)，切向畸变影响较小，因此通常只考虑径向畸变。径向畸变是镜头的形状缺陷造成的，其主要由镜头径向曲率产生(光线在远离透镜中心的地方比靠近中心的地方更加弯曲)，导致真实成像点向内或向外偏离理想成像点。其中畸变像点相对于理想像点沿径向向外偏移，远离中心的，称为枕形畸变，常出现在远摄(长焦)镜头中；径向畸点相对于理想点沿径向向中心靠拢的，称为桶形畸变，常出现在广角镜头和鱼眼镜头中。这两种径向畸变的整体效果如图 3.14 所示。

图像径向畸变的存在不仅影响图像视觉效果，而且增加后续识别、跟踪等下游视觉任务的处理难度。从图 3.14 可以看出，枕形畸变和桶形畸变是互逆的过程，要想去除一幅图像中的畸变效果，可以再将此图像进行一次逆向畸变。

下面推导径向畸变过程的坐标变换公式。如图 3.15 所示，理想成像点 P 经过径向畸变后移动到 P'，其到图像坐标原点的距离从 r 变为 r'。在极坐标系下，从 r 到 r' 的畸变过程可表示为

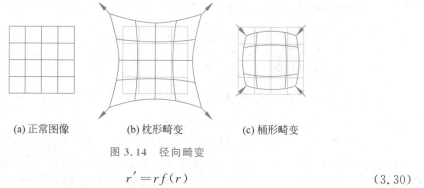

(a) 正常图像 (b) 枕形畸变 (c) 桶形畸变

图 3.14 径向畸变

$$r' = rf(r) \tag{3.30}$$

式中：$f(r)$ 为畸变造成的径向偏移系数。

  由于径向畸变造成偏移的程度只与点 P 到原点的长度 r 有关而与方向无关，因此式(3.30)中的未知函数 f 是一个复杂的偶函数。可以用一个简单的多项式偶函数来近似表示复杂函数：

$$r' = r(1 + k_1 r^2 + k_2 r^4 + k_3 r^6) \tag{3.31}$$

多项式函数 $1 + k_1 r^2 + k_2 r^4 + k_3 r^6$ 取到 6 次方是因为更高次数的项一旦有误差对结果的影响会很大；另外，目前这三项一般能满足函数拟合的要求。

  在考虑镜头畸变的情况下，式(3.31)中的 $k_1 \sim k_3$ 也算作相机内参数。

  以上是在极坐标下考虑，如果回到图像坐标系（平面直角坐标系 uv）下，那么式(3.31)可改写为

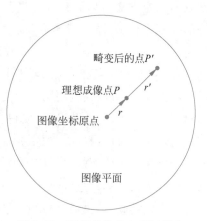

图 3.15 理想成像点 P 经过径向畸变后移动到 P'

$$\begin{cases} u' = u(1 + k_1 r^2 + k_2 r^4 + k_3 r^6) \\ v' = v(1 + k_1 r^2 + k_2 r^4 + k_3 r^6) \end{cases} \tag{3.32}$$

式中：u、v 为畸变前的理想成像点的图像坐标；u'、v' 为畸变后的成像点的实际图像坐标。

3.2 几何标定

  本节将介绍相机的几何标定方法，即通过拍摄到的多个图像数据估计某个相机的内参数和外参数，包括式(3.29)中两个参数矩阵及式(3.32)中的三个镜头畸变系数。

  观察式(3.29)可以发现，其中的所有相机参数都在两个紧挨着的参数矩阵内，而左右两侧的图像坐标和世界坐标可以通过实际拍摄一个物体计算得到。因此，很容易想到一种参数求解方法，即用同一个相机从不同位置、以不同角度拍摄同一个物体，得到许多个形如式(3.29)的等式，其中左右两端是已知的坐标，联立这些等式就可以求出中间的两个参数矩阵里的所有参数。

  目前，针对普通相机最常用的几何标定方法是张正友标定法[4-6]，它是张正友博士提

出的一种利用平面棋盘格进行相机标定的实用方法。本节将详细讲解这种标定方法的步骤和原理。

3.2.1　张正友标定法

在张正友标定法提出之前,传统的相机标定方法主要分为主动标定法和自标定法两大类。

主动标定法(基于主动视觉的标定方法)是通过主动系统控制相机做特定运动,拍摄多组图像,依据图像信息和已知位移变化来求解相机内外参数。有两种典型的方法:一是使相机在三维空间稳定平移[7];二是使相机做参数固定的旋转运动[8]。基于主动视觉的标定方法可以简化计算过程,并得到线性结果。这种方法的缺点是需要配备精准的控制平台,系统的成本高,而且在一些运动参数未知的场合和不能控制的场合不适用。

20世纪90年代初,Luong等首先提出自标定概念。自标定法并不需要知道图像点的三维坐标,该方法仅利用图像点之间的对应关系或约束关系而不需要标定物就可以得出标定系统的内、外参数,这就使得在相机任意运动或者一些复杂未知场景下的相机标定成为现实。目前,自标定的主要方法有直接求解 Kruppa 方程的自标定、分层逐步标定和基于绝对二次曲面的自标定等[9]。相机自标定方法不需要特殊制作的标定物,只是通过相机在无约束运动过程中建立多幅图像之间对应的关系直接进行标定。它克服了传统标定方法的缺点,灵活性较强;它的缺点是标定过程复杂,使用非线性方法标定,鲁棒性差,精度也不高。

张正友标定法介于主动标定法和自标定法之间,既克服了主动标定法需要结构较为复杂的高精度三维标定物的缺点,又解决了自标定法鲁棒性差的难题。标定过程仅需使用一个打印出来的棋盘格,并从不同方向拍摄几组图片即可,任何人都可以自己制作标定图案纸板(甚至直接用显示器显示),不仅灵活方便,而且精度高、鲁棒性好。因此,张正友标定法很快被全世界广泛采用,极大地促进了三维计算机视觉从实验室走向真实世界的进程。

张正友标定法所需要的图像数据是用待标定相机拍摄得到的不同位置、不同角度的多张平面棋盘格照片。为提高精度和鲁棒性,拍摄棋盘格照片越多越好,通常需要10张以上。同样为了提高计算精度,棋盘格需要占图片 1/4 以上的面积,同时需要保证棋盘格图像完整显示在照片中。棋盘格中的格子通常是四角相连、黑白交错的正方形(类似国际象棋的棋盘图案)。

最简单的方法是用平整的电脑显示器显示棋盘格图片,用待标定相机从不同角度进行拍照,图像采集结果如图 3.16 所示。

得到图像数据后,参数的计算方法可分为四大步骤,包括角点检测与配对、单应性矩阵求解、相机参数求解和相机参数细调。下面将按顺序依次介绍这些步骤。

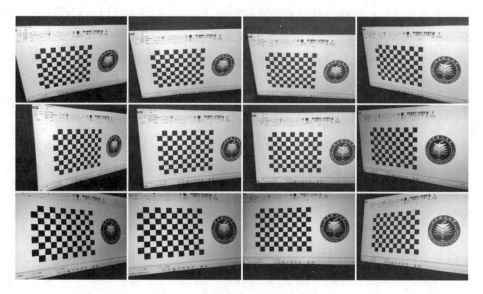

图 3.16　张正友标定法图像采集结果

3.2.2　角点检测与配对

角点检测与配对是指计算图像拍到的棋盘格中所有角点(黑白格的边界交点)的图像坐标及世界坐标,它们需要一一对应。世界坐标系并不是以长度定义的,而是人为选取的,因此可以将其单位长度设为与棋盘格的边长相同,以简化问题。由于现实世界中的棋盘格是一个平面图形,不妨设其上所有角点的 z_w 坐标为 0。因此,只需要所有角点在图像上的 u、v 坐标和世界中的 x_w、y_w 坐标。一旦找出了图像中所有角点,由于它们近似排布成一个方阵,很容易求出它是棋盘格图案上第几行第几列的角点,即其世界坐标 x_w、y_w。因此,该步骤的主要难度在于如何准确无误地从拍摄图像中提取棋盘格图案中的角点。张正友标定法相关论文中假定已完成角点配对,因此没有相关介绍。下面主要介绍 OpenCV 库中的实现方法。

为方便说明角点检测的原理,图 3.17 中对棋盘格做了简化,缩小了格子数量。需要注意的是,实际标定中使用的棋盘格行数与列数通常都大于 8,这样可以增加数据量,保证标定结果的精度。下面结合图 3.17 详细介绍棋盘格角点检测与配对算法。

图 3.17(a)为拍摄得到的原始图像。可以看出,由于拍摄时的光线问题,其中的棋盘格的白色格在图像上表现为灰色。为了更明显地区分黑白格并且减少数据量和计算量,需要把整个图像二值化,即把应该是黑色的地方变为全黑(如用 0 表示),把应该是白色的地方变为全白(如用 1 表示)。由于黑白图像的像素点亮度范围是 0~255,一个最简单的二值化方法就是超过 128 的像素点认为是白色,而不超过 128 的像素点认为是黑色,这样得到的结果如图 3.17(b)所示。可以看出,用简单的绝对阈值 128 分割得到的结果并不理想,下半部分的白格也被识别成黑格,因为其亮度恰好略低于 128。可以看出,由于光线问题,无法统一地给出一个合理的固定阈值来区分黑白,需要采用相对阈值的方

法。整幅图像很容易有光线充足以及不足的地方,但在一个局部范围内可以认为光线是相同的,因此在此范围内统计出所有像素的最大值,记为 v_{max},再统计出所有像素的最小值,记为 v_{min},最后把纯白与纯黑的中间值 $(v_{max}+v_{min})/2$ 作为相对阈值来判别此区域所有像素应该是白色还是黑色。这样就可以得到最终的二值化图像,如图 3.17(c)所示。

接下来为了套用已有的多边形检测算法来识别棋盘格的所有黑格,需要把所有黑格之间的距离加大,这样每个黑格是一个独立的四边形,可以用多边形检测算法识别出来。这个过程称为黑格的"腐蚀"或者白格的"膨胀"。具体方法:针对图 3.17(c)中的每个像素点,判断其相邻的几个像素点中有没有白色,如果有白色,则其自身也变为白色。这样图像中所有白色像素点都向四周扩散,原本黑白格的交界处也变为白色,相当于黑色格子都缩小了。图 3.17(d)展示了白色膨胀操作的结果,现在所有黑格都是独立的四边形,相互之间没有交点。

然后对整张二值化图 3.17(d)进行多边形检测,即识别所有的黑白交界线,找到所有可以围成封闭多边形的边界线,得到图 3.17(e)。首先使用轮廓跟踪算法[10]对已二值化的图像进行轮廓提取(找到棋盘格边缘上的所有点),再用 Douglas-Peucker 算法[11]对所有轮廓点进行多边形逼近。

再去除图 3.17(e)中所有非棋盘格的干扰多边形,得到图 3.17(f)。为简化算法,通常约定拍摄棋盘格照片时倾斜角度不能过大,这样棋盘格照片中的所有黑格应该近似为正方形(图 3.16)。由此可以删除掉一些各边长度与夹角差距过大或边数不是 4 的多边形,如图 3.17(e)中的五角星和五角星下面的不规则四边形(含有小于 60°的角和差距过大的边)。另外,在棋盘格以外的部分还会有一些无关的四边形留下来,如图 3.17(e)中右下角的正方形,接下来需要去除这些很像棋盘格的无关四边形。对于棋盘格中的四边形,根据图 3.17(e)中左半部分可以找到这样一些规律,每个四边形周围至少有另一个大小相近的四边形,且两个相邻四边形的距离远小于四边形的任意一个边长。将这个规律作为限定条件几乎可以再次去掉图 3.17(e)中所有无关四边形,最终得到图 3.17(f)。如果仍有遗漏,那么可以加入更复杂的几何限定条件,或重新选择更简单的场景拍摄照片。

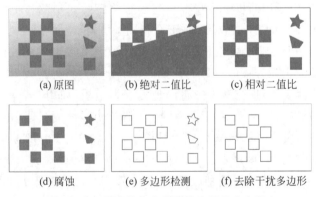

(a) 原图   (b) 绝对二值比   (c) 相对二值比

(d) 腐蚀   (e) 多边形检测   (f) 去除干扰多边形

图 3.17　棋盘格角点检测算法的部分步骤

最后将图 3.17(f)中每两个相邻四边形的相邻顶点连上线段,则该线段的中点即为棋盘格的一个角点,如图 3.18 所示。

至此角点检测已经结束,但还需要确定棋盘格照片上的每个角点对应的世界坐标,即角点配对。由于拍照时有一定倾斜,棋盘上同一行的角点不一定在图像上的同一行,因此不能直接根据纵坐标判断一个角点在棋盘的哪一行。例如,图 3.19 中的情况,棋盘格上第二行的角点(1,6)在第一行的角点(0,0)的上方。

目前效果较好的棋盘格角点配对算法是 Geiger 等在 2012 年提出的方法[12]。该方法允许棋盘有很大倾斜且允许图片中有多张棋盘,但过程较为复杂、计算量很大。下面结合图 3.19 讲解一种简单的、适用于仅包含一个棋盘的图像且仅允许棋盘有小角度倾斜和扭曲的角点配对方法。

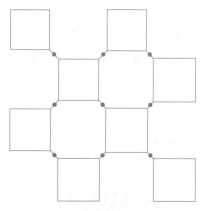

图 3.18 在图 3.17(f)基础上的角点检测结果(图中的每个圆点为一个棋盘格角点)

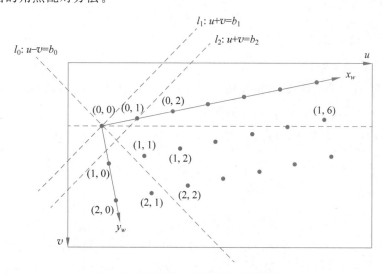

图 3.19 棋盘格角点配对简单算法示意

首先找到最左上角的角点作为世界坐标系的原点(0,0)。如图 3.19 所示,(x_w, y_w) 为世界坐标系,(u, v) 为图像坐标系(一般认为其原点在照片左上角,单位为像素)。根据解析几何知识,照片上越左上方的点其图像坐标之和越小,即 $u+v$ 的值越小。例如,图中角点(0,0)在直线 l_1 上,其 $u+v$ 值为 b_1;角点(0,1)在直线 l_2 上,其 $u+v$ 值为 b_2。由于 $b_1 < b_2$,可以断定角点(0,0)在角点(0,1)的左上方。据此可以遍历所有角点,计算对应的 $u+v$ 值,具有最小 $u+v$ 值的角点定为世界坐标系的原点。

接下来寻找棋盘格第一行中的其他角点。与"左上方的点具有更小的 $u+v$ 值"类似,右上方的点具有更大的 $u-v$ 值。如图 3.19 所示,棋盘格上的角点(0,1)是在角点(0,0)

右上方的所有角点里最左上方的那个，因此可以遍历所有 $u-v$ 值大于 b_0 的角点，在其中选取 $u+v$ 值最小的即为角点 $(0,1)$。

从左往右寻找第一行的每一个角点时，都将其前一个点所在的左上—右下方向上的直线作为 $u-v$ 值的分界线，在这条线右上方的点里找最左上方的点作为下一个角点，同时按顺序赋给世界坐标值。当这条分界线右上方没有其他点时，说明第一行已经遍历完。每一行遍历完后将其上所有点删除，继续以相同方法遍历下一行，直至没有其他剩余的角点。这样就完成了所有角点的"图像坐标-世界坐标"配对。

假设棋盘格的规格是 9 行 12 列，则一幅图像可以得到 $8 \times 11 = 88$ 个角点的图像坐标 u、v 和对应的世界坐标 x_w、y_w。根据这些对应坐标可以联立方程组来求解相机几何参数。

3.2.3 单应性矩阵求解

为了便于分析，将式(3.29)可写为

$$
\begin{bmatrix} u \\ v \\ 1 \end{bmatrix} \propto \begin{bmatrix} f_x & 0 & u_0 \\ 0 & f_y & v_0 \\ 0 & 0 & 1 \end{bmatrix} \begin{bmatrix} r_{11} & r_{12} & r_{13} & t_x \\ r_{21} & r_{22} & r_{23} & t_y \\ r_{31} & r_{32} & r_{33} & t_z \end{bmatrix} \begin{bmatrix} x_w \\ y_w \\ z_w \\ 1 \end{bmatrix} = \boldsymbol{A} \begin{bmatrix} \boldsymbol{R} & \boldsymbol{t} \end{bmatrix} \begin{bmatrix} x_w \\ y_w \\ z_w \\ 1 \end{bmatrix} \tag{3.33}
$$

式中：$\boldsymbol{A}$ 为相机内参矩阵；$\begin{bmatrix} \boldsymbol{R} & \boldsymbol{t} \end{bmatrix}$ 是外参矩阵。

为化简问题，上一节中是以棋盘格平面作为 $x_w y_w$ 平面建立世界坐标系的，因此棋盘格角点的 z_w 坐标均为 0。根据 z_w 为 0 可以将式(3.33)做简化：

$$
\begin{aligned}
\begin{bmatrix} u \\ v \\ 1 \end{bmatrix} &\propto \begin{bmatrix} f_x & 0 & u_0 \\ 0 & f_y & v_0 \\ 0 & 0 & 1 \end{bmatrix} \begin{bmatrix} r_{11} & r_{12} & r_{13} & t_x \\ r_{21} & r_{22} & r_{23} & t_y \\ r_{31} & r_{32} & r_{33} & t_z \end{bmatrix} \begin{bmatrix} x_w \\ y_w \\ 0 \\ 1 \end{bmatrix} \\
&= \begin{bmatrix} f_x & 0 & u_0 \\ 0 & f_y & v_0 \\ 0 & 0 & 1 \end{bmatrix} \begin{bmatrix} r_{11} & r_{12} & t_x \\ r_{21} & r_{22} & t_y \\ r_{31} & r_{32} & t_z \end{bmatrix} \begin{bmatrix} x_w \\ y_w \\ 1 \end{bmatrix} \\
&= \boldsymbol{A} \begin{bmatrix} \boldsymbol{r}_1 & \boldsymbol{r}_2 & \boldsymbol{t} \end{bmatrix} \begin{bmatrix} x_w \\ y_w \\ 1 \end{bmatrix}
\end{aligned} \tag{3.34}
$$

上式删去了外参矩阵的第 3 列(旋转矩阵 $\boldsymbol{R}$ 的最后一列 $\boldsymbol{r}_3$)和世界坐标的第 3 行($z_w = 0$)。设上式"$\propto$"符号两侧相差的比例系数为 λ，则上式可转化为

$$
\begin{bmatrix} u \\ v \\ 1 \end{bmatrix} = \lambda \boldsymbol{A} \begin{bmatrix} \boldsymbol{r}_1 & \boldsymbol{r}_2 & \boldsymbol{t} \end{bmatrix} \begin{bmatrix} x_w \\ y_w \\ 1 \end{bmatrix} = \boldsymbol{H} \begin{bmatrix} x_w \\ y_w \\ 1 \end{bmatrix} = \begin{bmatrix} h_{11} & h_{12} & h_{13} \\ h_{21} & h_{22} & h_{23} \\ h_{31} & h_{32} & 1 \end{bmatrix} \begin{bmatrix} x_w \\ y_w \\ 1 \end{bmatrix} \tag{3.35}
$$

可以发现,上式中的变换矩阵 $\boldsymbol{H}=\lambda\boldsymbol{A}\begin{bmatrix}\boldsymbol{r}_1 & \boldsymbol{r}_2 & \boldsymbol{t}\end{bmatrix}$ 就是一个 2.2.3 节中介绍的投影变换的单应性矩阵(参见式(3.22)),其中包含了 $h_{11}\sim h_{32}$ 8 个未知数。选取合适的参数 λ 可以保证矩阵 $\boldsymbol{H}$ 右下角元素是 1。可以先根据角点配对步骤中得到的角点图像与世界坐标计算出单应性矩阵 $\boldsymbol{H}$,再利用单应性矩阵 $\boldsymbol{H}$ 求出相机内外参数。

将式(3.35)展开,可得

$$\begin{cases}(h_{31}x_w+h_{32}y_w+1)u=h_{11}x_w+h_{12}y_w+h_{13}\\(h_{31}x_w+h_{32}y_w+1)v=h_{21}x_w+h_{22}y_w+h_{23}\end{cases} \tag{3.36}$$

如果把 $h_{11}\sim h_{32}$ 当作未知数,那么将上式变形可得到关于 $h_{11}\sim h_{32}$ 的线性方程组:

$$\begin{cases}x_wh_{11}+y_wh_{12}+h_{13}-ux_wh_{31}-uy_wh_{32}=u\\x_wh_{21}+y_wh_{22}+h_{23}-vx_wh_{31}-vy_wh_{32}=v\end{cases} \tag{3.37}$$

上一步中得到了许多角点的图像坐标 u、v 和对应的世界坐标 x_w、y_w。对每个角点都可以写出如式(3.37)的一对方程。如果一共有 n 对角点,那么可以写出由 $2n$ 个方程组成的线性方程组:

$$\begin{bmatrix}x_{w1} & y_{w1} & 1 & 0 & 0 & 0 & -u_1x_{w1} & -u_1y_{w1}\\0 & 0 & 0 & x_{w1} & y_{w1} & 1 & -v_1x_{w1} & -v_1y_{w1}\\x_{w2} & y_{w2} & 1 & 0 & 0 & 0 & -u_2x_{w2} & -u_2y_{w2}\\0 & 0 & 0 & x_{w2} & y_{w2} & 1 & -v_2x_{w2} & -v_2y_{w2}\\\vdots & \vdots & \vdots & \vdots & \vdots & \vdots & \vdots & \vdots\\x_{wn} & y_{wn} & 1 & 0 & 0 & 0 & -u_nx_{wn} & -u_ny_{wn}\\0 & 0 & 0 & x_{wn} & y_{wn} & 1 & -v_nx_{wn} & -v_ny_{wn}\end{bmatrix}\begin{bmatrix}h_{11}\\h_{12}\\h_{13}\\h_{21}\\h_{22}\\h_{23}\\h_{31}\\h_{32}\end{bmatrix}=\begin{bmatrix}u_1\\v_1\\u_2\\v_2\\\vdots\\u_n\\v_n\end{bmatrix}, \quad \boldsymbol{Ah}=\boldsymbol{b}$$

$$\tag{3.38}$$

式中:$\boldsymbol{A}$ 为 $2n$ 行 8 列的矩阵;$\boldsymbol{h}$ 为 $h_{11}\sim h_{32}$ 组成的 8 行的列向量;$\boldsymbol{b}$ 为 $2n$ 行的列向量。

若 $n=4$,则 $\boldsymbol{A}$ 是一个 8 阶方阵,若此时 $\boldsymbol{A}$ 可逆,则有解 $\boldsymbol{h}=\boldsymbol{A}^{-1}\boldsymbol{b}$,这就是通过 4 组对应角点求解投影变换的方法。

然而,角点检测过程中难免有误差,故只能通过增加方程的个数来减少单个方程造成的误差,因此一个棋盘格上通常有 40 个以上的角点(远大于 4)。这样这个系数矩阵 $\boldsymbol{A}$ 的行数大于列数,方程个数大于未知量个数,此时这个方程称为超定方程。超定方程显然不存在精确解,因为方程比未知数还多,各方程之间通常有矛盾,超定方程显然不存在精确解。例如,方程 $x=0.99$ 与方程 $x=1.01$ 准确来说是相互矛盾的,但可以认为 $x=1$ 是同时满足这两个方程的近似最优解,因为它使得两个方程的误差之和最小。对于式(3.38)而言,希望找到一个 $\boldsymbol{h}$ 使得 $\boldsymbol{Ah}$ 与 $\boldsymbol{b}$ 的差距最小,也就是求解下面优化问题:

$$\underset{\boldsymbol{h}}{\arg\min}\|\boldsymbol{Ah}-\boldsymbol{b}\| \tag{3.39}$$

上式中的 $\|\boldsymbol{Ah}-\boldsymbol{b}\|$ 可以看成 $\boldsymbol{h}$ 的函数,为求它的最小值点,需要对这个函数求导。$\|\boldsymbol{Ah}-\boldsymbol{b}\|$ 是向量 $\boldsymbol{Ah}-\boldsymbol{b}$ 的长度,其内部包含一个开根号的操作,求导会非常麻烦,因此

将其简化。将求其本身的最小值点简化为求它的平方的最小值点：

$$\arg\min_{h} \| Ah - b \|^2 \tag{3.40}$$

由于平方函数对于正变量是单调递增的，式(3.39)和式(3.40)的结果是一样的。式(3.40)是带有乘方的最小化问题，因此其结果称为超定方程 $Ah = b$ 的最小二乘解。

令 $f(h) = \| Ah - b \|^2$，令其导数为 $\mathbf{0}$ 得

$$f'(h) = \frac{\partial(Ah - b)}{\partial h}\frac{\partial \| Ah - b \|^2}{\partial(Ah - b)} = A^{\mathrm{T}}[2(Ah - b)] = \mathbf{0} \tag{3.41}$$

其中用到了矩阵和向量形式的链式求导法则 $\left(\frac{\partial g(f(x))}{\partial x} = \frac{\partial f(x)}{\partial x}\frac{\partial g(f(x))}{\partial f(x)}\right)$、线性函数求导公式 $\left(\frac{\partial(Ax - b)}{\partial x} = A^{\mathrm{T}}\right)$ 和平方函数求导公式 $\left(\frac{\partial \| x \|^2}{\partial x} = 2x\right)$。可以发现，这些求导法则与标量函数的求导法则十分类似，只是需要注意乘法顺序（矩阵乘法不可交换）和转置的问题。更多矩阵求导的相关知识可以参考矩阵微分相关书籍[13]。

将式(3.41)继续整理可得

$$A^{\mathrm{T}}(Ah - b) = \mathbf{0}$$
$$A^{\mathrm{T}}Ah - A^{\mathrm{T}}b = \mathbf{0}$$
$$A^{\mathrm{T}}Ah = A^{\mathrm{T}}b$$
$$h = (A^{\mathrm{T}}A)^{-1}A^{\mathrm{T}}b \tag{3.42}$$

式(3.42)即为超定方程 $Ah = b$ 的最小二乘解。需要注意该式假定 $A^{\mathrm{T}}A$ 可逆，即 A 列满秩。由于 A 的行数远大于列数，一般是可以保证 A 列满秩的。

当 A 不列满秩时，由于 $A^{\mathrm{T}}A$ 不可逆，无法根据式(3.42)计算最小二乘解。此时需要用伪逆矩阵等方法来求解，读者可以通过查阅矩阵论或线性代数的相关书籍[14]来了解。

3.2.4 相机参数求解

3.2.3节中得到了单应性矩阵 H，本节将利用单应性矩阵 H 与相机内、外参数矩阵的关系求出相机的内参和外参。根据式(3.35)可得

$$H = [h_1 \quad h_2 \quad h_3] = \lambda A[r_1 \quad r_2 \quad t] \tag{3.43}$$

式中：h_1、h_2 和 h_3 为已经求出的单应性矩阵 H 的三个列向量。

将此式按列展开可得 h_1、h_2 和 r_1、r_2 之间的关系式：

$$\begin{cases} h_1 = \lambda Ar_1 \\ h_2 = \lambda Ar_2 \end{cases} \Rightarrow \begin{cases} r_1 = \frac{1}{\lambda}A^{-1}h_1 \\ r_2 = \frac{1}{\lambda}A^{-1}h_2 \end{cases} \tag{3.44}$$

旋转矩阵中各列向量彼此正交，即内积为 0；同时，各向量长度都是 1，即自己和自己的内积都等于 1。由此可以得到两个限制等式：

$$\begin{cases} r_1^{\mathrm{T}}r_2 = 0 \\ r_1^{\mathrm{T}}r_1 = 1 = r_2^{\mathrm{T}}r_2 \end{cases} \tag{3.45}$$

将式(3.44)代入式(3.45)可得

$$\begin{cases} \boldsymbol{h}_1^{\mathrm{T}}(\boldsymbol{A}^{-1})^{\mathrm{T}}\boldsymbol{A}^{-1}\boldsymbol{h}_2 = 0 \\ \boldsymbol{h}_1^{\mathrm{T}}(\boldsymbol{A}^{-1})^{\mathrm{T}}\boldsymbol{A}^{-1}\boldsymbol{h}_1 = \boldsymbol{h}_2^{\mathrm{T}}(\boldsymbol{A}^{-1})^{\mathrm{T}}\boldsymbol{A}^{-1}\boldsymbol{h}_2 \end{cases} \tag{3.46}$$

此式是关于相机内参矩阵 $\boldsymbol{A}$ 的方程, $\boldsymbol{h}_1$ 和 $\boldsymbol{h}_2$ 是目前已知的单应性矩阵中的向量。每拍一个棋盘格照片就可以获得一个单应性矩阵 $\boldsymbol{H}$,为了求解内参矩阵 $\boldsymbol{A}$ 中的 4 个未知数,至少需要 2 张照片来得到 4 个方程。在实际的标定流程中,收集到的实验图像通常超过 10 张,可以通过足够多的方程来保证解的精确性。可以发现,式(3.46)也可以理解为是未知量为 $(\boldsymbol{A}^{-1})^{\mathrm{T}}\boldsymbol{A}^{-1}$ 的方程组,可以先求出 $(\boldsymbol{A}^{-1})^{\mathrm{T}}\boldsymbol{A}^{-1}$,再求出 $\boldsymbol{A}$ 。记 $(\boldsymbol{A}^{-1})^{\mathrm{T}}\boldsymbol{A}^{-1}$ 为 $\boldsymbol{B}$,则有

$$\boldsymbol{B} = (\boldsymbol{A}^{-1})^{\mathrm{T}}\boldsymbol{A}^{-1} = \begin{bmatrix} \dfrac{1}{f_x} & 0 & 0 \\ 0 & \dfrac{1}{f_y} & 0 \\ -\dfrac{u_0}{f_x} & -\dfrac{v_0}{f_y} & 1 \end{bmatrix} \begin{bmatrix} \dfrac{1}{f_x} & 0 & -\dfrac{u_0}{f_x} \\ 0 & \dfrac{1}{f_y} & -\dfrac{v_0}{f_y} \\ 0 & 0 & 1 \end{bmatrix}$$

$$= \begin{bmatrix} \dfrac{1}{f_x{}^2} & 0 & -\dfrac{u_0}{f_x{}^2} \\ 0 & \dfrac{1}{f_y{}^2} & -\dfrac{v_0}{f_y{}^2} \\ -\dfrac{u_0}{f_x{}^2} & -\dfrac{v_0}{f_y{}^2} & 1 + \dfrac{u_0{}^2}{f_x{}^2} + \dfrac{v_0{}^2}{f_y{}^2} \end{bmatrix} \tag{3.47}$$

$\boldsymbol{B}$ 是对称矩阵,可表示为

$$\boldsymbol{B} = \begin{bmatrix} b_{11} & 0 & b_{13} \\ 0 & b_{22} & b_{23} \\ b_{13} & b_{23} & b_{33} \end{bmatrix} \tag{3.48}$$

对任意的 $i \in \{1,2\}$ 和 $j \in \{1,2\}$,将二次型 $\boldsymbol{h}_i^{\mathrm{T}}\boldsymbol{B}\boldsymbol{h}_j$ 展开可得

$$\boldsymbol{h}_i^{\mathrm{T}}\boldsymbol{B}\boldsymbol{h}_j = \begin{bmatrix} h_{i1}h_{j1} \\ h_{i1}h_{j3} + h_{i3}h_{j1} \\ h_{i2}h_{j2} \\ h_{i2}h_{j3} + h_{i3}h_{j2} \\ h_{i3}h_{j3} \end{bmatrix}^{\mathrm{T}} \begin{bmatrix} b_{11} \\ b_{13} \\ b_{22} \\ b_{23} \\ b_{33} \end{bmatrix} \tag{3.49}$$

将式(3.49)右端记为 $\boldsymbol{v}_{ij}^{\mathrm{T}}\boldsymbol{b}$,其中 $\boldsymbol{v}_{ij}$ 和 $\boldsymbol{b}$ 都是 5 个元素的列向量, $\boldsymbol{v}_{ij}$ 可以由单应性矩阵的前两个列向量 $\boldsymbol{h}_1$ 、 $\boldsymbol{h}_2$ 算得, $\boldsymbol{b}$ 是需要计算的对称矩阵 $\boldsymbol{B}$ 中所有未知量组成的列向量。这样就可以将式(3.49)简化成线性方程组:

$$\begin{bmatrix} \boldsymbol{v}_{12}^{\mathrm{T}} \\ (\boldsymbol{v}_{11} - \boldsymbol{v}_{22})^{\mathrm{T}} \end{bmatrix} \boldsymbol{b} = \boldsymbol{0} \tag{3.50}$$

由每张照片都可以得到如式(3.50)所示的一个线性方程,将所有照片对应的方程拼在一起可以得到超定方程组,采用求解单应性矩阵 $\boldsymbol{H}$ 时的最小二乘法即可求出最佳的 $\boldsymbol{b}$,从而得到只和相机内参相关的矩阵 $\boldsymbol{B}$。

得到 $\boldsymbol{B}$ 之后,根据下式可以逆向推出相机内参数 f_x、f_y、u_0、v_0:

$$\begin{cases} f_x = 1/\sqrt{b_{11}} \\ f_y = 1/\sqrt{b_{22}} \\ u_0 = -b_{13}/b_{11} \\ v_0 = -b_{23}/b_{21} \end{cases} \tag{3.51}$$

根据式(3.43)可计算得到相机外参矩阵:

$$\begin{cases} \boldsymbol{r}_1 = \dfrac{1}{\lambda} \boldsymbol{A}^{-1} \boldsymbol{h}_1 \\[2mm] \boldsymbol{r}_2 = \dfrac{1}{\lambda} \boldsymbol{A}^{-1} \boldsymbol{h}_2 \\[2mm] \boldsymbol{t} = \dfrac{1}{\lambda} \boldsymbol{A}^{-1} \boldsymbol{h}_3 \end{cases} \tag{3.52}$$

式中:$\lambda = \| \boldsymbol{A}^{-1} \boldsymbol{h}_1 \| = \| \boldsymbol{A}^{-1} \boldsymbol{h}_2 \|$,是由 $\boldsymbol{r}_1$ 和 $\boldsymbol{r}_2$ 为单位向量得到的。

最后,由于 $\boldsymbol{r}_3$ 是与 $\boldsymbol{r}_1$ 和 $\boldsymbol{r}_2$ 都正交的单位向量,其可以表示为 $\boldsymbol{r}_1$ 和 $\boldsymbol{r}_2$ 的外积(叉乘):

$$\boldsymbol{r}_3 = \boldsymbol{r}_1 \times \boldsymbol{r}_2 \tag{3.53}$$

至此已经求出了相机的内参数和外参数。注意式(3.51)是由所有标定照片共同决定的,一个相机的内参数是固定的;而式(3.52)和式(3.53)是针对其中每一张标定照片分别有一个解(每张照片的单应性矩阵 $\boldsymbol{H}$ 不一样),代表了拍这个照片时相机的位置和姿态。

相机几何标定的主要任务是获得相机的内参数(包括镜头畸变系数),上述过程中并没有考虑镜头的畸变,因此现在还需要考虑镜头的畸变(参见式(3.32)),整体求解一个非线性优化问题(自变量与因变量不是线性函数关系),其损失函数为

$$L = \sum_{i=1}^{n} \sum_{j=1}^{m} \| \boldsymbol{p}(i,j) - \boldsymbol{p}'(i,j) \|^2 \tag{3.54}$$

式中:$\boldsymbol{p}(i,j)$ 为第 i 张照片中第 j 个角点的真实图像坐标(畸变后的);$\boldsymbol{p}'(i,j)$ 为根据相机内、外参数计算出的第 i 个照片中第 j 个角点的图像坐标(畸变后的),它与第 j 个角点的世界坐标 $\boldsymbol{p}_{\mathrm{w}}(j)$ 和相机的一系列内、外参数相关,即

$$\boldsymbol{p}'(i,j) = \mathrm{F}[\boldsymbol{p}_{\mathrm{w}}(j); f_x, f_y, u_0, v_0, k_1, k_2, k_3, \alpha(i), \beta(i), \gamma(i), t_x(i), t_y(i), t_z(i)]$$
$$\tag{3.55}$$

式中的函数 F 根据相机的内、外参数将世界坐标 $\boldsymbol{p}_{\mathrm{w}}(j)$ 转化为预测的图像坐标 $\boldsymbol{p}'(i,j)$,其

具体形式可以根据式(3.29)和式(3.32)得到。

f_x、f_y、u_0、v_0、k_1、k_2、k_3 是固定的相机内参数，它们分别表示相机坐标系相对于图像坐标系的水平和垂直缩放系数，水平和垂直偏移系数，以及决定相机径向畸变的三个系数。

$\alpha(i)$、$\beta(i)$、$\gamma(i)$、$t_x(i)$、$t_y(i)$、$t_z(i)$ 是相机外参数，在每次拍照过程中是不同的，因此用 i 来表示它是哪张照片对应的参数。$\alpha(i)$、$\beta(i)$、$\gamma(i)$ 表示世界坐标系相对于相机坐标系的绕三个坐标轴的转角(见式(3.28))，而 $t_x(i)$、$t_y(i)$、$t_z(i)$ 表示世界坐标系相对于相机坐标系在三个坐标轴方向上的偏移。

为使估计出的参数更加接近真实情况，需要所有点的预测坐标图像 $p'(i,j)$ 和真实图像坐标 $p(i,j)$ 之间的总差距最小，即最小化损失函数 L。优化求解函数 L 的优化对象是所有的相机参数(式(3.55)分号右侧的所有参数)，而所有坐标点 $p_w(j)$ 和 $p(i,j)$ 是已知的常量。

这个非线性优化问题通常使用 Levenberg-Marquardt(LM)算法[15]进行迭代求解，它是非线性回归参数最小二乘估计的一种较好的方法。其首先需要设定所求参数的初始值，然后一步步迭代到能使损失函数 L 更小的参数值。所有参数的初始值的设定也非常重要，它决定了能否快速收敛到全局最优解，因此需要先用线性代数的方法粗略求出不考虑畸变时相机的内外参数。这些参数可作为迭代的初始值，而畸变系数 k_1、k_2、k_3 可以都初始化为 0。下一节将介绍 LM 算法，根据该算法的步骤可以求解相机内、外参数(包括畸变系数)使得总误差最小的、更为精确的解。

3.2.5　相机参数细调

本小节介绍相机参数细调常用的几种非线性优化方法的发展历程和具体计算步骤，包括梯度下降法、牛顿法、高斯-牛顿法和信赖域(Levenberg-Marquardt，LM)算法的发展历程，并介绍它们的具体计算步骤。

根据可微函数的最优化理论，求函数 $f(x)=0$ 的极小值点，可以令其导函数为 0，即 $f'(x)=0$，从而解出极小值点。通常情况下，这个方程难于求解或没有解析解(一个能用各种初等函数表示的公式形式的解)，因此通常采用迭代方法不断缩短当前点和极小值点的距离，从而一步步逼近极小值点。这种求解方法称为迭代法。

最简单的方法是梯度下降法，也称为最速下降法。对于多元函数 $g(x)=g(x_1, x_2, \cdots, x_n)$，其所有变量的偏导数组成的向量称为梯度：

$$G(x) = \begin{bmatrix} \dfrac{\partial g}{\partial x_1} \\ \vdots \\ \dfrac{\partial g}{\partial x_n} \end{bmatrix} \tag{3.56}$$

式中：G 表示梯度(Gradient)。

梯度的几何意义是函数在某一点处斜率最大的方向，也就是说函数在某一点处沿梯度方向是上升最快的。因此，为了从一个点更快地下降到一个使函数值更小的点，可以从当前点沿着负梯度方向走一定距离。这样可以写出梯度下降法的迭代公式：

$$x^{(k+1)} = x^{(k)} - \mu G(x^{(k)}) \tag{3.57}$$

式中：带括号的上角标(k)表示该值是第k次迭代时的值；μ为移动的步长（正实数）。

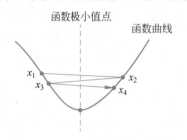

函数极小值点　函数曲线

图 3.20　迭代步长选取过大时梯度下降法出现振荡现象（x_1、x_2、x_3和x_4依次为四次迭代选取的最优点）

梯度下降法的主要缺点是每次移动的步长μ不好选取，取小了收敛得太慢，取大了又会跳过极小值点，出现迭代点在极小值点两侧来回振荡的现象，如图 3.20 所示。

为解决上述问题，牛顿提出使用函数二阶导数的信息在当前迭代点处拟合一个抛物面（原函数的二阶近似），将抛物面的最小值点作为下一步最优点，这样就解决了步长该如何选取的问题。下面首先设x为当前最优点，$x+\Delta x$为能使损失函数L值更小的下一步最优点，可以把要极小化的目标函数g（最小二乘法中损失向量函数f各分量的平方和）在x处泰勒展开出前三项：

$$\| f(x+\Delta x) \|^2 = g(x+\Delta x) \approx g(x) + G(x)^{\mathrm{T}} \Delta x + \frac{1}{2} \Delta x^{\mathrm{T}} H(x) \Delta x \tag{3.58}$$

式中：$G(x)$为目标函数$g(x)$的梯度，即一阶导数；$H(x)$为目标函数$g(x)$的海森（Hessian）矩阵，即

$$H(x) = \begin{bmatrix} \dfrac{\partial^2 g}{\partial x_1 \partial x_1} & \dfrac{\partial^2 g}{\partial x_1 \partial x_2} & \cdots & \dfrac{\partial^2 g}{\partial x_1 \partial x_n} \\ \dfrac{\partial^2 g}{\partial x_2 \partial x_1} & \dfrac{\partial^2 g}{\partial x_2 \partial x_2} & \cdots & \dfrac{\partial^2 g}{\partial x_2 \partial x_n} \\ \vdots & \vdots & \ddots & \vdots \\ \dfrac{\partial^2 g}{\partial x_n \partial x_1} & \dfrac{\partial^2 g}{\partial x_n \partial x_2} & \cdots & \dfrac{\partial^2 g}{\partial x_n \partial x_n} \end{bmatrix} \tag{3.59}$$

将式（3.58）最右端对Δx求导并令导数为0，可得

$$G(x) + H(x)\Delta x = 0 \Rightarrow \Delta x = -H^{-1}(x)G(x) \tag{3.60}$$

由此得到牛顿法公式：

$$x^{(k+1)} = x^{(k)} - H^{-1}(x^{(k)})G(x^{(k)}) \tag{3.61}$$

图 3.21 是在一维情形下的示意图，它展示了牛顿法的优势。图中x_1与x_2处的一阶导数相同，若用梯度下降法，则步长是相同的，就会导致x_1的下一步走过极值点或x_2的下一步走得不够远。而牛顿法不但用了一阶导数$G(x)$，而且利用了二阶导数$H(x)$的信息，其用一个与原函数有相同一阶导和二阶导的抛物线拟合当前所处的局部区域，并在一次迭代中直接下降到这个抛物线的最小值点，同时也接近原函数的极小值点。当在x_1处二阶导较大时，说明当前所在波谷的宽度较窄，因此选取较小的步长Δx_1；当在x_2

处二阶导较小时,说明当前所在波谷的宽度较宽,因此选取较大的步长 Δx_2。在高维情形下也是类似的,牛顿法会将原函数曲面局部拟合成一个抛物面,并选取其最小值点作为下一步迭代点。

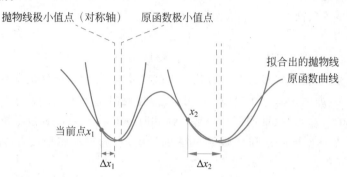

图 3.21 牛顿法根据二阶导合理选择步长

注:$f''(x_1) > f''(x_2)$,因此在 x_1 处拟合出的抛物线更窄,选取步长更小。

牛顿法收敛速度很快,但仍然存在两个问题:一是 Hessian 矩阵 $H(x)$ 计算复杂,二是只有当 Δx 很小时泰勒展开式(3.58)才有效,也就是说当步长很大时,根据式(3.61)计算出的 $x^{(k+1)}$ 不一定是更好的点。

高斯针对此问题提出了高斯-牛顿法。针对第一个问题,高斯-牛顿法用向量函数 f 的雅可比矩阵的乘积 $J(x)^{\mathrm{T}} J(x)$ 来近似代替 Hessian 矩阵 H:

$$x^{(k+1)} = x^{(k)} - [J(x^{(k)})^{\mathrm{T}} J(x^{(k)})]^{-1} J(x^{(k)})^{\mathrm{T}} f(x^{(k)}) \tag{3.62}$$

具体推导过程:首先将 $f(x + \Delta x)$ 在 x 处一阶泰勒展开,可得

$$f(x + \Delta x) \approx f(x) + J(x) \Delta x \tag{3.63}$$

式中:J 为向量函数 f 的 m 行 n 列的雅可比矩阵,具有:

$$J(x) = \begin{bmatrix} \dfrac{\partial f_1}{\partial x_1} & \dfrac{\partial f_1}{\partial x_2} & \cdots & \dfrac{\partial f_1}{\partial x_n} \\ \dfrac{\partial f_2}{\partial x_1} & \dfrac{\partial f_2}{\partial x_2} & \cdots & \dfrac{\partial f_2}{\partial x_n} \\ \vdots & \vdots & \ddots & \vdots \\ \dfrac{\partial f_m}{\partial x_1} & \dfrac{\partial f_m}{\partial x_2} & \cdots & \dfrac{\partial f_m}{\partial x_n} \end{bmatrix} \tag{3.64}$$

将式(3.63)代入目标函数得

$$\begin{aligned} \| f(x + \Delta x) \|^2 &\approx \| f(x) + J(x) \Delta x \|^2 \\ &= [f(x) + J(x) \Delta x]^{\mathrm{T}} [f(x) + J(x) \Delta x] \\ &= \| f(x) \|^2 + 2 f(x)^{\mathrm{T}} J(x) \Delta x + \| J(x) \Delta x \|^2 \end{aligned} \tag{3.65}$$

将等式最右端对 Δx 求导并令导数为 $\mathbf{0}$,可得

$$2 J(x)^{\mathrm{T}} f(x) + 2 J(x)^{\mathrm{T}} J(x) \Delta x = \mathbf{0}$$

$$\Rightarrow \Delta x = -[J(x)^{\mathrm{T}} J(x)]^{-1} J(x)^{\mathrm{T}} f(x) \tag{3.66}$$

因此,可以得到高斯-牛顿法迭代公式(3.62)。

高斯-牛顿法与牛顿法相比,简化了计算,但多了一个限制条件,即近似矩阵 $J(x)^T J(x)$ 必须可逆。针对此问题,Levenberg 和 Marquardt 提出了 LM 算法(也称为衰减最小二乘法),其在近似矩阵后面加了一个修正项 μI:

$$x^{(k+1)} = x^{(k)} - [J(x^{(k)})^T J(x^{(k)}) + \mu I]^{-1} J(x^{(k)})^T f(x^{(k)}) \qquad (3.67)$$

式中:μ 是每次迭代时可变的正实数,称为信赖域半径;I 为单位阵。

如果 μ 很小(接近 0),那么 LM 方法的迭代公式与高斯-牛顿法的迭代公式(3.62)相同;如果 μ 很大,那么 $J(x^{(k)})^T J(x^{(k)})$ 可以忽略,此时 LM 方法的迭代公式与梯度下降法的迭代公式(3.57)等效(证明留作习题),而此时 μ 相当于每次梯度下降的步长。由此可见,LM 算法是梯度下降法和高斯-牛顿法的折中,它通过动态地改变参数 μ 使两种方法各自发挥其长处。

参数 μ 不仅影响了迭代方向,而且影响了步长。从图 3.21 可以看出,当牛顿法中拟合的抛物面很接近真实函数曲面时,牛顿法的表现很好。因此,可以定义一个信赖参数 ρ,用于表示拟合的抛物面与真实函数曲面的相似程度:

$$\rho = \frac{f(x + \Delta x) - f(x)}{J(x) \Delta x} \qquad (3.68)$$

其中分子是真实曲面上两点处的函数值之差,分母是拟合的曲面上对应的两点的函数值之差。显然,当 ρ 接近于 1 时,认为近似比较准确,此时可以把信赖域半径 μ 调小,让迭代公式(3.67)更接近高斯-牛顿公式;当 ρ 接近于 0 时,认为近似不准确,此时可以把信赖域半径 μ 调大,让迭代公式(3.67)更接近梯度下降公式。

另外,可以使用经验公式[16]选取 μ 的初始值:

$$A^{(0)} = J(x^{(0)})^T J(x^{(0)}), \quad \mu^{(0)} = \tau \max_i a_{ii}^{(0)} \qquad (3.69)$$

式中:τ 为很小的正实数,如可以取 10^{-5};$a_{ii}^{(0)}$ 为 $A^{(0)}$ 的第 i 个对角线元素,也就是说 $\mu^{(0)}$ 通常取为初始近似 Hessian 矩阵 $J(x^{(0)})^T J(x^{(0)})$ 的最大对角元素的 τ 倍。

具体来说,LM 算法步骤如下:

(1) 给定初始点 $x^{(0)}$,根据式(3.69)计算初始信赖域半径 $\mu^{(0)}$;

(2) 在第 k 次迭代中,根据当前点 $x^{(k)}$ 和当前信赖域半径 $\mu^{(k)}$ 以及迭代公式(3.67)计算出新的点 $x^{(k+1)}$;

(3) 根据当前点 $x^{(k)}$ 和新的点 $x^{(k+1)}$ 以及式(3.68)求信赖参数 $\rho^{(k)}$;

(4) 根据 $\rho^{(k)}$ 的大小不同,调大或调小信赖域半径 $\mu^{(k)}$,得到新的信赖域半径 $\mu^{(k+1)}$;

(5) 重复步骤(2)~(4)直到达到最大迭代步数,或相邻两次迭代的点 $x^{(k)}$ 和 $x^{(k+1)}$ 足够接近,或 $J(x^{(k)})^T f(x^{(k)})$ 足够小为止。

其中步骤(4)更新信赖域半径的具体方法目前较好的是 Nielsen(1999)策略[16]:

$$\mu^{(k+1)} = \begin{cases} \mu^{(k)} \max \left\{ \dfrac{1}{3}, 1 - (2\rho^{(k)} - 1)^3 \right\}, & \rho^{(k)} > 0 \\ 2\mu^{(k)}, & \rho^{(k)} \leqslant 0 \end{cases} \qquad (3.70)$$

在实际工程应用中各平台通常有对应的科学计算函数库,它们提供了求解各种非线性优化问题的高效函数,其中包含 LM 算法对应的函数。

如果使用 C++ 语言编程,那么可以使用谷歌开源的非线性优化库 Ceres Solver,它能够解决有约束或无约束条件下的非线性最小二乘问题。它被命名为 Ceres,是为了纪念高斯使用最小二乘法成功地预测了绕行至太阳背后的小行星 Ceres 的位置。

如果使用 Python 语言编程,那么可以使用开源数学工具包 SciPy,它是基于 Numpy 的科学计算库,用于数学、科学、工程学等领域,其涵盖了最优化、线性代数、数值积分、插值、特殊函数、快速傅里叶变换、信号处理和图像处理、常微分方程求解和其他科学与工程中常用的方法。

3.3 几何标定实践

几何标定是大部分计算机视觉任务的预备步骤,只有标定出相机的内、外参数和畸变系数后,才能对相机拍摄到的照片进行畸变矫正,并在此基础上进行其他操作。本节将讲解如何使用 Python 语言和 OpenCV 工具包进行相机标定和畸变矫正。

3.3.1 使用 Python 和 OpenCV 标定相机

以下是在 Python 中调用 OpenCV 库标定相机的完整代码,其中需要根据实际情况设置角点阵列的大小及图片存放路径。将使用待标定相机拍摄得到的 10 个以上的棋盘格照片(图 3.16)保存到同一个文件夹后,运行下面代码将弹出窗口显示角点检测结果,并输出相机内外参数和畸变系数。

```
import cv2                                 # 用于角点检测和标定(需安装 opencv - python 包)
import numpy as np                         # 用于矩阵运算(需安装 numpy 包)
import glob                                # 用于从文件夹读取所有图片


# 只有以下 3 行设置需要根据情况修改
cx = 11                                    # 一行有多少角点
cy = 8                                     # 一列有多少角点
images = glob.glob("D:/calib/ * .jpg")     # 图片路径("*"表示所有 jpg 文件名)


# 以下构造相机标定需要的"3D - 2D"点对数据
# 每个照片里的 3D 点集 objp 中共 cx * cy 个角点,
# 每个角点有 x、y、z 共 3 个坐标,初始化为 0
objp = np.zeros((cx * cy, 3), np.float32)
# 将前两维坐标(x、y)赋值为棋盘格角点对应的列号和行号
objp[:, :2] = np.mgrid[0:cx, 0:cy].T.reshape( - 1, 2)      # 存储所有图的 3D 点
# 将通过循环把所有图的 objp 连接起来存到 obj_points
obj_points = []


# 将通过角点检测函数 findChessboardCorners 依据照片自动计算 img_points
img_points = []                            # 用于存储所有图的 2D 点
```

```
# 以下开始对每张图提取棋盘格角点、亚像素优化、显示结果
# 用于设置亚像素角点优化的迭代结束条件,最大循环次数 30 和最大误差容限 0.001
criteria = (cv2.TERM_CRITERIA_MAX_ITER |
            cv2.TERM_CRITERIA_EPS, 30, 0.001)
for fname in images:                          # 遍历所有图片
    # 读取图片
    img = cv2.imread(fname)
    # 转灰度图("gray"是单通道图)
    gray = cv2.cvtColor(img, cv2.COLOR_BGR2GRAY)
    # 将图片的宽度和高度存到 size
    # 由于 gray.shape 是先行数后列数,需要倒过来才是先宽度再高度
    size = gray.shape[::-1]
    # 角点检测
    ret, corners = cv2.findChessboardCorners(gray, (cx, cy))
    if ret:                                  # 如果此图角点检测成功
        print(
'图片', fname, '角点检测成功!')
        # 将此图的 3D 坐标数组 objp 数组存入 obj_points
        obj_points.append(objp)
        # 在原角点的基础上寻找亚像素角点
        corners2 = cv2.cornerSubPix(gray, corners, (5, 5), (-1, -1), criteria)
        # 将此图的 2D 亚像素角点数组存入 obj_points
        img_points.append(corners2)
        # 在图上绘制角点检测结果
        cv2.drawChessboardCorners(img, (cx, cy), corners, ret)
        # 小窗口预览角点检测结果(可更改窗口标题和宽高)
        cv2.imshow('Corner detection result',
                   cv2.resize(img, [1000, 600]))
        # 窗口停留 1s(1000ms)展示结果
        cv2.waitKey(1000)
# 关掉所有窗口
cv2.destroyAllWindows()

# 标定并显示结果
loss, A, dist, r, t = \
    cv2.calibrateCamera(obj_points, img_points, size, None, None)
print("\n 重投影误差:", loss)
print("相机内参矩阵 A: \n", A)
print("径向畸变系数 k1、k2、k3: \n", dist[0][0], dist[0][1], dist[0][4])
print("切向畸变系数 p1、p2: \n", dist[0][2], dist[0][3])
for i in range(len(r)):
    print('\n 第', i+1, '张照片对应的相机外参: ')
    print("绕 x、y、z 轴的旋转角度 α、β、γ: ", r[i][0][0], r[i][1][0], r[i][2][0])
    print("沿 x、y、z 轴的平移量 tx、ty、tz: ", t[i][0][0], t[i][1][0], t[i][2][0])
```

　　将图 3.16 所示的 12 张照片作为标定数据,运行以上的标定代码,输出的重投影误差、相机内参、畸变系数和第 1 幅图对应的相机外参如图 3.22 所示。

```
重投影误差：0.9927880881911118
相机内参矩阵A：
 [[3.33309697e+03 0.00000000e+00 2.06352926e+03]
 [0.00000000e+00 3.34407116e+03 1.52283170e+03]
 [0.00000000e+00 0.00000000e+00 1.00000000e+00]]
径向畸变系数k1、k2、k3：
 -0.0881655340406312 0.7193585052301302 -0.8422687340476115
切向畸变系数p1、p2：
 0.0013119130497566537 0.00012094318691297564

第 1 张照片对应的相机外参：
绕x、y、z轴的旋转角度α、β、γ： -0.39913431344443046 -0.571587567825379 3.0071220506100005
沿x、y、z轴的平移量tx、ty、tz： 3.5997133800033281 4.531175874092325 22.639591729381902
```

图 3.22   运行标定代码得到的部分输出结果

图 3.22 中第一行输出的重投影误差是指按照计算出的内、外参数，将每个棋盘格角点从世界坐标系转换到图像坐标系之后，其与真实图像坐标的平均差距。接下来的内参矩阵模型与本章所讲的相同，其后的畸变模型不止考虑了径向畸变 k_1、k_2 和 k_3，还考虑了切向畸变 p_1 和 p_2。这是由于 OpenCV 的 calibrateCamera 函数求出的畸变系数共有 5 个，其在代码里 dist 数组中存储的顺序依次是 k_1、k_2、p_1、p_2 和 k_3。从结果可以看出，切向畸变通常很小，甚至可以忽略，因此本章前面的讲解过程中没有考虑切向畸变。

在畸变系数之后，代码会输出所有成功完成角点检测的图片所对应的相机外参数。例如，图 3.22 中给出的第 1 张图片对应的相机外参数，第一行是式(3.28)中的 α、β 和 γ，第二行是式(3.27)中的 t_x、t_y 和 t_z。它们确定了相机拍摄对应照片时在世界坐标系中的位置和角度，也就是相机相对于标定板的位置和角度。

此外，立体视觉相关应用中需要使用并排的两个相机模拟人眼同时观察目标物体，从而根据视差确定物体的距离，这就需要对双相机系统(双目相机)同时进行标定。一旦双相机系统中的两个相机的相对位置固定下来，它们之间的刚体变换也就确定下来，从而可以用两个相机的外参数计算出它们之间的刚体变换，对其中一个相机的位置和姿态进行矫正，最后使得两相机视线平行，方便对拍到的两幅图像进行双目匹配和深度估计。这些内容将在第 8 章"立体视觉"中介绍。

3.3.2 畸变矫正

得到相机的内参矩阵和畸变系数后，将其分别复制到下面代码的 A 和 dist 变量中，可以对原图片进行畸变矫正(包括径向畸变和切向畸变)，保存去畸变后的图像并在窗口中预览。

```python
import cv2
import numpy as np

# 读取待去畸变图片
img = cv2.imread("D:/calib/input.jpg")
# 相机内参矩阵(使用标定程序的结果)
A = np.array([
        [3.33309697e + 03, 0, 2.06352926e + 03],
```

```
        [0, 3.34407116e + 03, 1.52283170e + 03],
        [0, 0, 1]], dtype = np.float32)
# 相机畸变系数(使用标定程序的结果)
dist = np.array(
    [ - 8.81655340e - 02, 7.19358505e - 01,          # 径向畸变系数 k1,k2
      1.31191305e - 03, 1.20943187e - 04,            # 切向畸变系数 p1,p2
      - 8.42268734e - 01],                           # 径向畸变系数 k3
    dtype = np.float32)
# 去畸变
img2 = cv2.undistort(img, mtx, dist)
# 保存去畸变后的图片
cv2.imwrite("D:/calib/output.jpg", img2)
# 小窗口预览去畸变结果(可更改窗口标题和宽高)
cv2.imshow("Undistorted result", cv2.resize(img2, [1000, 600]))
# 窗口停留,直到按下某按键或关闭窗口
cv2.waitKey()
```

只需要用 3.3.1 节给出的代码计算一次内参矩阵,之后就可以用以上代码对该相机拍到的所有照片进行畸变矫正,其效果如图 3.23 所示。可以看出,经过畸变矫正后的图像已经符合投影规律,即现实中的直线在图像中也是直线。

去畸变

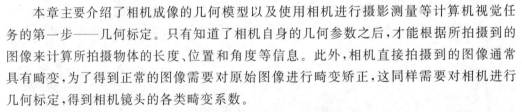

图 3.23　图像去畸变效果

本章小结

本章主要介绍了相机成像的几何模型以及使用相机进行摄影测量等计算机视觉任务的第一步——几何标定。只有知道了相机自身的几何参数之后,才能根据所拍摄到的图像来计算所拍摄物体的长度、位置和角度等信息。此外,相机直接拍摄到的图像通常具有畸变,为了得到正常的图像需要对原始图像进行畸变矫正,这同样需要对相机进行几何标定,得到相机镜头的各类畸变系数。

3.1.1 节首先介绍了针孔相机模型,光线经过小孔会成一个倒立的实像,像和物体之间呈现相似关系。3.1.2 节提到为了避免小孔成像亮度低、清晰度差的问题,之后发明出的相机使用透镜代替小孔,这样光源射向一定范围内不同方向的光线都可以会聚到成像平面上的同一点,形成更亮、更清晰的像。为了解决单一透镜成像形成的球形像差、彗形像差和色差等各种像差,现代相机中使用组合镜头等更复杂的光学元件来代替单个透镜。

3.1.3 节～3.1.5 节介绍了二维平面中的一些常见几何变换,包括平移、旋转、缩放、仿射和投影变换。3.1.5 节中引入了齐次坐标系统,将各种变换统一写成矩阵乘法的形式。可以发现使用矩阵不仅简化了表示形式,而且提供了一系列求解线性问题的基本定理和算法。读者可以借此机会熟悉用矩阵表示线性变换的思维方式,理解矩阵理论对现代科学技术的重要推进作用。

3.1.6 节、3.1.7 节依次推出了刚体变换、投影变换和径向畸变的具体公式,并引出了相机的内、外参数。3 次变换整体可以看成一个从世界坐标映射到畸变后的图像坐标的函数,而这 3 次变换中依次包含了 6 个决定相机位置和角度的相机外参、4 个与畸变无关的相机内参和 3 个与畸变相关的相机内参。要想求出这 13 个参数,就需要采集这个函数的多组输入和输出,列出关于这些参数的方程组进行求解。由于这个函数包含了径向畸变等非线性运算,难以写出公式形式的精确解,因此考虑将求解方程组的问题转化为一个最小二乘优化问题,通过迭代一步步找到能使函数值与实验值差距更小的 13 个参数。

3.2 节以目前最常用的张正友标定法为例详细讲解了这个过程:

(1) 用待标定相机从不同角度拍摄一个棋盘格标定板,得到多张带有棋盘格角点的照片;

(2) 对每一张照片,使用相对二值化、腐蚀、多边形检测、无关多边形剔除等一系列操作提取其中的角点像素坐标,然后根据角点间的相对位置关系计算其对应的世界坐标;

(3) 先不考虑畸变,分别以各角点的世界坐标和图像坐标为输入和输出,联立线性方程组,求解它们之间的投影变换对应的单应性矩阵,也就是相机内参矩阵和外参矩阵的乘积;

(4) 根据乘积反推出相机的内、外参数(不包括畸变系数)的粗略解;

(5) 此时考虑畸变,以上一步求出的粗略解为相机内、外参数的初始值,并将各畸变系数的初值设为 0,使用 LM 算法求解非线性优化问题(式(3.54)),得到相机内、外参数(包括畸变系数)的精确解。

在了解几何标定的原理后,读者可以尝试根据所讲内容编写代码实现相机的几何标定全流程。当然,开源计算机视觉库 OpenCV 中提供了现成的角点检测函数和相机标定函数,可以在 Python、C++等编程语言中直接调用。3.3 节以 Python 语言为例给出了使用 OpenCV 提供的函数实现相机标定的代码,之后给出了根据标定得到的各个参数实现照片畸变矫正的代码。

经过本章的学习,读者掌握了对可见光相机进行几何标定,以及对其拍到的图像进行畸变矫正的方法,这为之后的图像处理操作提供了合理的输入图像。此外,了解相机成像的几何模型同样会对立体视觉(第 8 章)等计算机视觉任务的学习有很大帮助。

习题

1. 依据针孔相机成像模型,若用 720×480 像素、光传感器阵列总大小为 $3cm \times 2cm$、焦距为 $4cm$ 的相机拍摄距离镜头 $5m$、高度为 $1m$ 的物体,该物体在照片上占多少像素高度?

2. 平面上某一点的齐次坐标可表示为 $(1,2,3)$,写出其普通坐标表示。

3. 写出平面图形以原点为中心逆时针旋转 $30°$ 的齐次坐标变换公式。

4. 写出平面图形以 y 轴为对称轴水平翻转的齐次坐标变换公式。

5. 在二维平面中,保证 y 轴上的点位置不变,点 $(1,0)$ 被移动到 $(1,k)$,平面上任意一点向 y 轴正方向移动距离正比于该点的横坐标的几何变换称为错切比例为 k 的垂直错切变换。试推导其在齐次坐标系统下的变换矩阵。

6. 设二维平面上的四个点 $A(0,0)$、$B(2,0)$、$C(2,2)$、$D(0,2)$ 经过同一个投影变换分别被映射到 $A'(2,2)$、$B'(3,3)$、$C'(3,4)$、$D'(1,3)$。

(1) 求该投影变换对应的单应性矩阵。

(2) 求点 $P(1,1)$ 被该投影变换映射到的点 P'。

(3) 在平面直角坐标系中画出两个四边形 $ABCD$、$A'B'C'D'$ 和两个点 P、P',观察计算结果是否合理。

7. 使用 OpenCV 标定某红外相机,得到径向畸变系数 k_1、k_2、k_3 分别为 -0.48、0.32、-0.13,求以原点为中心、边长为 0.8(图像宽度的 0.8)的正方形的四个顶点及各边中点经过畸变分别到了什么位置,并以此判断此畸变是属于枕形畸变,还是属于桶形畸变(假设主轴和畸变中心都在图像坐标原点)。

8. 证明当信赖域半径 μ 很大时,LM 算法迭代公式 (3.57) 与梯度下降法迭代公式 (3.67) 等效。

9. 参考 3.3 节的 Python 程序标定自己的手机摄像头,并将拍到的其他照片去畸变(建议在广角模式下采集标定数据和待矫正照片,去畸变的效果会比较明显)。

10. 本章所述的标定方法需要使用待标定相机拍摄棋盘格图案并识别其中的角点。红外相机拍摄到的图案只能区分不同温度的物体,而无法区分不同颜色的物体,因此无法从红外照片中锁定棋盘格角点。那么红外相机该如何标定?给出一个思路。

 参考文献

第
4
章

图像处理基础

图像处理一般指数字图像处理,即利用计算机对图像进行处理的相关技术。一般来说,图像处理可根据操作域分为空间域和变换域两类操作。空间域是指图像本身所在域,在空间域上的图像处理是直接对图像中的像素进行操作的处理。变换域上的图像处理需要首先将正常的空间图像通过一系列操作转换到变换域,然后对变换域中的图像进行处理,最后通过反变换操作把处理结果变换回便于人眼观察的空间域中。本章主要介绍图像处理中的一些基础算法:4.1节~4.3节介绍空间域的图像处理技术,主要包括空间域的线性和非线性滤波器;4.4节~4.5节介绍变换域相关知识,主要包括图像的空间域—频率域转换操作以及频率域图像处理技术。

4.1 空间域图像处理与滤波器

2.1.1节介绍了灰度图像与彩色图像的描述方式。灰度图像可用$f(x,y)$表示(x,y)坐标处的灰度值,彩色图像则可用$f_r(x,y)$,$f_g(x,y)$,$f_b(x,y)$表示三个色彩通道上的像素值。本节以灰度图像为例介绍常见的图像处理算法和滤波器(对于彩色图像,将每个色彩通道通过类似的处理即可)。

一般的空间域图像处理过程可统一地描述为给定输入图像$f(x,y)$以及定义在点(x,y)邻域$\mathcal{R}$上关于图像f的一种算子T,$g(x,y)$是图像$f(x,y)$通过算子T处理后的图像。其中,邻域$\mathcal{R}$指以点(x,y)为中心的某指定大小的区域。图4.1为3×3邻域的一个示意图,$\mathcal{R}$由9个相对位置坐标组成,即$\mathcal{R}=\{(-1,-1),(-1,0),\cdots,(1,0),(1,1)\}$。针对不同的需求,不同形式的算子$T$可以达到图像去噪、锐化等效果。$T$在空间域图像$f(x,y)$上的处理过程可表示为

$$g(x,y)=T[\{f(x+i,y+j)\mid (i,j)\in\mathcal{R}\}] \tag{4.1}$$

空间滤波器是一种常用的空间域图像处理操作,其利用图像的邻域信息对每个像素进行处理,可以用于改善图像质量,实现去噪、去模糊和平滑等功能[1]。空间滤波器一方面使图像展现出更好的视觉效果;另一方面也可为后续任务提供支持,如图像分割[2]、目标检测[3]。空间滤波一般采用邻域内像素值加权求和的方式,因此等价于用邻域大小的权重矩阵$\mathbf{K}$与邻域进行点积运算。权重矩阵$\mathbf{K}$又称为空间滤波器的核。以平滑滤波器为例,滤波器的邻域大小与平滑的效果直接相关,邻域越大,平滑的效果越好,但邻域越大,平滑滤波器会使图像的边缘和纹理信息损失得越多,从而使输出的图像变得模糊。因此,邻域大小的选择对空间滤波器的处理效果至关重要。

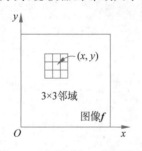

图4.1 空间域上一幅图像中关于点(x,y)的一个3×3邻域

以简单的均值滤波为例(将在4.2节中详细介绍),算子T计算邻域内的像素均值作为输出图像$\mathbf{g}$中处于(x,y)坐标处像素点的值。以此类推,输出图像$\mathbf{g}$中的每个坐标点均可通过相同的方式得到。此外,为了能让算子T处理图像边缘处的点(x,y),可通过多种方式对图像进行延伸以保证边缘点的邻域仍然有效,常用的方法有边缘像素平移、镜像填充以及纯色填充。

在执行空间滤波操作时,邻域的操作类型决定了滤波处理的特性。邻域最小可取像素点本身,即 1×1 大小。在这种情况下,$g(x,y)$ 的值仅取决于点 (x,y) 以及对应的算子 T。此时式 (4.1) 中的 T 为形如下式的灰度变换函数:

$$g = T(f) \tag{4.2}$$

使用这类 1×1 邻域的空间滤波器可实现一些常用的图像变换效果。例如,图 4.2(a) 展示了一种能够拉伸对比度的函数,通过类似 S 曲线的算子 T,能够使输出图像相较于原始图像有更高的对比度。具体地,f 中像素值低于 k 的像素将变得更暗,而像素值高于 k 的像素会变得更亮。另一种典型的灰度变换函数如图 4.2(b) 所示,$T(f)$ 产生一幅二值图像,称为阈值处理函数,它将大于某个阈值的像素值变为纯白色,反之变为纯黑色,从而得到非黑即白的二值图像。由此可见,通过特殊的亮度变换滤波器,可以实现简单但功能强大的操作。

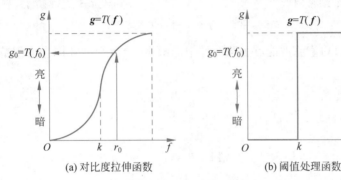

(a) 对比度拉伸函数 (b) 阈值处理函数

图 4.2　灰度变换函数

4.2　线性滤波

根据算子 T 对邻域的操作是否线性,空间滤波器可以分为线性滤波器和非线性滤波器两大类。本节主要对线性滤波器进行介绍。线性滤波的算子 T 对邻域的操作是线性的,表示为对 f 中以 (x,y) 为中心的邻域 $f(x+i,y+j)$ 求加权和。本节将分别对均值滤波、方框滤波和高斯滤波这三种线性滤波器进行详细介绍。

4.2.1　均值滤波

均值滤波是一种简单的滤波操作,输出图像的每个像素是输入图像邻域内对应像素的平均值。基于所使用的平均值算法,均值滤波器又包括算术均值滤波器、几何均值滤波器、谐波均值滤波器和逆谐波均值滤波器等。

1. 算术均值滤波

算术均值滤波器将邻域各像素权重视为相等,因此滤波器的核为

$$\boldsymbol{K} = \frac{1}{HW}\begin{bmatrix} 1 & \cdots & 1 \\ \vdots & \ddots & \vdots \\ 1 & \cdots & 1 \end{bmatrix} \tag{4.3}$$

对图像 $f(x,y)$ 来说,均值滤波将其邻域 $f(x+i,y+j)$ 的均值作为点 (x,y) 处的输出值:

$$g(x,y) = \frac{1}{|\mathcal{R}|} \sum_{(i,j)\in\mathcal{R}} f(x+i,y+j) \tag{4.4}$$

用均值滤波进行去噪的示例如图 4.3 所示。

(a) 带噪图像　　　　　　　　　　　　　(b) 均值滤波器的输出

图 4.3　均值滤波进行去噪示例

由图 4.3 可见,均值滤波能够去除图像中的噪声,但也会破坏图像的细节,使得图像变得模糊。

2. 几何均值滤波

几何均值滤波的表达式如下:

$$g(x,y) = \left[\prod_{(i,j)\in\mathcal{R}} f(x+i,y+j) \right]^{\frac{1}{|\mathcal{R}|}} \tag{4.5}$$

式中:$|\mathcal{R}|$ 表示邻域的大小,每个输出像素为对应邻域中像素累积的 $\frac{1}{|\mathcal{R}|}$ 次幂。几何均值滤波器可以实现与算术均值滤波器类似的平滑效果。

3. 谐波均值滤波

基于谐波平均值的计算方式,谐波均值滤波操作可表示为

$$g(x,y) = \frac{|\mathcal{R}|}{\displaystyle\sum_{(i,j)\in\mathcal{R}} \frac{1}{f(x+i,y+j)}} \tag{4.6}$$

4. 逆谐波均值滤波

基于逆谐波平均值,逆谐波均值滤波器对输入图像的操作如下:

$$g(x,y) = \frac{\displaystyle\sum_{(i,j)\in\mathcal{R}} f(x+i,y+j)^{Q+1}}{\displaystyle\sum_{(i,j)\in\mathcal{R}} f(x+i,y+j)^{Q}} \tag{4.7}$$

式中:Q 为滤波器的阶数。当 $Q=0$ 时,逆谐波均值滤波器简化为算术均值滤波器;当 $Q=-1$ 时,则为谐波均值滤波器。

4.2.2　方框滤波

方框滤波是均值滤波的一般形式,同样用于计算每个像素邻域内的积分特性。方框

滤波的核为

$$K = \alpha \begin{bmatrix} 1 & 1 & 1 & \cdots & 1 & 1 \\ 1 & 1 & 1 & \cdots & 1 & 1 \\ \vdots & \vdots & \vdots & \ddots & \vdots & \vdots \\ 1 & 1 & 1 & \cdots & 1 & 1 \end{bmatrix}$$

式中

$$\alpha = \begin{cases} \dfrac{1}{HW}, & \text{归一化为真} \\ 1, & \text{其他} \end{cases} \tag{4.8}$$

在均值滤波中,滤波器输出的像素值是目标点所在邻域的平均值,即等于各邻域像素值之和再通过除以邻域面积来进行归一化。(而在方框滤波中这个归一化操作是可选的,即可以选择滤波结果是邻域像素值的平均值或邻域像素值之和。)归一化的方框滤波的作用与均值滤波一致,可用于对图像的平滑、去噪,而非归一化的方框滤波用于计算每个像素邻域内的积分特性,如密集光流算法中用到的图像倒数的协方差矩阵。

以 5×5 的邻域为例,在进行方框滤波时,若计算的是邻域像素值的均值,则滤波关系如图 4.4 所示。

(a) 带噪图像   (b) 方框滤波输出图像

图 4.4　使用方框滤波进行去噪

方框滤波的 Python 代码如下:

```python
import cv2
o = cv2.imread("lenaNoise.png")

# 方框滤波,其中−1 表示与原始图像使用相同的图像深度,(5,5)表示邻域大小
r = cv2.boxFilter(o, −1, (5, 5))

# 显示原始图像和处理后的结果
cv2.imshow("original", o)
cv2.imshow("result", r)
cv2.waitKey()
cv2.destroyAllWindows()
```

4.2.3 高斯滤波

高斯滤波器是一种线性滤波器,能够有效地抑制图像中广泛存在的高斯噪声并使图像更加平滑。高斯滤波器的作用原理和均值滤波器类似,都是取滤波器窗口内的像素加权和作为输出,不同的地方在于,均值滤波器的模板系数都是1,而高斯滤波器的模板系数随着与模板中心距离的增大而减小。可以理解为,均值滤波操作时邻域内的每一个点对结果具有相同的影响,而高斯滤波会让接近中心点的像素为输出像素提供更多的信息。所以,高斯滤波器相比于均值滤波器对图像的模糊程度一般较小。

高斯滤波器和高斯分布(正态分布)之间有很大的关联。具体来说,高斯滤波器的模板由高斯函数生成。一个二维的高斯函数如下:

$$h(i,j) = \mathrm{e}^{-\frac{i^2+j^2}{2\sigma^2}} \tag{4.9}$$

式中:(i,j)为邻域内像素相对于中心点的坐标;σ为标准差。

要得到一个高斯滤波器的核,需要对高斯函数进行离散化,将得到的高斯函数值赋给滤波器核。例如,产生一个3×3的高斯模板,以模板中心位置为坐标原点进行取样,邻域内各个位置的相对坐标如图4.5所示。这样,将各个位置的坐标代入高斯函数中,得到的值就是模板的系数。

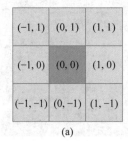
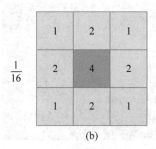

图 4.5 将 3×3 的高斯模板坐标代入式(4.9)得到高斯滤波核

高斯模板有以下两种形式:

(1) 小数形式:直接利用式(4.9)计算得到的模板值,无须经过任何的处理。

(2) 整数形式:需要进行归一化处理,将模板最角落的值(如左上角)归一化为1,其余位置以相同的比例归一化并保留整数部分。此外,需要在模板的前面加一个归一化系数 $\dfrac{1}{\sum\limits_{(i,j)\in\mathcal{R}} w_{i,j}}$,即组成模板 $\boldsymbol{K}$ 的所有系数 $w_{i,j}$ 和的倒数,从而保证滤波前后图像的亮度不变。

通过上述方式取整后得到大小为 3×3、$\sigma=0.8$ 的模板如下:

$$\frac{1}{16}\begin{bmatrix} 1 & 2 & 1 \\ 2 & 4 & 2 \\ 1 & 2 & 1 \end{bmatrix}$$

通过以上实现过程不难发现,高斯分布的标准差 σ 是高斯滤波器模板的重要参数。标准差代表着数据的离散程度: σ 较小,图像的平滑效果较弱; σ 较大,滤波器对图像的平滑效果比较明显。邻域 $\mathcal{R}$ 的大小是影响模板的另一个因素。若 $\mathcal{R}$ 越大,则高斯滤波在输出坐标 (x,y) 的像素值时会从更大的邻域内进行加权求和,从而使结果更加平滑。不过,由于高斯滤波的模板在远离中心处的权重较小,故区域大小对滤波结果的影响没有均值滤波显著。

为更形象化地解释高斯滤波核,以图 4.6 所示的一维高斯函数为例进一步阐释。由于高斯曲线与横轴围成的图形面积为 1, σ 决定了这个图形的宽度: σ 越大,则图形越宽,尖峰越小,图形较为平缓,对应到模板上邻域内各坐标的权重差距不大; σ 越小,则图形越窄,越集中,中间部分也就越尖,模板权重随着远离中心点而迅速变小。

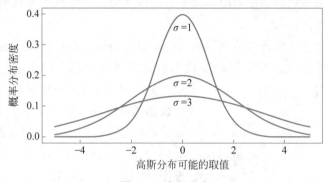

图 4.6 高斯分布

高斯滤波可通过如下代码实现:

```python
import cv2
import numpy as np
from matplotlib import pyplot as plt
# 图片读取
img = cv2.imread('img.png')
# 对图像进行滤波大小为 5×5 的高斯滤波,得到模糊后的图像
blur = cv2.GaussianBlur(img, (5,5), 0)
# 图像显示
cv2.imshow('Gaussian filter', blur)
cv2.waitKey()
cv2.destroyAllWindows()
```

4.2.4 线性滤波总结

本节讲述的线性滤波可在图像去噪等领域取得不错的效果。然而,由于线性滤波本质上相当于邻域内数据的加权平均,像这样同等考虑邻域内所有像素的方式不可避免地会造成一些模糊现象,特别是在图像内物体的边缘区域(高频区域)。此外,在图像偶尔会出现很大的值时(如椒盐噪声),用高斯滤波器很难处理这类噪声。

非线性滤波

为解决线性滤波同等对待邻域里的像素所带来的边缘细节缺失等问题,另一类滤波——非线性滤波诞生了。非线性滤波的核不再仅由邻域像素的位置所决定,还很大程度上引入了像素值等信息,因此能够避免个别像素点带来的巨大影响。本节将介绍中值滤波、最大最小值和双边滤波三种经典的非线性滤波。

4.3.1 中值滤波

中值滤波是一种基于排序统计理论的能有效抑制噪声的非线性信号处理技术,其基本原理是把数字图像或数字序列中一点的值用该点的一个邻域中各点值的中值代替,从而消除孤立的噪声点。

中值滤波将滤波器范围内所有的像素值按照由小到大的顺序排列,选取排序序列的中值作为滤波器中心像素的新像素值,之后将滤波器移动到下一个位置,重复进行排序

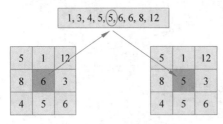

图 4.7　中值滤波计算方式

取中值的操作,直到将图像所有的像素点都被滤波器处理一遍。如图 4.7 所示,对 3×3 中值滤波器,某点(i,j)及 8 个邻域的像素值分别为 5、1、12、8、6、3、4、5 和 6。对上述序列进行统计排序,结果为 1、3、4、5、5、6、6、8 和 12。可见邻域像素值的中位数为排在第 5 位的数值 5,因此就将 5 作为(x,y)点中值滤波的结果。显然中位数的计算为非线性操作,故中值滤波属于非线性滤波器。

中值滤波在一定的条件下可以克服常见线性滤波器带来的图像细节模糊,而且对于离散分布的纯白色或者黑色噪点(如椒盐噪声)的去除非常有效,也常用于保护边缘信息,是非常经典的噪声去除方法。图 4.8 展示了均值滤波和中值滤波对椒盐噪声的去除结果。从中可见线性平滑滤波在降噪的同时不可避免地造成了模糊,而中值滤波在有效抑制椒盐噪声的同时还避免了模糊,因而对于含有椒盐噪声的图像,中值滤波的处理效果远远好于线性滤波。

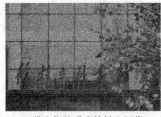

(a) 带有椒盐噪声的输入图像　　　(b) 均值滤波结果　　　(c) 中值滤波结果

图 4.8　均值滤波和中值滤波对椒盐噪声的去除结果

中值滤波器的 Python 实现代码如下：

```
import cv2
import numpy as np
# 图片读取
img = cv2.imread('img.png')
# 对图像进行滤波大小为 5×5 的中值滤波
median = cv2.medianBlur(img, 5)
# 图像显示
cv2.imshow('Meadian filter', median)
cv2.waitKey()
cv2.destroyAllWindows()
```

4.3.2 最大最小值滤波

最大最小值滤波与中值滤波类似,同样是一种非线性的滤波。不同于中值滤波将邻域内的中值作为像素点的输出,最大最小值滤波分别将输入点邻域内的最大值和最小值作为输出。如图 4.9 所示,一个邻域大小为 3×3 的最大值滤波的中心点 150 经处理后输出结果为 150,经过最小值滤波处理后的输出为 98。

将最大值滤波应用于带噪图像上可以得到如图 4.10 所示的结果。

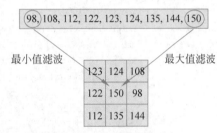

图 4.9 最大最小值滤波计算方式

(a) 输入带有椒噪声的图像

(b) 最大值滤波输出

(c) 输入带有盐噪声的图像

(d) 最小值滤波输出

图 4.10 最大最小值滤波在图像上的应用

最大最小值滤波的 Python 实现代码如下：

```python
import cv2
import numpy as np
import copy


# 根据窗口大小获得以原点为中心的窗口范围
def spilt(a):
    x1 = a // 2
    x2 = a - x1
    return - x1, x2


# 获取 img 在坐标(i, j, k)处的 a * b 邻域
def original(i, j, k, a, b, img):
    x1, x2 = spilt(a)
    y1, y2 = spilt(b)
    temp = np.zeros(a * b)
    count = 0
    for m in range(x1, x2):
        for n in range(y1, y2):
            if i + m < 0 or i + m > img.shape[0] - 1 \
            or j + n < 0 or j + n > img.shape[1] - 1:
                temp[count] = img[i, j, k]
            else:
                temp[count] = img[i + m, j + n, k]
            count += 1
    return temp


# 最大值滤波
def max_function(a, b, img):
    img0 = copy.copy(img)
    for i in range(0, img.shape[0]):              # 遍历图像中的每个像素点
        for j in range(2, img.shape[1]):
            for k in range(img.shape[2]):
                temp = original(i, j, k, a, b, img0)
                img[i, j, k] = np.max(temp)   # 将邻域内的最大值作为输出像素值
    return img

# 最小值滤波
def min_function(a, b, img):
    img0 = copy.copy(img)
    for i in range(0, img.shape[0]):              # 遍历图像中的每个像素点
        for j in range(2, img.shape[1]):
            for k in range(img.shape[2]):
                temp = original(i, j, k, a, b, img0)
                img[i, j, k] = np.min(temp)   # 将邻域内的最小值作为输出像素值
    return img

# 图片读取
```

```
img = cv2.imread('img.png')
♯ 对图像进行滤波大小为 3×3 的最大值滤波
max_img = max_function(3, 3, img)
♯ 对图像进行滤波大小为 3×3 的最小值滤波
min_img = min_function(3, 3, img)
♯ 图像显示
cv2.imshow('Max filter', max_img)
cv2.waitKey()
cv2.imshow('Min filter', min_img)
cv2.waitKey()
cv2.destroyAllWindows()
```

4.3.3 双边滤波

双边滤波是一种同时考虑图像的空间邻近度和像素值相似度的非线性滤波方法[4]。具体地,双边滤波器中输出像素的值为邻域像素的值的加权组合:

$$g(x,y) = \frac{\sum\limits_{(i,j)\in\mathcal{R}} f(x+i,y+j)w(x,y,i,j)}{\sum\limits_{(i,j)\in\mathcal{R}} w(x,y,i,j)} \tag{4.10}$$

双边滤波器的权值 $w(x,y,i,j)$ 由两个函数的乘积组成:一个函数为空域滤波核 $d(x,y,i,j)$,由几何空间距离决定,用于考虑空间位置对权重的影响;另一个函数为值域滤波模板 $r(x,y,i,j)$,由像素差值决定,称为值域滤波核,用于考虑相邻空间位置像素值的影响。

空域滤波模板获取方式与高斯滤波模板相同,可表示为

$$d(x,y,i,j) = \exp\left(-\frac{i^2+j^2}{2\sigma_d^2}\right) \tag{4.11}$$

	2	1	0	1	2
2	0.1	0.3	0.4	0.3	0.1
1	0.3	0.6	0.8	0.6	0.3
0	0.4	0.8	1.0	0.8	0.4
1	0.3	0.6	0.8	0.6	0.3
2	0.1	0.3	0.4	0.3	0.1

图 4.11 空间域滤波对应系数

图 4.11 展示了一个 5×5 邻域的空域滤波器核。

值域滤波核表示为

$$r(x,y,i,j) = \exp\left(-\frac{\|f(x+i,y+j)-f(x,y)\|^2}{2\sigma_r^2}\right) \tag{4.12}$$

两者相乘后即可得到同时依赖空间位置和像素值大小的双边滤波权重函数:

$$w(x,y,i,j) = \exp\left(-\frac{i^2+j^2}{2\sigma_d^2} - \frac{\|f(x+i,y+j)-f(x,y)\|^2}{2\sigma_r^2}\right) \tag{4.13}$$

本章前面介绍了使用均值滤波以及高斯滤波等线性滤波器来进行图像去噪处理,这种"平均"操作可以平滑图像,减少噪声点,但也模糊了图像细节。由于双边滤波的加权系数同时考虑了像素几何距离和像素值的相似性,故可以较好地保留受像素值影响的边缘信息,如图 4.12 示例。

(a) 带噪图像　　　　　　　　　　　　　　　　(b) 双边滤波输出结果

图 4.12　双边滤波效果

双边滤波的 Python 实现代码如下：

```python
import cv2
import numpy as np

# 图片读取
img = cv2.imread('img.png')
# 双边滤波
# radius: 9
# sigma_color: 75
# sigma_space: 75
img_bilater = cv2.bilateralFilter (img, 9, 75, 75)
# 图像显示
cv2.imshow('Bilateral filter', img_bilater)
cv2.waitKey()
cv2.destroyAllWindows()
```

双边滤波采用了距离与相似度因素进行权重的计算，但在计算相似度时仅是通过像素间的均方差(相似度)来计算权重容易受噪声影响。进一步地，基于双边滤波考虑像素间相似性的思路，非局部平均算法[1]更加准确地计算了块之间的相似度，而非仅仅是像素值的相似度。在非局部均值算法中，决定每个像素点处结果的不仅仅是邻域内像素，而是整个图片。因此，非局部均值算法从全局的角度更加有效地提高了匹配的准确度，在噪声的抑制及边缘的保护方面效果更好。

4.4　频域处理

在空间域中，函数的自变量 (x, y) 被视为二维空间中的一点，数字图像 $f(x, y)$ 即为一个定义在二维空间中的矩形区域上的离散函数；若换一个角度，通过某些方法(如傅里叶变换和小波变换等)对数字图像 $f(x, y)$ 进行变换，则可以在频域对图像进行分析。频域图像处理与分析有着直观的物理意义。例如，图像模糊是图像中高频分量(对应空间域图像中的边缘细节)不足的结果，在频域里增加高频分量或减少低频分量就能消除一些模糊而使图像变得清晰。另外，图像有时会受到重复出现的有规律周期性噪声的影响。由于周期噪声具有特定的频率,可采取频域滤波的方法滤除相应噪声频率,从而消除周期性噪声。

本章前面详细介绍了空间域图像滤波的有关知识,下面将从频域的角度介绍图像处理问题。

4.4.1 傅里叶变换

首先介绍将图像变换到频域的常用方法——傅里叶变换(Fourier Transform,FT)。傅里叶变换能将满足一定条件的某个函数表示成三角函数(正弦和/或余弦函数)或者它们的积分的线性组合。

下面从一维情况的傅里叶级数引入。根据高等数学的知识,对周期为 T 的函数 $f(x)$,其三角形式的傅里叶级数展开为

$$f(x) = \frac{a_0}{2} + \sum_{k=1}^{+\infty}(a_k \cos n\omega_0 x + b_k \sin n\omega_0 x)$$

式中:a_k 和 b_k 为傅里叶系数,k 为傅里叶级数的阶数。则有

$$a_k = \frac{2}{T}\int_{-T/2}^{T/2} f(x)\cos(n\omega_0 x)\mathrm{d}x$$

$$b_k = \frac{2}{T}\int_{-T/2}^{T/2} f(x)\sin(n\omega_0 x)\mathrm{d}x \tag{4.14}$$

其中:$\omega_0 = \frac{2\pi}{T} = 2\pi u$,$u = \frac{1}{T}$ 为函数 $f(x)$ 的频率。

周期函数 $f(x)$ 与傅里叶系数序列具有一一对应的关系,可表示为

$$f(x) \leftrightarrow \{a_0, (a_1, b_1), (a_2, b_2), \cdots\} \tag{4.15}$$

式(4.14)中的傅里叶级数可以进一步解释为将函数 $f(x)$ 分解为不同频率的三角函数。图 4.13 形象地显示出了这种频率分解,左侧的周期函数 $f(x)$ 可以由右侧函数的加权和来表示,即由不同频率的正弦函数和余弦函数以不同的系数组合在一起。类似地,二维函数 $f(x, y)$ 也可以分解为不同频率的二维正弦(余弦)平面波的按比例叠加。图 4.14 给出了简单的二维图像分解为不同平面波的示意图。

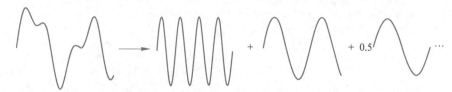

图 4.13　函数 $f(x)$ 的傅里叶分解示意图

傅里叶级数展开后取前 N 项,在 $N \to \infty$ 时的极限为原函数 f:

$$\lim_{N \to \infty}\int_0^T \left| f(x) - \left[\frac{a_0}{2} + \sum_{k=1}^{N}(a_k \cos k\omega_0 x + b_k \sin k\omega_0 x)\right]\right|^2 \mathrm{d}x = 0 \tag{4.16}$$

图 4.15 展示了对一个周期方波信号函数采用不同 N 值的逼近情况。随着 N 的增大,逼近效果越来越好;如果只取式(4.16)无穷级数中的有限项之和作为 $\hat{f}(x)$,那么

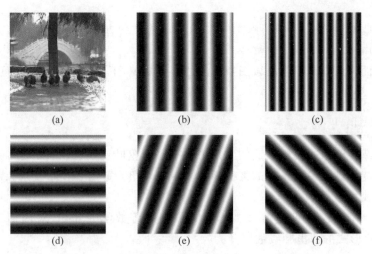

图 4.14　二维图像 $f(x,y)$ 的傅里叶分解示意

注：图 4.14(a)为原图像；图 4.14(b)～图 4.14(f)为二维傅里叶变换的基函数，即不同频率和方向的正弦平面波。

$\hat{f}(x)$ 在 $f(x)$ 不可导处的傅里叶级数将在该点附近出现波动。如图 4.15 所示的方波信号尤为明显，这种现象称为吉布斯现象[5,7]。

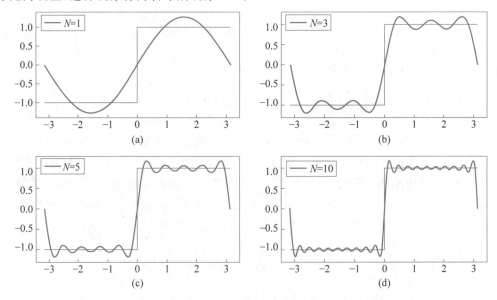

图 4.15　采用不同的 N 值时傅里叶级数展开的逼近效果

除上面介绍的三角形式外，傅里叶级数还有其他两种常用的表现形式，即余弦形式和复指数形式。借助三角变换公式和欧拉公式，上述三角形式可以等价转换为余弦和复数形式。其中余弦形式的傅里叶级数展开式为

$$f(x) = \frac{a_0}{2} + \sum_{k=1}^{+\infty} A_k \cos(n\omega_0 x + \phi_k) \tag{4.17}$$

式中

$$A_k = a_k / \cos\phi_k$$

式(4.17)表明，$f(x)$可以由不同频率和相位的余弦波以不同系数组合在一起来表示。实际上，将式(4.17)进行余弦展开，可以很容易得到余弦形式与三角形式之间系数的关系，即 $a_k = A_k\cos\phi_k$，$b_k = -A_k\sin\phi_k$。反过来说，三角形式的相位隐藏在系数 a_k 和 b_k 中。

复指数傅里叶级数即傅里叶级数的复数形式，其具有简洁的形式(只需一个统一的表达式计算傅里叶系数)，在进行信号和系统分析时经常被使用。将欧拉公式

$$\cos x = \frac{e^{ix} + e^{-ix}}{2}, \quad \sin x = \frac{e^{ix} - e^{-ix}}{2i} \tag{4.18}$$

代入式(4.14)可得到傅里叶级数的复指数形式：

$$f(x) = \sum_{n=-\infty}^{\infty} c_n e^{in\omega_0 x}$$

式中

$$c_n = \frac{1}{T} \int_{-T/2}^{T/2} f(x) e^{-in\omega_0 x} \,dx \quad (n = 0, \pm 1, \pm 2, \cdots) \tag{4.19}$$

接下来将介绍傅里叶变换。对于定义域为整个时间轴($-\infty < x < +\infty$)的非周期函数 $f(x)$，若无法通过周期拓延(把一个区间上的函数拓展到整个区间)将其扩展为周期函数，则将该函数的周期视为无穷大，并将傅里叶级数中的 T 推广到无穷大，即可得到傅里叶变换。在式(4.19)中，令 $T \to +\infty$，则 $\omega_0 = 2\pi/T \to 0$。ω_0 可视为相邻频率的周期函数的频率间隔$(n+1)\omega_0 - n\omega_0$，$n\omega_0$ 可以视为连续变化的，记 $\omega_0 = \Delta\omega$，$n\omega_0 = \omega$，此时可以得到傅里叶级数在 $T \to +\infty$ 时的表示：

$$f(x) = \frac{1}{2\pi} \int_{-\infty}^{+\infty} \left(\int_{-\infty}^{+\infty} f(x) e^{-i\omega x} \,dx \right) e^{i\omega x} \,d\omega \tag{4.20}$$

将上式的内层积分表示为

$$F(\omega) = \int_{-\infty}^{+\infty} f(x) e^{-i\omega x} \,dx \tag{4.21}$$

由上可知，其只与 ω(与频率一一对应)相关，相当于连续频率域上的傅里叶级数。由空间域的 $f(x)$ 转换到频域 $F(\omega)$ 的过程即傅里叶变换。

同样地，将式(4.21)代入式(4.20)，可得到由频率域的 $F(\omega)$ 变换到空间域的 $f(x)$，该过程称为傅里叶反变换(或傅里叶逆变换)：

$$f(x) = \frac{1}{2\pi} \int_{-\infty}^{+\infty} F(\omega) e^{i\omega x} \,d\omega \tag{4.22}$$

为了更好地在计算机中使用傅里叶变换，常常将傅里叶变换推广到离散函数，即离散傅里叶变换。若 $f(x)$ 是离散函数，其中 $x = 0, 1, 2, \cdots, M-1$，ω 根据输入离散信号的总数量 M 和周期 2π 来确定取值，即 $\omega = \frac{2\pi n}{M}$。代入式(4.21)，可得函数 $f(x)$ 的离散傅里叶变换形式：

$$F(u) = \sum_{x=0}^{M-1} f(x) e^{-\frac{i2\pi u x}{M}} \tag{4.23}$$

对应的反变换为

$$f(x) = \frac{1}{M} \sum_{u=0}^{M-1} F(u) e^{\frac{i2\pi ux}{M}} \tag{4.24}$$

为处理高于一维的数据,可以将傅里叶变换推广到多维形式的表达。以离散的二维傅里叶变换为例,其变换和逆变换的表达式为

$$\boldsymbol{F}(u,v) = \sum_{x=0}^{M-1} \sum_{y=0}^{N-1} f(x,y) e^{-i2\pi\left(\frac{ux}{M}+\frac{vy}{N}\right)} \tag{4.25}$$

$$f(x,y) = \frac{1}{MN} \sum_{u=0}^{M-1} \sum_{v=0}^{N-1} \boldsymbol{F}(u,v) e^{i2\pi\left(\frac{ux}{M}+\frac{vy}{N}\right)} \tag{4.26}$$

对于 2D 图像来说,二维空间域的变量为坐标 x,y,而 u,v 与频率成正比,因此是频率域的变量。由于频谱的周期性,只需在一个周期内对 u 值($u=0,1,2,\cdots,M-1$)及 v 值($v=0,1,2,\cdots,N-1$)进行计算。

根据式(4.25),频域原点位置的傅里叶变换为

$$\boldsymbol{F}(0,0) = \sum_{x=0}^{M-1} \sum_{y=0}^{N-1} f(x,y) \tag{4.27}$$

可以看到,$\boldsymbol{F}(0,0)$ 是 $f(x,y)$ 各个像素的像素值之和,称作频谱的直流(DC)分量。

4.4.2 快速傅里叶变换和图像的频域变换

离散傅里叶变换的出现是为了解决计算机只能处理有限长度的离散序列的问题。事实上,离散傅里叶变换的运算量非常大,在实际应用时并不容易。快速傅里叶变换(Fast Fourier Transform,FFT)能有效加速离散傅里叶变换的实现,从而拓展其应用领域。

对式(4.23)的离散傅里叶变换,令 $\omega_M = e^{-i\frac{2\pi}{M}}$,离散傅里叶变换可归结为计算

$$c_j = \sum_{k=0}^{M-1} x_k \omega_M^{kj} \quad (j=0,1,\cdots,M-1) \tag{4.28}$$

式中: x_k 为输入数据; c_j 为输出数据。

可以看到,离散傅里叶变换和其逆变换需要进行 M^2 次复数乘法运算和 $M(M-1)$ 次复数加法运算,故式(4.28)的时间复杂度为 $O(M^2)$,当 M 很大时,计算机的处理速度很慢。

从式(4.28)可看出,对于正整数 k、j 的所有取值,ω_M 存在周期性,其所有的取值最多有 M 个,且当 M 为 2 的整次幂,即 $M=2^p$ 时,$|\omega_M^{kj}|$ 只有 $M/2$ 个不同的值。故可以将式(4.28)改写成两个式子相加的形式:

$$c_j = \sum_{k=0}^{M/2-1} \left[x_k + (-1)^j x_{M/2+k} \right] \omega_M^{kj} \tag{4.29}$$

将 c_j 中的奇、偶序号分开:

$$c_{2j} = \sum_{k=0}^{M/2-1} (x_k + x_{M/2+k}) \omega_{M/2}^{kj}$$

$$c_{2j+1} = \sum_{k=0}^{M/2-1} (x_k - x_{M/2+k}) \omega_M^k \omega_{M/2}^{kj} \qquad (4.30)$$

令

$$y_k = x_k + x_{M/2+k}$$
$$y_{M/2+k} = (x_k - x_{M/2+k}) \omega_M^k \qquad (4.31)$$

因此,可将 M 个点的傅里叶变换归结为两组 $M/2$ 个点的傅里叶变换:

$$\begin{cases} c_{2j} = \sum_{k=0}^{M/2-1} y_k \omega_{M/2}^{kj} \\ c_{2j+1} = \sum_{k=0}^{M/2-1} y_{M/2+k} \omega_{M/2}^{kj} \end{cases} \qquad (j = 0, 1, \cdots, M/2 - 1) \qquad (4.32)$$

反复根据式(4.32)进行分治处理即为快速傅里叶变换,且算法复杂度降低到 $O(M\log M)$。

常见图像的表示形式为离散的二维数据,因此可以直接对其进行二维快速傅里叶变换。根据本章对傅里叶变换的讲述可知,通过傅里叶变换转成的频率域实际上将每个维度的数据分解成了不同频率的分量。值得注意的是,频谱图与原图像的各点并不是一一对应的关系。频率域中的某点 (u, v) 的值实际上对应该梯度(频率)在原始图像中出现的占比。

图 4.16 展示了图像的傅里叶变换。为了方便观测,通常将傅里叶变换的结果进行中心化,将最低频移动到中心。移频后频谱图的中心为原始图像中频率为 0 的分量,即直流分量,表示图像亮度。从图像中心向外,频率增高,高亮度表明该频率特征明显。此外,频率图像中心明显的频率变化方向与原图像中的物体方向垂直,例如原始图像中有多种水平分布的物体,那么频率域图像在垂直方向的频率变化比较明显。

(a) 原图像   (b) 傅里叶变换   (c) 中心化的傅里叶变换

图 4.16 图像的傅里叶变换

傅里叶变换及其中心化和逆变换的 Python 代码如下:

```python
import cv2
import numpy as np
from matplotlib import pyplot as plt

img = cv2.imread('/data/book_code/figure/7.jpeg')
```

```
f = np.fft.fft2(img)                        ♯ 傅里叶变换
fimg = np.log(np.abs(f))                     ♯ 阈值转换方便可视化
fshift = np.fft.fftshift(f)                  ♯ 将零频率分量移到频谱中心
rimg = np.log(np.abs(fshift))                ♯ 阈值转换方便可视化
ishift = np.fft.ifftshift(fshift)            ♯ 将低频从中心移到左上角
iimg = np.fft.ifft2(ishift)                  ♯ 傅里叶逆变换
iimg = np.abs(iimg)                          ♯ 阈值转换
```

4.4.3 相关应用

通过傅里叶变换可以观察图像的频率分布。对频率进行滤波等操作可实现图像增强、图像去噪、边缘检测、特征提取和压缩加密等功能[6]。

频域图像滤波的方法一般有低通、高通、带通三种。

这里首先给出一个示例来说明图像中不同频率区域,如图 4.17 所示;接下来详细介绍基于频域的高通和低通滤波器的图像应用。

图 4.17 不同频率区域

1. 高通滤波器——锐化

高通滤波器是指保留图像高频成分并滤掉低频部分的滤波器,常用于增强锐化细节。图 4.18 示例了图像通过高通滤波器的结果。在图像的频谱图像中,其中心区域为低频部分,本例将这部分低频区域去除再对其做逆变换,可以看到逆变换后得到的图像剩余部分主要为图像中的边缘线。

(a) 原图　　　　　　　　(b) 对频域使用高通滤波器　　　　　　　(c) 逆变换的结果

图 4.18 频域图通过高通滤波器

图 4.18 所示的高通滤波器的 Python 实现代码如下：

```python
import cv2 as cv
import numpy as np
from matplotlib import pyplot as plt

# 读取图像
img = cv.imread('Lena.png', 0)

# 傅里叶变换
f = np.fft.fft2(img)
fshift = np.fft.fftshift(f)

# 设置高通滤波器
rows, cols = img.shape
crow,ccol = int(rows/2), int(cols/2)
fshift[crow - 30:crow + 30, ccol - 30:ccol + 30] = 0

# 傅里叶逆变换
ishift = np.fft.ifftshift(fshift)
iimg = np.fft.ifft2(ishift)
iimg = np.abs(iimg)

# 显示原始图像和高通滤波处理图像
plt.subplot(121), plt.imshow(img, 'gray'), plt.title('Original Image')
plt.axis('off')
plt.subplot(122), plt.imshow(iimg, 'gray'), plt.title('Result Image')
plt.axis('off')
plt.show()
```

2. 低通滤波器——模糊

低通滤波器是指保留图像中的低频成分，过滤掉高频成分的滤波器，常用于模糊图像。图 4.19 展示了使用低通滤波器来做图像模糊的结果图。频谱图的中心区域为低频部分，仅对这部分中心区域做保留，其他区域均通过置零过滤掉。对其进行逆变换后得到的图像边缘信息显然已被模糊。

(a) 原图

(b) 对频域使用低通滤波器

(c) 逆变换的结果

图 4.19　频域图通过低通滤波器

图 4.19 所示低通滤波器的 Python 实现代码如下：

```
import cv2
import numpy as np
from matplotlib import pyplot as plt

# 读取图像
img = cv2.imread('lena.png', 0)

# 傅里叶变换
dft = cv2.dft(np.float32(img), flags = cv2.DFT_COMPLEX_OUTPUT)
fshift = np.fft.fftshift(dft)

# 设置低通滤波器
rows, cols = img.shape
crow,ccol = int(rows/2), int(cols/2) # 中心位置
mask = np.zeros((rows, cols, 2), np.uint8)
mask[crow - 30:crow + 30, ccol - 30:ccol + 30] = 1

# 掩膜图像和频谱图像乘积
f = fshift * mask
print(f.shape, fshift.shape, mask.shape)

# 傅里叶逆变换
ishift = np.fft.ifftshift(f)
iimg = cv2.idft(ishift)
res = cv2.magnitude(iimg[:,:,0], iimg[:,:,1])

# 显示原始图像和低通滤波处理图像
plt.subplot(121), plt.imshow(img, 'gray'), plt.title('Original Image')
plt.axis('off')
plt.subplot(122), plt.imshow(res, 'gray'), plt.title('Result Image')
plt.axis('off')
plt.show()
```

4.5 金字塔与小波变换

　　傅里叶变换自诞生以来一直是变换域图像处理的基石[4]。然而，傅里叶变换的缺陷是仅保留了信号不同频率的多少，而丢失了此类信号是在何时何处达到该频率的信息。近年来，出现了一种称为小波变换的图像变换方法，它能够同时在变换域中保留频率和时间信息，这使得压缩、传输和分析图像变得更加容易。小波变换是多分辨率分析理论的基础。多分辨率分析理论的出发点在于，某种分辨率下无法发现的图像特性可能很容易在另一个分辨率下被观测到。实际上，由于实际的数据存储以及显示设备等原因，经常会需要将原始尺寸的图像转换为其他尺寸，这就促进了对图像金字塔以及图像下采样、超分辨率的研究。本节主要对多分辨率处理（图像金字塔）和小波变换进行介绍。

4.5.1 图像缩放

　　首先对多分辨率图像处理的基础——图像缩放的概念进行阐释。在一些情况下，使

用图像的原始分辨率并不是一个好的选择。例如,硬件存储条件受限时,可能需要降低图像的分辨率,存储小尺度的图像。此类对图像尺寸进行压缩或者扩大的操作称为图像缩放。给定图像 $f(x,y)$,假设图像 x 轴方向的缩放比率为 S_x,y 轴方向的缩放比率为 S_y,则相应的变换表达式为

$$[x_1 \quad y_1] = [x_0 \quad y_0] \begin{bmatrix} S_x & 0 \\ 0 & S_y \end{bmatrix} = [S_x x_0 \quad S_y y_0] \tag{4.33}$$

式中:(x_0,y_0) 和 (x_1,y_1) 分别表示原始图像上的坐标和缩放变换后输出图像的坐标。

该变换的逆运算如下:

$$[x_0 \quad y_0] = [x_1 \quad y_1] \begin{bmatrix} \dfrac{1}{S_x} & 0 \\ 0 & \dfrac{1}{S_y} \end{bmatrix} = \left[\dfrac{x_1}{S_x} \quad \dfrac{y_1}{S_y} \right] \tag{4.34}$$

直接根据缩放公式计算得到的目标图像中,某些映射源坐标可能不是整数,从而找不到对应的像素位置。例如,当 $S_x = S_y = 2$ 时,图像放大 2 倍,放大图像中的像素 $(0,1)$ 对应于原图中的像素 $(0,0.5)$,这不是整数坐标位置,也就无法提取其像素值,因而必须进行近似处理。一种简单的最近邻插值策略直接将 $(0,0.5)$ 最邻近的整数坐标位置 $(0,0)$ 或者 $(0,1)$ 处的像素值赋给它。下面将对基于图像缩放的处理技术进行介绍。

4.5.2 图像金字塔

一幅图像的金字塔是一系列图像以金字塔形状排列的,分辨率逐步降低,且来源于同一张原始图的图像集合。这一系列图像通过多次下采样(得到原图片的缩小版本)获得,直到达到某个终止条件时停止采样。金字塔的底部是待处理图像的高分辨率表示,层级越高,则图像越小、分辨率越低,如图 4.20 所示。

图像金字塔是图像中多尺度表达的一种,常用于图像压缩、图像融合、分割等领域。下面介绍两种常用的图像金字塔。

如图 4.21 所示,高斯金字塔的构建过程:

首先对于给定的原始图像做一次高斯平滑处理,也就是使用一个大小为 $N \times N$ 的卷积核对图像进行卷积操作,其中 N 为窗口大小。高斯金字塔采用的核函数为高斯核(高

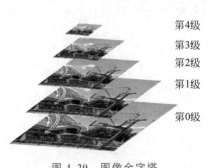

第4级
第3级
第2级
第1级
第0级

图 4.20 图像金字塔

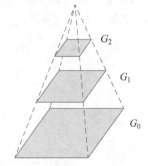

G_2
G_1
G_0

图 4.21 高斯金字塔

斯滤波器),当 $N=5$ 时,其数值为

$$\frac{1}{256}\begin{bmatrix} 1 & 4 & 6 & 4 & 1 \\ 4 & 16 & 24 & 16 & 4 \\ 6 & 24 & 36 & 24 & 6 \\ 4 & 16 & 24 & 16 & 4 \\ 1 & 4 & 6 & 4 & 1 \end{bmatrix}$$

然后去除通过滤波器之后的图像中的偶数行和偶数列,得到一张降采样的图片。接着不断重复以上的步骤即可得到高斯金字塔。高斯金字塔第 $i+1$ 级图像 G_{i+1} 的获取可表示由 G_i 经过下采样操作 Down():

$$G_{i+1}=\text{Down}(G_i) \tag{4.35}$$

由于图像不断地经历不可逆的下采样过程,因此图像的细节信息将随着层数的增加而不断丢失。

为了使用高斯金字塔的高层重建图像,需要进行高斯金字塔上采样,其过程如下:将图像的行和列分辨率扩大为原来的 2 倍,新增的行和列以 0 填充;使用与先前同样的高斯模板(考虑到前面的补零操作需对模板乘以 4)与放大后的图像卷积,获得"新增像素"的近似值,得到放大后的图像。由于在缩放的过程中已经丢失了信息,故上采样后的图像不可避免地会比原始图像更模糊。

根据高斯金字塔的上采样和下采样方式,对高斯金字塔中的任意一张图 G_i(如 G_0 为最初的高分辨率图像)先进行下采样得到图 Down(G_i),再进行上采样得到图 Up(Down(G_i)),得到的 Up(Down(G_i)) 与 G_i 是存在差异的,因为下采样过程丢失的信息不能通过上采样来完全恢复,也就是说高斯金字塔的高层无法无损失地重构出原始图像。为了能够实现对原始图像的重构,需要引入拉普拉斯金字塔。

拉普拉斯金字塔的本质是一个残差金字塔,其存储了高斯金字塔中每一层经过下采样再上采样后的图像与原始图片的差异,即 Up(Down(G_i)) 与 G_i 的差异。这样,拉普拉斯金字塔存储的残差值可以协助高斯金字塔进行无损的重构。具体地,给定拉普拉斯金字塔和高斯金字塔的最高层图像,将此高层图像不断进行上采样,并加上对应的拉普拉斯残差层,可以弥补高斯金字塔上采样后丢失的信息,重构出原始的高分辨率图像。图 4.22 展示了高斯金字塔和拉普拉斯金字塔的生成过程:先进行高斯滤波和下采样得到高斯金字塔,将高斯金字塔从高层逐层上采样并计算每层的残差,得到拉普拉斯金字塔。

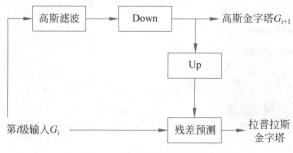

图 4.22　拉普拉斯金字塔运算过程

图 4.23 展示了图像的高斯金字塔和拉普拉斯金字塔的一个例子。

(a)图像的高斯金字塔　　　　　　　　　(b)图像的拉普拉斯金字塔

图 4.23　图像的高斯金字塔和拉普拉斯金字塔

高斯金字塔和拉普拉斯金字塔的 Python 实现代码如下：

```python
import cv2 as cv

# 高斯金字塔
def pyramid_image(image):
    level = 3                                    # 金字塔的层数
    temp = image.copy()                          # 拷贝图像
    pyramid_images = []
    for i in range(level):
        dst = cv.pyrDown(temp)
        pyramid_images.append(dst)
        cv.imshow("高斯金字塔" + str(i), dst)
        temp = dst.copy()
    return pyramid_images

# 拉普拉斯金字塔
def laplian_image(image):
    pyramid_images = pyramid_image(image)
    level = len(pyramid_images)
    for i in range(level - 1, - 1, - 1):
        if(i - 1) < 0:
            expand = cv.pyrUp(pyramid_images[i], \
                            dstsize = image.shape[:2])
            lpls = cv.subtract(image, expand)
            cv.imshow("拉普拉斯" + str(i), lpls)
        else:
            expand = cv.pyrUp(pyramid_images[i], \
                            dstsize = pyramid_images[i - 1].shape[:2])
            lpls = cv.subtract(pyramid_images[i - 1], expand)
            cv.imshow("拉普拉斯" + str(i), lpls)

src = cv.imread("C://01.jpg" , flags = cv.IMREAD_GRAYSCALE)
src = cv.resize(src, (512, 512), interpolation = cv.INTER_NEAREST)
cv.imshow("原始", src)
laplian_image(src)
cv.waitKey(0)
cv.destroyAllWindows()
```

4.5.3 小波变换

4.4.1节介绍了使用傅里叶变换进行频域分析的方法。然而,傅里叶变换的设计导致了一些应用缺陷。首先,4.4.1节提到了傅里叶函数在信号的突变处容易出现波动的问题,这种问题称为吉布斯现象。吉布斯现象出现的原因是空间上无限长基函数在数量有限时很难拟合不连续点,而由于傅里叶变换的基为三角函数,故在使用傅里叶变换时难以避免吉布斯现象的出现。傅里叶函数能够较好地处理平稳信号,即分布参数或者分布律不随时间发生变化的信号,而在处理分布律随时间发生变化的非平稳信号时具有一定缺陷。由于傅里叶变换得到的频谱图中只有一个控制变量,即频率,故从频谱图上仅能看出一段信号总体上包含哪些频率的成分,但是对各成分出现的空间位置并无所知。因此,空域相差很大的两个信号可能经过傅里叶变换会得到相同的频域图。如图 4.24 所示,原图与经过空间偏移的两张图像的傅里叶变换的频谱一致,傅里叶变换后的频谱图上无法体现图像的位置信息。

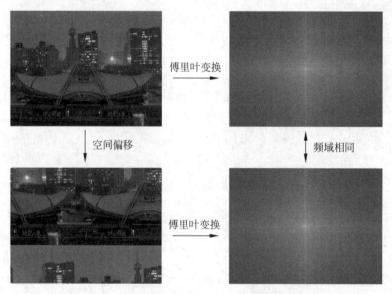

图 4.24 傅里叶变换频域图无法体现位置信息

自然界的大多数信号的分布几乎都是随时间变化的,因此只知道信号包含哪些频率成分难以满足精细的分析,还需知道各个频率成分出现在信号中的时间/空间位置。通过将图像转换到同时包含频率信息和时间/空间信息的时频域进行分析,这种分析方法称作时频分析。

早期为了使频谱图能够反映时间/空间信息,有研究人员提出对信号进行加窗。以二维图像为例,通过把整个空间分解成若干相同大小的块,再对每个小块分别进行傅里叶变换,这样就得到了针对每个小块的傅里叶频谱图。换言之,这种方式获得的频谱图中显示的频率成分可以确定其出现的大致位置(该小块所对应的区域),与原始的傅里叶变换相比位置信息更加明确。这类对傅里叶变换加窗的方式称作短时傅里叶变换。短时傅里叶变换在二维图像上的一个具体示例如图 4.25 所示。可见,通过这样加窗口的方式可以在一定程度上保留时序和空间信息,并得到如图 4.25(b)所示的可直接看出位置信息的频谱图。

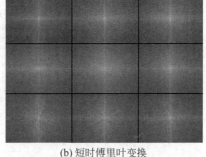

(a) 原图   (b) 短时傅里叶变换

图 4.25 短时傅里叶变换

然而,短时傅里叶变换所采用的窗口操作仍然存在问题:窗太窄,窗内的信号内容少,导致频率分析不够精准,频率分辨率差;窗太宽,空域上又不够精细,时间(一维时序信号)和空间(图像信号)分辨率低。

为解决现有傅里叶变换无法在频率域和时域上同时保留较多信息的问题,引入了小波变换。相比于短时傅里叶变换,小波变换通过两个参数同时定位时域和频域,能够更加精确地将信号转换到时频域,而不像短时傅里叶变换那样受到窗口大小等参数的影响。相比于傅里叶变换,小波变换在两方面做了扩展:首先,小波变换的基函数并不是傅里叶变换所使用的正弦和余弦函数,而是函数小波(也称为母小波)。小波函数比正弦和余弦函数复杂,其同时受到频率、位置这两个变量的控制。

其次,小波分析是在多个尺度上进行的。每个小波变换都会有一个母小波 $\psi(t)$,它满足 $\psi(\pm\infty)=0, \psi(0)=0, \int_{-\infty}^{+\infty}\psi(t)\mathrm{d}t=0$。前两个条件表明 $\psi(t)$ 在时域上是一个有限长的函数,最后一个条件表明 $\psi(t)$ 必须时正时负地波动,否则它的积分结果不会为零,因此它在频域上也是有限的。所以不同于傅里叶变换的基函数是一个无限长的正弦波,小波变换的基函数是一个经过衰减处理的有限长小波,小波基函数在时域和频域上都是局部化的。常见的母小波的形状如图 4.26 所示。基于母小波 $\psi(t)$,小波变换还通过尺度函数进行缩放和平移得到一系列小波基 $\psi\left(\dfrac{t-b}{a}\right)$。其中:$a$ 为伸缩参数,当 $a>1$ 时,沿时间轴方向拉伸;b 为平移参数。$\psi\left(\dfrac{t-b}{a}\right)$ 也称为父小波。任何小波变换的基函数其实就是对母小波缩放和平移后的集合,故使用小波基对函数 $f(t)$ 做小波展开的过程可以表示为

$$f(t) = \sum_{a}\sum_{b} w_{a,b}\psi\left(\frac{t-b}{a}\right) \tag{4.36}$$

式中:$w_{a,b}$ 为每个小波基所对应的权重。

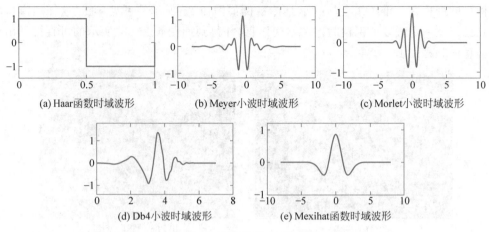

图 4.26　常见的母小波的形状

小波级数的基和傅里叶级数另有一点不同。对傅里叶级数来说,根据三角函数的性质可知傅里叶基函数是正交的。而小波级数的基通常是标准正交的,这意味着小波基不仅两两正交,还需经过归一化处理。

基于对小波基的介绍,下面以一维信号为例描述,对于任意能量有限信号 $f(t)$,其连续小波变换(Wavelet Transform,WT)定义为

$$W_f(a,b) = \frac{1}{\sqrt{a}} \int_{-\infty}^{+\infty} f(t)\psi\left(\frac{t-b}{a}\right) \mathrm{d}t \tag{4.37}$$

式中：因子 $\dfrac{1}{\sqrt{a}}$ 是为了保持伸缩之后能量不变。

对离散变量而言,缩放和位移一般采用二进伸缩和二进位移,这样构成的小波基为二进小波。其中"二进"指的是伸缩和位移量都是 2 的整数次方。再加上标准正交的条件,父小波可以表示为

$$\psi_{m,n} = 2^{j/2} \psi\left(\frac{t - n2^m}{2^m}\right) \tag{4.38}$$

小波变换相对于傅里叶变换的一大优势是能够很方便地处理和分析瞬时时变信号。图 4.27 分别为傅里叶变换和小波变换的基函数。为了理解小波变换相较于傅里叶变换的优势,假设分别用傅里叶的正弦余弦函数基和小波变换的小波基来对一个函数中新增

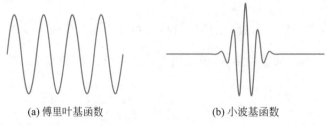

(a) 傅里叶基函数　　　　　　　　　(b) 小波基函数

图 4.27　傅里叶变换和小波变换的基函数比较

的尖峰(如一个噪声点)进行建模。容易理解,函数中的尖峰在整个定义域上是非周期的,如果使用正弦余弦函数来对其建模将需要非常多的基函数来表示。因为基函数不仅要考虑到对新增尖峰的建模,而且要保证不影响定义域内其他地方的函数值。但是,对于本来在定义域上具有局部性的小波函数来说,可以很轻易地通过在这个尖峰处增加小波函数建模。这是因为小波基是有限长且会衰减的,因此可以仅对突变附近的部分进行建模。同样地,小波这种频域的局部性质使其可以稀疏地表达很多信号和图像,并被成功应用于图像压缩、噪声滤波和图像特征检测中。

对于二维信号,二维离散小波变换可以理解为在横向、纵向分别进行一维离散小波变换。接着对小波变换的结果分别进行高通和低通滤波,即可得到低频、水平高频、垂直高频和对角线高频四个分量。图 4.28 为对图像执行 2D 离散小波变换分解的一个示例,该示例使用 Haar 小波对图像进行了两层分解。图 4.28(a)是原始尺寸的灰度图像。图 4.28(b)是四个象限,其中:第一象限包含水平方向上的低频信息和垂直方向上的高频信息;第三象限包含水平方向上的高频信息和垂直方向上的低频信息;第四象限包含水平方向和垂直方向上的高频信息;第二象限显示的是在 1/4 分辨率上进一步执行小波分解的结果图,其左上角为低频子带,保留了图像的大部分信息。

 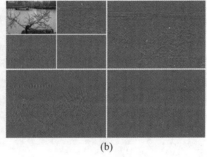
(a)　　　　　　　　(b)

图 4.28　2D 图像的 Haar 离散小波变换

小波变换的 Python 实现代码如下:

```python
import cv2
import numpy as np
from pywt import dwt2, wavedec2
import matplotlib.pyplot as plt


img = cv2.imread('lena.png')
img = cv2.cvtColor(img, cv2.COLOR_BGR2GRAY)
if img.shape[1] > 500:
    (h, w) = img.shape[:2]
    width = 500
    height = int(h * (width / float(w)))
    img = cv2.resize(img, (width, height), \
                     interpolation = cv2.INTER_AREA)

# 单级小波分解,返回分别为低频分量,水平高频,垂直高频,对角线高频,分别相当于上图中 LL,
# HL,LH,HH
```

```
cA, (cH, cV, cD) = dwt2(img, 'haar')

# 二级小波分解
cA2, (cH2, cV2, cD2), (cH1, cV1, cD1) = wavedec2(img, 'haar', level = 2)

# 一级分解,将各个子图拼接(低频cA取值范围为[0,510],高频cA取值范围为[-255,255])
AH = np.concatenate([cA, np.ones((cA.shape[0], 3)) * 510, cH + 255], axis = 1) # axis = 1 表
# 示列拼接
VD = np.concatenate([cV + 255, np.ones((cA.shape[0], 3)) * 510, cD + 255], axis = 1)
res1 = np.concatenate([AH, np.ones((3, AH.shape[1])) * 510, VD], axis = 0)

# 二级分解,将各个子图拼接
AH2 = np.concatenate([cA2, cH2 + 510], axis = 1)
AH2[-2:] = 1020
w2 = cA2.shape[1]
AH2[:, w2:w2 + 2] = 1020
VD2 = np.concatenate([cV2 + 510, cD2 + 510], axis = 1)
VD2[:, w2:w2 + 2] = 1020
A2 = np.concatenate([AH2, VD2], axis = 0)
AH1 = np.concatenate([A2, np.ones((A2.shape[0], 3)) * 1020, (cH1 + 255) * 2], axis = 1)
VD1 = np.concatenate([(cV1 + 255) * 2, np.ones((cV1.shape[0], 3)) * 1020, (cD1 + 255) * 2],
axis = 1)
res2 = np.concatenate([AH1, np.ones((3, AH1.shape[1])) * 1020, VD1], axis = 0)

# cv2.imwrite('results/wavelet/1level.jpg', res1)
# cv2.imwrite('results/wavelet/2level.jpg', res2)
plt.imsave('results/wavelet/1level.jpg', res1, cmap = 'gray', vmin = 0, vmax = 510)
plt.imsave('results/wavelet/2level.jpg', res2, cmap = 'gray', vmin = 0, vmax = 1020)
```

本章小结

　　本章主要对基础的图像处理算法进行阐述,涵盖的内容主要包括常用的图像线性滤波器、非线性滤波器、频域处理以及图像金字塔和小波变换等。4.1节和4.2节介绍了空间域的图像处理技术,主要包括空间域的线性和非线性滤波器。均值滤波、高斯滤波、中值滤波、双边滤波等可以较好地去除不同类型噪声。为了更好地理解和处理图像,进一步将图像从空域转换到频域。在频域中,可以更容易地分析和处理图像中的各种特征,如边缘、纹理、噪声等。例如,在进行边缘检测(Sobel滤波)时,可将图像转换到频域进行处理,再将其转换回空域。傅里叶变换可以将空域的图像转换到频率域,并方便地通过高通、低通滤波实现锐化、模糊等效果。进一步,为了更好地处理非平稳信号,小波变换同时考虑了频率和时间两个特征,对函数突变处的处理更加准确和高效。

　　本章所讲述的算法均为较基础的图像处理算法,这些算法是很多先进算法的基础。例如,非局部均值滤波算法考虑从非局部范围内的像素相似度来获取像素权重并得到去噪后的图像,BM3D算法作为效果较好的去噪算法,同时使用了空域滤波和频域小波变

换。本章介绍的图像处理技术可以作为后续章节将介绍的分割、检测等高层视觉任务的预处理,以提供更高质量的输入数据。

习题

1. 为如下图像构建高斯金字塔和拉普拉斯金字塔:

$$f(x,y)=\begin{bmatrix} 11 & 12 & 13 & 14 \\ 15 & 16 & 17 & 18 \\ 19 & 20 & 21 & 22 \\ 23 & 24 & 25 & 26 \end{bmatrix}$$

2. 给定一幅 $2^J \times 2^J$ 的图像,那么一个 $J+1$ 级金字塔是减少还是扩展了表示该图像所需的数据量?压缩率或扩展率是多少?

3. 考虑连续函数 $f(t)=\cos(2\pi nt)$, $f(t)$ 的周期是多少?频率是多少?

4. 证明连续和离散二维傅里叶变换都是平移不变的。

5. 证明离散函数 $f(x,y)=1$ 的离散傅里叶变换为

$$\Im\{1\}=\delta(u,v)=\begin{cases} 1, & u=v=0 \\ 0, & 其他 \end{cases}$$

6. 如习题 6 图所示,测试条带图案的大小为 7 像素宽、210 像素高。两白色条带间距为 17 像素。试画出应用 3×3 算术均值滤波器、5×5 算术均值滤波器和 9×9 算术均值滤波器处理后得到的图像,并根据结果说明该滤波器的作用。

习题 6 图

7. 证明:当 $Q=0$ 时,逆谐波均值滤波器简化为算术均值滤波器;当 $Q=-1$ 时,为谐波均值滤波器。

参考文献

第 5 章

特征检测与匹配

　　本章主要介绍几种图像的特征,包括边缘、线和角点,以及它们的检测与匹配方法。5.1 节主要介绍图像边缘的概念,并介绍常用的图像边缘检测方法。5.2 节将关注图像中直线的这一重要特征,并在图像中拟合参数化的直线。5.3 节将介绍如何用 Harris 角点检测寻找图像中的角点特征,并讲述其背后的数学思想。5.4 节将介绍尺度不变特征转换(SIFT)、多尺度带方向的块描述符(MOPS)和定向梯度直方图(HOG)等特征描述子,这些描述子可以更好地表示角点的特征,提高图像特征点提取的鲁棒性。5.5 节将介绍几种方法来使用这些特征点的描述子在图像之间进行高效率的匹配,包括基于局部敏感哈希(LSH)和基于 KD 树的方法。此外,还会介绍如何根据对齐匹配的特征点来对齐图像。

5.1　边缘检测

　　边缘检测是图像处理和计算机视觉中的基本问题,边缘检测的目的是标识数字图像中灰度值变化明显的点。这些边缘点在图像中大量存在,并且往往携带了重要的语义信息。例如,物体的边界或者三维空间中物体的相互遮挡往往在图像中以边缘的方式体现,还有一些边缘可能表示物体表面方向的变化或者是物体上的折痕,此外图像中的边缘还可能由场景光照的变化或者物体的阴影产生。我们可以通过简笔画勾勒出的物体轮廓轻松地识别出所熟知的物品,由此可见,图像边缘保留了图像中的重要结构属性,检测图像的边缘可以大幅减少图像中的数据量。边缘检测算法在图像分割和图像的特征提取等领域都有重要的应用,5.1.1 节介绍几种边缘模型和边缘检测算法的基本步骤,5.1.2 节介绍几种用于计算图像梯度的边缘检测算子,5.1.3 节介绍具有广泛应用的 Canny 边缘检测算法。

5.1.1　基本原理

　　在检测边缘之前,本节首先介绍根据灰度值剖面进行分类的边缘模型,包括台阶边缘模型、斜坡边缘模型和屋顶边缘模型。台阶边缘是指在一个像素的距离上发生两个灰度级之间的理想突变。图 5.1(a)展示的是一个垂直台阶边缘和通过该边缘的一个水平剖面。这种台阶边缘往往出现在由计算机生成的图像里。这种能够在一个像素的距离就能出现的清晰理想的边缘,只能在没有额外处理(如平滑处理)使其变得更"真实"的条件下见到。

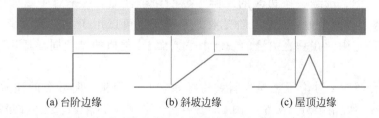

(a) 台阶边缘　　　　　(b) 斜坡边缘　　　　　(c) 屋顶边缘

图 5.1　台阶边缘、斜坡边缘和屋顶边缘模型的理想表示以及它们的灰度剖面

实际中数字图像都存在被模糊且带有噪声的边缘,模糊的程度主要取决于相机聚焦机理(如光学成像中的镜头)的限制,而噪声水平主要取决于成像系统的电子元件。在这种情况下,将边缘建模成斜坡形的灰度剖面更为贴切,如图 5.1(b)所示。斜坡的斜率与边缘的模糊程度成反比。在这一模型中,灰度剖面中不再有单一的"边缘点"。此时斜坡上的任意点都会被认为是边缘点,进而可以得到一个由这些边缘点连接而成的"边缘线段"。

图 5.1(c)展示了屋顶边缘的灰度剖面特征。屋顶边缘建模了深色背景区域的一条亮线,屋顶边缘的基底(宽度)由该线的宽度和尖锐度决定。在极限情形下,当其基底为一个像素宽时,屋顶边缘只不过是一条穿过图像中一个区域的一个像素宽的线。例如,在采集场景的深度图时,当细物体(如管子)比它的背景(如墙)更接近深度传感器时会出现屋顶边缘。此外,在卫星图像中道路这种较细的目标也可以被建模成此屋顶边缘。

下面从图像输入与输出的角度分析边缘检测算法。边缘检测算法接收一个灰度图像作为输入,将一个二值图像作为输出,其中用 1 标记出了灰度值变化明显的点,即边缘点。边缘检测算法通常有以下三个步骤:

(1) 对图像进行平滑处理以消除噪声。噪声点也会造成局部灰度值明显的变化,产生虚假的边缘。

(2) 边缘点的检测。通过局部信息找到灰度值变化明显的点作为候选边缘点。

(3) 边缘定位。其主要目的是从上一步的候选边缘点中筛选出组成边缘集合的真实成员。

5.1.2 边缘检测算子

三种边缘模型可以表示为灰度值关于剖面位置的一元函数,用导数可以描述此函数在某一点附近的变化率。图 5.2(a)展示的是斜坡边缘,图 5.2(b)是此边缘对应的水平灰度剖面线以及它的一阶和二阶导数。沿着灰度剖面从左到右移动时,在斜坡开始处和在斜坡上的各个点处一阶导数为正,在恒定灰度区域处一阶导数为零。在斜坡的开始处二阶导数为正,在斜坡的结束处二阶导数为负,在斜坡的各点处二阶导数为零;在恒定灰度区域的各点处二阶导数为零。对于从亮到暗过渡的边缘导数的符号正好相反。零灰度轴和二阶导数极值间连线的交点称为该二阶导数的零交叉点。

由上面的观察可以得出结论:一阶导数的幅度可以用于检测图像中的某个点是否处在一个边缘。同样,二阶导数的符号可以用于确定一个边缘点是位于边缘的暗一侧还是边缘的亮一侧。围绕一条边缘的二阶导数的两个性质:一是对于图像中的每条边缘,二阶导数生成两个值;二是二阶导数的零交叉点可以用于定位粗边缘的中心。尽管上述分析都是限制在垂直边缘的一维水平剖面上,类似的结论同样适用于图像任何方向的边缘。

前面结合图 5.2 讨论了无噪声斜坡边缘和它的一阶和二阶导数的性质,下面结合图 5.3 对有噪声的情况进行分析。图 5.3 中第一列图像是四个斜坡边缘的特写,这些边缘从左边的黑色区域到右边的白色区域过渡。第一列的第一个图像没有噪声,而其他三

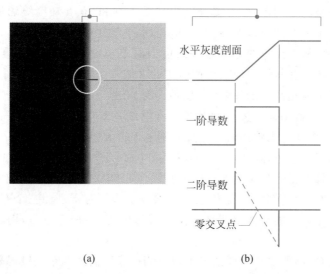

水平灰度剖面

一阶导数

二阶导数

零交叉点

(a)　　　　　　　　　　(b)

图 5.2　无噪声斜坡边缘及其一阶、二阶导数

注：图(a)是由一条垂直斜坡边缘分开的两个恒定灰度区域；图(b)为边缘附近的细节，显示了水平灰度剖面及其一阶导数和二阶导数。

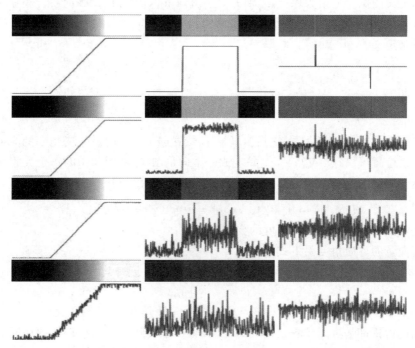

图 5.3　第一列：被均值为零、标准差分别为 0.1、1.0、10.0 三个级别随机高斯噪声污染的斜坡边缘图像和灰度剖面。第二列：一阶导数图像和灰度剖面线。第三列：二阶导数图像和灰度剖面线

个图像从上到下被均值为零,标准差分别为 0.1、1.0 和 10.0 灰度级的加性高斯噪声污染。每个图像段下面的图形是通过图像中心的水平灰度剖面线。

对第一列图像从上到下的每个水平灰度剖面求一阶导数,并用灰度表示导数值,可以得到第二列图像。在斜坡图像灰度值恒定的区域每个灰度剖面的每个点导数均为零,体现在导数图像上就是两端的黑色(灰度值为零)条带。在斜坡上各点导数恒定并且等于斜坡的斜率,在导数图像上体现为灰色。当继续观察中间一列下面三幅图像时,随着噪声的增加,导数图像与无噪声时的情况差别越来越大。

第三列图像是第一列求二阶导数得来,从中可以看出,二阶导数对噪声更为敏感。第三列第一个图像是没有噪声时的二阶导数图像,其中白色和黑色的细垂直线是二阶导数的正负分量,通过比例缩放使得灰色的区域表示零。对于下面三个有噪声的图像,可以发现只有第一个图像能够清晰辨认出二阶导数的正、负两个分量,而其余两个则很难分辨。

因此可以发现,即便是很微弱的噪声对检测边缘所需的两个关键导数值都会产生严重的影响。当运用导数检测有着类似上述噪声级别图像的边缘时,应该优先对图像进行平滑处理。故而在 5.1.1 节中边缘检测算法的描述中需要将图像平滑放在第一步。

上面讨论了导数在检测边缘中起到的重要作用。如果把图像看成一个二元函数 $f(x,y)$,定义图像左上角为原点,x 轴方向竖直向下,y 轴方向水平向右。类似于一元函数的导数,可以用梯度来描述二元函数表面的斜率和方向。函数的梯度可以用 ∇f 表示,并用向量来定义:

$$\nabla f(x,y) \equiv \begin{bmatrix} g_x(x,y) \\ g_y(x,y) \end{bmatrix} = \begin{bmatrix} \dfrac{\partial f(x,y)}{\partial x} \\ \dfrac{\partial f(x,y)}{\partial y} \end{bmatrix} \tag{5.1}$$

该向量有一个重要的几何性质,它指出了 f 在位置 (x,y) 处的最大变化率的方向。图像中每个有效位置可以计算 $\nabla f(x,y)$ 并生成一个向量图像,即图像中的每个元素都是梯度向量。定义其幅值(或大小)为梯度向量 $\nabla f(x,y)$ 的欧几里得范数 $M(x,y)$:

$$M(x,y) = \parallel \nabla f(x,y) \parallel = \sqrt{g_x^2(x,y) + g_y^2(x,y)} \tag{5.2}$$

这个值表示沿着梯度方向图像灰度的变化率。

梯度向量的方向角度由下式定义:

$$\alpha(x,y) = \arctan\left[\frac{g_x(x,y)}{g_y(x,y)}\right] \tag{5.3}$$

任意点 (x,y) 处的边缘切线方向与该点处的梯度向量方向 $\alpha(x,y)$ 正交。

前面的讨论都是将图像看成连续的二元函数,但实际上计算机存储图像时都是用离散的灰度矩阵。因此,常用前向差分来对两个方向上的偏导数进行近似:

$$g_x(x,y) = \frac{\partial f(x,y)}{\partial x} = f(x+1,y) - f(x,y) \tag{5.4}$$

$$g_y(x,y) = \frac{\partial f(x,y)}{\partial y} = f(x,y+1) - f(x,y) \tag{5.5}$$

这两个等式可以使用图 5.4 所示的一维模板(kernel)对图像进行滤波实现。

当检测对角线方向的边缘时,通常需要二维模板进行操作。Roberts 交叉梯度算子是最早尝试使用具有对角优势的二维模板之一。考虑图 5.5(a)中的 3×3 区域,Roberts 算子以求对角像素之差为基础:

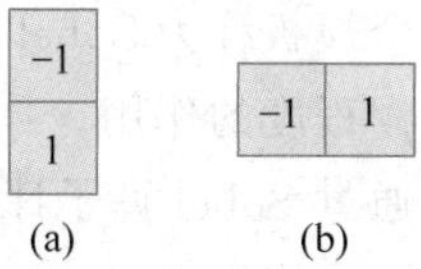

$$g_y(x,y) = \frac{\partial f(x,y)}{\partial y} = z_9 - z_5 \tag{5.6}$$

$$g_x(x,y) = \frac{\partial f(x,y)}{\partial x} = z_8 - z_6 \tag{5.7}$$

图 5.4 用于计算式(5.4)和式(5.5)的一维模板

式(5.6)和式(5.7)分别可以使用图 5.5(b)和(c)中的模板对图像进行滤波来实现。

2×2 的模板很简单,在计算边缘的方向往往不像关于中心对称的模板那么有效[1],而最小的中心对称的模板是 3×3。这些模板考虑了关于中心对称的数据的性质,因而可以提取更多有关边缘方向的信息。下面的式子用 3×3 的模板来对偏导数进行近似:

$$g_y(x,y) = \frac{\partial f(x,y)}{\partial y} = (z_7 + z_8 + z_9) - (z_1 + z_2 + z_3) \tag{5.8}$$

$$g_x(x,y) = \frac{\partial f(x,y)}{\partial x} = (z_3 + z_6 + z_9) - (z_1 + z_4 + z_7) \tag{5.9}$$

在上述公式中,3×3 区域的第三行和第一行之差近似为 x 方向的导数,第三列和第一列之差近似为 y 方向的导数。这两个偏导的近似式比 Roberts 算子更为精确。式(5.8)和式(5.9)可用图 5.5(d)和(e)中两个模板通过滤波整个图像来实现,这两个模板称为 Prewitt 算子。

对 Prewitt 算子的中心系数上乘一个权值 2,可得

$$g_y(x,y) = \frac{\partial f(x,y)}{\partial y} = (z_7 + 2z_8 + z_9) - (z_1 + 2z_2 + z_3) \tag{5.10}$$

$$g_x(x,y) = \frac{\partial f(x,y)}{\partial x} = (z_3 + 2z_6 + z_9) - (z_1 + 2z_4 + z_7) \tag{5.11}$$

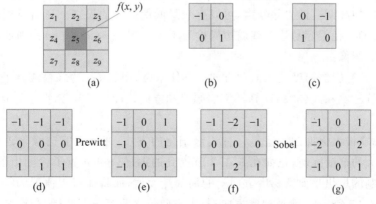

图 5.5 不同类型的边缘检测算子

注:图(b)和图(c)分别为 Roberts 垂直算子和水平算子;图(d)和图(e)为 Prewitt 算子;图(f)和图(g)为 Sobel 算子。

这个变化可以平滑图像。图5.5(f)和(g)给出了用于实现式(5.10)和式(5.11)的模板，这两个模板称为Sobel算子。Sobel算子根据像素与中心点的位置进行加权,起到降低边缘模糊程度的作用。

通过Sobel算子计算出图像梯度后,选择梯度幅值大于某一阈值的点作为边缘点。在实际应用中使用式(5.2)计算幅值时,平方和的平方根的计算导致时间开销太大,可以使用绝对值来近似梯度的幅值以减少计算量:

$$M(x,y) \approx |g_x| + |g_y| \tag{5.12}$$

Sobel算子不但可以产生较好的检测效果,而且对噪声具有平滑抑制作用。但是,其得到的边缘较粗,且可能出现伪边缘[2]。因此,可以将Sobel算子检测出的边缘点视作候选边缘点,经过进一步的边缘定位处理后得到更好的边缘图像。

5.1.3 Canny边缘检测算法

Canny边缘检测算法是John F. Canny于1986年提出的一个多级边缘检测算法[3]。Canny算法虽然年代久远,但现在的研究中仍广泛使用,而且已成为边缘检测的一种标准算法。Canny算法基于以下三个基本目标来设计。

(1) 低错误率。所有边缘都应该被找到,并且没有伪响应,即检测到的边缘必须尽可能是真实的边缘。

(2) 边缘点应被准确定位。已定位的边缘必须尽可能接近真实边缘。

(3) 单一边缘点响应。对于真实的边缘点,检测器应仅返回一个点。真实边缘周围的要有尽可能少的局部最大值点。

Canny算法的目标是在数学上尽可能实现上述三个准则,并且试图找到满足这些准则的最佳解。通常来说,找到一个满足前面目标的闭式解是很困难的(或不可能的)。Canny算法使用高斯函数的一阶导数来对边缘进行近似,并用一些特殊处理来尽可能满足上述准则。

Canny边缘检测算法可以分为下面五个步骤。

第一步,应用高斯滤波来平滑图像。这一步主要作用是去除噪声对后面边缘检测算子的影响。应用高斯模糊去除噪声,可以有效降低伪边缘的识别。高斯模糊的半径选择很重要,过大的半径很容易让一些弱边缘检测不到。图5.6(a)和(b)分别展示了原图和高斯模糊后的图像。

第二步,计算图像梯度的幅值和方向。具体来说,用Sobel边缘检测算子计算图像梯度,并使用式(5.2)和式(5.3)计算梯度的幅值和方向。图5.7展示了这一步处理后的梯度幅值图像。

第三步,非极大值抑制。这是一种边缘细化的方法,通常真实边缘附近的几个像素都会产生较大的梯度幅值,正如在5.1.2节提到的那样,Sobel算子检测出的边缘较粗。非极大值抑制的思想是保留梯度方向上的局部最大值,而将非最大值置为零。这里定义水平、垂直、+45°和−45°四种梯度方向,每个方向包含两个角度范围,如图5.8所示。若梯度的方向为−22.5°~22.5°或者−157.5°~157.5°,则将此梯度方向称为垂直方向。每

 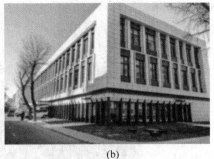

(a) (b)

图 5.6 用于边缘检测的原始图像和原图高斯模糊之后的结果

图 5.7 使用 Sobel 算子计算出的梯度幅值图像

个方向对应两个邻居,例如,梯度方向为垂直时,对应的两个邻居为上、下两个像素;梯度方向为+45°时,对应的两个邻居为右下和左上两个像素。如图 5.9 所示,梯度方向与边缘的法线方向一致,即与边缘切线方向垂直。例如,梯度方向为垂直的边缘点处于水平边缘上,梯度方向为+45°的边缘点处于−45°边缘上。

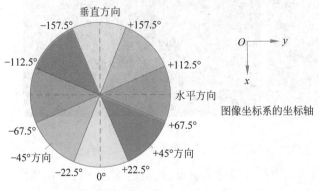 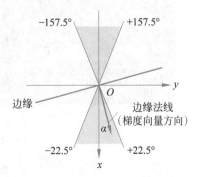

图 5.8 梯度的四个方向和对应的边缘   图 5.9 边缘与梯度方向对应关系

下面定义检测出的梯度幅值为 $M(x,y)$,梯度方向为 $\alpha(x,y)$,经过非极大值抑制处理后的图像为 $g_N(x,y)$。对于图像中每一个点,首先根据 $\alpha(x,y)$ 找到梯度对应的方向,之后找到(x,y)在该方向上的两个邻居(x_1,y_1)和(x_2,y_2),如垂直方向上的两个邻居为$(x-1,y)$和$(x+1,y)$。如果这个点梯度的幅值小于两个邻居之一的幅值,即$M(x,y)<M(x_1,y_1)$或$M(x,y)<M(x_2,y_2)$,则这个点被抑制,即$g_N(x,y)=0$;否则,$g_N(x,y)=M(x,y)$。经过非极大值抑制后的图像如图5.10所示,可以发现边缘相较于梯度幅值图像得到细化。

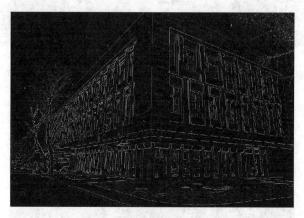

图5.10 非极大值抑制后的图像

第四步,双阈值处理。经过非极大抑制后图像中仍然有很多噪声点,称为伪边缘。当使用单阈值去除伪边缘时,若阈值设置过低,则无法将伪边缘完全去除;若阈值设置过高,则会删除实际的有效边缘点。因此,Canny算法设置了高阈值T_H和低阈值T_L进行双阈值处理。$g_N(x,y)\geqslant T_H$的边缘称为强边缘,$T_H>g_N(x,y)\geqslant T_L$的边缘称为弱边缘。Canny算法建议,高阈值和低阈值的比应该为2:1或3:1。图5.11(a)的二值图像展示了双阈值处理后的强边缘,图5.11(b)展示的是强边缘+弱边缘。

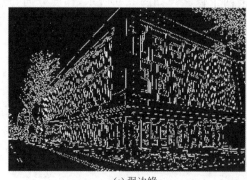 

(a) 强边缘 (b) 强边缘+弱边缘

图5.11 双阈值处理后的二值图像(右侧墙面有更多细节)

第五步,滞后边界跟踪。强边缘可认为是真实的边缘点,而弱边缘需要进一步判断。对每个弱边缘迭代地在其8邻域内搜索强边缘。若一个弱边缘直接与强边缘相连或者仅通过弱边缘连接到强边缘,则认为此弱边缘是真实的边缘点;否则,认为其是伪边缘。下面提供一种基于广度优先搜索的实现方式,其步骤如下。

（1）准备一个队列，将所有强边缘点放入队列，并标记其为真实边缘。

（2）从队列中取出一个边缘点，遍历其 8 邻域中的点，找到其中没有被标记为真实边缘的弱边缘。

（3）标记在（2）中满足条件的那些点为真实边缘，并将这些点放入队列。

（4）重复步骤（2）和（3）直至队列为空。

（5）所有标记为真实边缘的点组成了最终的边缘图像。

图 5.12 中的二值图像展示了图 5.6(a)中的原始图像经过 Canny 边缘检测算法生成的边缘图像。

图 5.12　Canny 边缘检测算法生成的边缘图像

5.2　线的检测

除了边缘外，直线在图像中也经常出现，尤其是在有人造物品的场景中，如建筑、道路等，因此检测图像中的直线是一个很有价值的问题。5.2.1 节主要介绍了基于图像卷积的直线检测方法。5.2.2 节和 5.2.3 节分别介绍两个参数化直线检测方法，具体地，5.2.2 节介绍了 Hough 直线检测，5.2.3 节介绍了用随机采样一致(RANSAC)算法检测直线。其中 Hough 直线可以应用于图像中多条直线的检测，用 RANSAC 算法检测直线则对噪声鲁棒性更强，一般只能用来检测一条直线。

5.2.1　基本原理

本节首先介绍基于图像卷积的直线检测方式，这是一种简单直接的方式。一些可以选用的模板如图 5.13 所示，这四个模板对单像素宽、特定方向的直线有最大的响应。

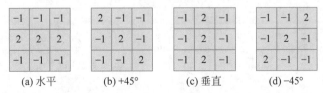

图 5.13　线检测模板，分别对四个对应方向的单像素宽直线有最大响应

上面的四个模板会对暗背景下的亮直线产生很大的正响应,而对于亮背景下的暗直线有很大的负响应。如果只关心前一种,那么只需要设定阈值筛选出响应较大的点;如果只关心后一种,那么可以将模板取反并筛选出具有较大响应的点;如果两种都需要检测,那么可以根据响应的绝对值进行筛选。令 R_1、R_2、R_3 和 R_4 分别表示图 5.13 中从左到右的各个模板的响应,假设在图像中的某一点处对于所有的 $j \neq k$ 有 $R_k > R_j$,则该点最可能位于模板 k 所检测的直线上。

虽然这种基于卷积的方法实现简单,但是也存在着一定的局限性。首先是检测的直线方向比较有限,其次经过阈值处理后的同一条直线往往会形成若干片段,需要进行连接处理。在实际的应用中常用参数化的方法来表示图像中的直线。

正如 5.1 节提到的那样,边缘图像剔除了很多图像中的冗余信息,而保留了重要的结构信息。因此,可以在边缘图像的基础上提取直线的参数化模型,即找到边缘点连成的直线。然而这并不是一个简单的问题,首先能够穿过图像的直线有很多,而对于每一条可能的直线又需要知道哪些边缘点在此直线上。其次,为了准确地检测直线,算法还需要合理地处理噪声的影响。Hough 直线检测算法和 RANSAC 直线检测算法可用来在有一定噪声的边缘图像中检测直线,并且用参数化的方式表示检测出的直线。

5.2.2 Hough 变换

在边缘图像中拟合直线面临着三个主要问题:第一,给定了属于某条直线的点,那么直线是什么?第二,这些点属于哪条直线?第三,有多少条直线?Hough 变换解决了上面三个问题。

考虑 xy 平面上的一个点 (x_i, y_i) 和形式为 $y_i = ax_i + b$ 的一条直线。通过点 (x_i, y_i) 的直线有无数条,且对不同的 a 和 b 值它们都满足方程 $y_i = ax_i + b$。可以将该等式写为 $b = -x_i a + y_i$,考虑 ab 平面(也称为参数空间),将得到固定点 (x_i, y_i) 的单一直线方程。此外,第二个点 (x_j, y_j) 在参数空间 ab 平面中也有一条与之相关联的直线,除非它们是平行的,否则这条直线会与 (x_i, y_i) 相关联的直线相交于一点,令其为 (a', b'),如图 5.14(b)所示。其中 a' 和 b' 是同时通过 xy 平面中点 (x_i, y_i) 和点 (x_j, y_j) 的直线的斜率和截距,如图 5.14(a)所示。在 xy 平面上考虑,任意在直线 $y = a'x + b'$ 上的点,在 ab 平面上都相交于 (a', b')。

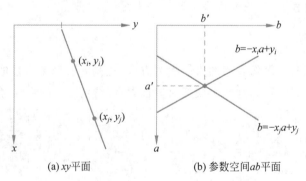

(a) xy 平面 (b) 参数空间 ab 平面

图 5.14

原理上可以对 xy 平面中的每一个边缘点 (x_k, y_k) 画出其在参数空间对应的直线，那么 xy 空间中的主要直线可以在参数空间中寻找交点来确定。在参数空间上有大量直线通过的点对应了在 xy 平面有穿过大量边缘点的直线。然而在实际中，当直线逼近垂直方向时，直线的斜率 a 会趋于无穷大。为了解决这一问题，可以使用直线的极坐标表示：

$$\rho = x\cos\theta + y\sin\theta \tag{5.13}$$

图 5.15(a) 展示了参数 ρ 和 θ 的几何解释。

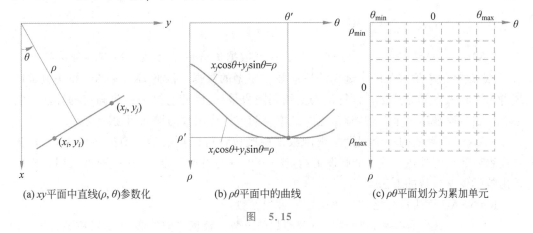

(a) xy 平面中直线 (ρ,θ) 参数化 (b) $\rho\theta$ 平面中的曲线 (c) $\rho\theta$ 平面划分为累加单元

图 5.15

图 5.15(b) 中的曲线表示通过 xy 平面中一个点 (x_k, y_k) 的一组直线，两个曲线的交点 (ρ', θ') 对应图 5.15(a) 中通过点 (x_i, y_i) 和点 (x_j, y_j) 的直线。如图 5.15(c) 所示，可以将 $\rho\theta$ 参数空间划分为累加单元。参数 θ 和 ρ 的取值范围分别限定在 $-90° \leqslant \theta \leqslant 90°$ 和 $-D \leqslant \rho \leqslant D$，其中 D 是图像对角线的距离，这两个范围可以涵盖所有经过图像的直线。

即便可以将 $\rho\theta$ 参数空间划分成了有限的累加空间，但是遍历累加空间所有的参数模型来检验是否有足够多的边缘点在此直线上仍然需要很多时间。为了提高效率，可以采用投票的思想进行处理。首先遍历所有的边缘点，每个边缘点为所有可能的参数模型投票（所有通过该点的直线对应的累加单元加一）；之后遍历每个累加单元的所有参数模型，找到票数多的几个单元来构造主要直线。在这个过程中虽然噪声点也会投票，但是这些投票基本没有一致性，故不会产生主要直线。

Hough 直线检测算法的流程如下。

(1) 将 $\rho\theta$ 参数空间根据所需精度划分为累加单元 $A(i,j)$，并将累加单元清空。

(2) 对于每个边缘点 (x_k, y_k)，遍历所有的 θ，并根据 $\rho = x_k\cos\theta + y_k\sin\theta$ 计算出对应的 (ρ,θ)。令 $A(\rho,\theta) = A(\rho,\theta) + 1$。

(3) 选择投票大于一定阈值 T 的累加单元，这些累加单元的参数 ρ 和 θ 对应图像中的主要直线。

(4) 在检测到主要直线后，再检查每条直线通过哪些点，使用这些点进一步拟合出更精确的直线表示（如使用最小二乘法）。

回忆在 5.1 节介绍的边缘检测，边缘点往往具有较大的梯度幅值，此外每个边缘点还有梯度方向的信息。下面利用方向信息对上述算法步骤(2)进行优化。对每个边缘点遍历投票时,只关注其梯度方向附近一定范围的 θ,而非遍历所有 θ。这样做一方面可以节省算法的运算时间,另一方面可以减轻噪声点的影响。这一优化在图像中不以散点状出现的直线会更为有效。下面解释这个优化方法的合理性。注意到参数 θ 代表了直线的法线方向,如图 5.15(a)所示。此方向与梯度方向基本一致,所以用梯度方向来近似参数 θ 是合理的。此外,Hough 变换的思路也可以用于圆的检测,方法是在 (a,b,r) 空间上划分累积单元并进行投票,其中 (a,b) 代表圆心坐标,r 表示圆的半径。

5.2.3 RANSAC 直线检测

RANSAC 算法是一种从含有外点的观测数据集合中估计数学模型参数的迭代方法,外点是指偏离正常范围很远无法适应数学模型的数据。因此,RANSAC 算法也可以理解为一种外点剔除算法。该算法需要用到随机采样,因此它是一种非确定的算法。它会有一定概率输出一个合理的解,这个概率会随着迭代次数的增加而逐渐变大。

RANSAC 算法的一个假设是观测数据中既包含可以被数学模型描述的内点,也包含代表着噪声的外点;另一个假设是给定一个少量的内点集合,存在一种可以用它们估计出数学模型参数的方法。

RANSAC 算法执行之前需要确定一系列参数:

- n——最少需要来估计数学模型参数的点数。根据之前的假设,n 不应该太大。
- k——算法迭代的次数。
- t——用于判断一个点是否符合模型参数的阈值,即内点。
- d——最少需要几个内点才认为该模型有效。

RANSAC 算法的流程如下:

(1) 从所有数据中随机选择 n 个点。

(2) 使用这 n 个点估计出数学模型的参数,令估计出的模型为 M。

(3) 对于未被采样到的点,根据阈值 t 来判断该点是否符合模型 M,并统计出符合模型的内点数目 d'。

(4) 若 $d' \geqslant d$,则认为 M 是一个有效模型,重新用 $d'+n$ 个内点来估计出更精确的模型 M' 并计算出拟合误差 e'。如果 $d' < d$,那么认为 M 是无效的,不做进一步处理。

(5) 执行步骤(1)~(4)直至达到迭代次数 k。

(6) 在所有有效模型中选择拟合误差 e' 最小的模型 M' 作为最终结果。

在了解 RANSAC 算法的基本流程之后,下面讨论如何使用此算法在边缘图像中拟合出一条参数化的直线。首先确定参数 $n=2$,因为使用两个点就能确定一条直线。每次迭代随机选择两个点并确定出一条直线方程。在步骤(3),利用点到直线的距离和阈值 t 比较来判断其是否为内点。在步骤(4),如果两点确定的直线有足够多的内点,那么通过最小二乘法来拟合直线,并采用平均最小二乘误差作为拟合误差。在步骤(6),选择拟合误差最小的直线作为结果。

注意到 RANSAC 算法中迭代次数 k 是一个很重要的参数,它决定了算法的时间,同时也影响着算法找到合适模型的概率。下面从两个角度来讨论参数 k 的确定。

定义 w 为所有数据点中内点的比例(只需要合理估计即可),并且定义采样的 n 个点都是内点的情况为一次好的采样(算法步骤(1))。那么易得出一次好的采样概率为 w^n。第一个角度考虑首次出现好的采样时期望采样几次。令 k 为出现第一次好的采样时的采样次数,那么可以得到 k 的概率分布为

$$P(k=t) = (1-w^n)^{t-1} w^n \quad (t = 1, 2, \cdots) \tag{5.14}$$

注意到 k 满足几何分布,根据几何分布的公式 k 的期望为

$$E(k) = \frac{1}{w^n} \tag{5.15}$$

此期望的含义理解为希望能够通过 k 次采样得到一次好采样。同样根据几何分布的公式 k 的标准差为

$$\mathrm{SD}(k) = \sqrt{\frac{1-w^n}{w^{2n}}} = \frac{\sqrt{1-w^n}}{w^n} \tag{5.16}$$

下面换一个角度来看待这个问题,如果希望 k 次采样后能够有一次好采样的概率大于或等于一个定值 p,那么可以得到

$$1 - (1-w^n)^k \geqslant p \tag{5.17}$$

式中:$(1-w^n)^k$ 表示 k 次采样全部为坏采样的概率。

式(5.17)两边取对数化简后,令 k 为满足上述条件的最小值,得到

$$k = \frac{\log(1-p)}{\log(1-w^n)} \tag{5.18}$$

表 5.1 展示了 $p = 0.99$ 的情况下,n 和 w 在不同取值时 k 的根据式(5.18)得到的值。

表 5.1　$p = 0.99$ 的情况下,n,w 和 k 取值的对应关系

	$w = 95\%$	$w = 90\%$	$w = 80\%$	$w = 75\%$
$n = 2$	$k = 2$	$k = 3$	$k = 5$	$k = 6$
$n = 3$	$k = 3$	$k = 4$	$k = 7$	$k = 9$
$n = 4$	$k = 3$	$k = 5$	$k = 9$	$k = 13$
$n = 5$	$k = 4$	$k = 6$	$k = 12$	$k = 17$
$n = 6$	$k = 4$	$k = 7$	$k = 16$	$k = 24$

RANSAC 算法的优点是估计模型的鲁棒性强,对于有大量噪声的数据,它仍可以给出较为精准的参数估计。但是,该算法的时间没有上限(除非穷举所有采样),如果限制迭代次数,就会一定程度限制其得到更好的模型参数。从直线检测的应用上来讲,RANSAC 直线检测在图像中只有一条主要直线时非常有效。如果有两条或两条以上主要直线,可能会导致其检验失败。而 Hough 直线检测算法有检测多条直线的能力。

5.3　Harris 角点检测

直观来讲,角点是指边缘曲线的方向快速变化的位置。由于角点的独特性和在不同视角下有一定的不变性,它们是常用的图像特征匹配手段。角点检测广泛应用于全景图

像拼接、立体视觉、三维重建、相机运动识别等领域。为了使角点在经过变换后的不同图像中都能够被准确定位,好的角点应该具有一系列不变性。不变性基本分为几何不变性和光照不变性。几何不变性是指角点能够应对图像的平移、旋转以及尺度缩放等变换。光照不变性是指角点能够应对图像亮度和对比度的变换。此外,好的角点还应对仿射、投影的复杂的几何变换以及图像的噪声、模糊具有鲁棒性。为了检测出此种具有不变性的角点,这一部分主要介绍 Harris 角点检测算法,5.3.1 节介绍了 Harris 角点检测的基本思想以及数学公式的推导,5.3.2 节介绍了 Harris 角点检测算法的流程。

5.3.1　基本原理

下面介绍由 Harris 和 Stephens 于 1988 年提出的 Harris 角点检测算法[4]。该算法的基本方法是将一个窗口在图像上扫描一遍,就像使用模板对图像滤波一样。滤波的模板用于计算模板中心位置滤波后的灰度值,而窗口用于计算其朝不同方向微小移动后窗口内各像素灰度值的变化。接下来讨论三种场景:第一种,窗口朝不同方向微小移动后各像素灰度值几乎不变,当窗口在平坦或接近平坦的图像区域时会出现这种情况,如图 5.16 中的窗口 A 所示;第二种,窗口朝某一个方向微小移动后灰度变化明显,而朝其垂直方向微小移动后灰度几乎不变,如图 5.16 中的窗口 B 所示;第三种,向不同方向移动后灰度都会发生明显变化,当窗口中包含角点时常出现这种情况,如图 5.16 中的窗口 C 所示。

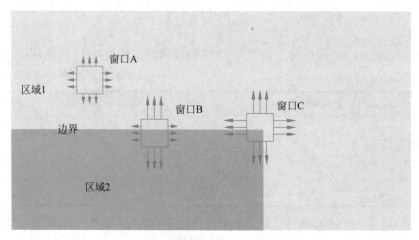

图 5.16　探测窗口出现的三种图像区域 A(平坦)、B(平直边缘)、C(角点)
注:箭头长度表示向该方向移动后窗口灰度值变化大小

设 f 表示一张图像,$f(s,t)$ 表示由 (s,t) 定义的一个窗口,其中 (s,t) 为窗口的中心点。朝 (x,y) 方向移动后相同大小的窗口可以表示为 $f(s+x,t+y)$。这两个窗口内的各像素灰度加权平方差可以由下式表示:

$$C(x,y) = \sum_s \sum_t w(s,t)[f(s+x,t+y)-f(s,t)]^2 \tag{5.19}$$

式中:$w(s,t)$ 是一个加权函数。一般来讲该函数是下面两种形式之一:一是在窗口里

面函数值取 1,窗口外面函数值取 0;二是类似于高斯滤波的模板,表示为指数函数形式,即

$$w(s,t) = e^{-(s^2+t^2)/2\sigma^2} \tag{5.20}$$

两种加权函数如图 5.17 所示。朝 (x,y) 方向微小移动后图像块的灰度值可以用泰勒公式的一阶展开,近似为

$$f(s+x,t+y) \approx f(s,t) + xf_x(s,t) + yf_y(s,t) \tag{5.21}$$

式中: $f_x(s,t) = \partial f/\partial x$, $f_y(s,t) = \partial f/\partial y$,表示 (s,t) 位置处的在 x 方向和 y 方向偏导数。

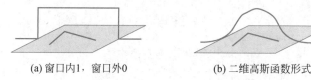

(a) 窗口内1,窗口外0   (b) 二维高斯函数形式

图 5.17 两种加权函数

式(5.19)可以写为

$$C(x,y) = \sum_s \sum_t w(s,t) [xf_x(s,t) + yf_y(s,t)]^2 \tag{5.22}$$

写成矩阵形式

$$C(x,y) = \sum_s \sum_t [x \quad y] \left(w(s,t) \begin{bmatrix} f_x^2 & f_xf_y \\ f_xf_y & f_y^2 \end{bmatrix} \right) \begin{bmatrix} x \\ y \end{bmatrix} \tag{5.23}$$

其中 x 和 y 与求和无关,可以将其提到外面

$$C(x,y) = [x \quad y] \boldsymbol{M} \begin{bmatrix} x \\ y \end{bmatrix} \tag{5.24}$$

式中: $\boldsymbol{M}$ 为 Harris 矩阵,可表示为

$$\boldsymbol{M} = \left(\sum_s \sum_t w(s,t) \begin{bmatrix} f_x^2 & f_xf_y \\ f_xf_y & f_y^2 \end{bmatrix} \right) \tag{5.25}$$

上面的讨论将窗口灰度值变化用数学方式表达为 $C(x,y)$,并写成了矩阵的形式。可以发现, $\boldsymbol{M}$ 是一个实对称矩阵,根据实对称矩阵的性质(不同特征值对应的特征向量正交),它存在两个相互正交的特征向量,它们的方向为 $\boldsymbol{v}_1$ 和 $\boldsymbol{v}_2$。接下来考虑窗口朝不同方向移动时 $C(x,y)$ 的大小,即 (x,y) 为方向不同的单位向量。它们都可以被两个单位长度的特征向量表示

$$\boldsymbol{v} = a\boldsymbol{v}_1 + b\boldsymbol{v}_2 \quad (a^2 + b^2 = 1) \tag{5.26}$$

根据特征向量的性质:

$$\boldsymbol{v}_1^{\mathrm{T}} \boldsymbol{M} \boldsymbol{v}_1 = \boldsymbol{v}_1^{\mathrm{T}} (\lambda_1 \boldsymbol{v}_1) = \lambda_1, \quad \boldsymbol{v}_2^{\mathrm{T}} \boldsymbol{M} \boldsymbol{v}_2 = \lambda_2$$

又根据两个向量的正交性:

$$\boldsymbol{v}_2^{\mathrm{T}} \boldsymbol{M} \boldsymbol{v}_1 = \boldsymbol{v}_2^{\mathrm{T}} (\lambda_1 \boldsymbol{v}_1) = 0, \quad \boldsymbol{v}_1^{\mathrm{T}} \boldsymbol{M} \boldsymbol{v}_2 = 0$$

那么图像块朝 $\boldsymbol{v}$ 表示的方向移动后灰度变化为

$$C(\boldsymbol{v}) = \boldsymbol{v}^{\mathrm{T}} \boldsymbol{M} \boldsymbol{v} = (a\boldsymbol{v}_1 + b\boldsymbol{v}_2)^{\mathrm{T}} \boldsymbol{M} (a\boldsymbol{v}_1 + b\boldsymbol{v}_2) = a^2 \lambda_1 + b^2 \lambda_2 \qquad (5.27)$$

可以发现,此响应在 λ_1 和 λ_2 之间,因此两个特征向量可以表示 C 函数取值最大和最小的方向。如图 5.18 所示,可以根据两个特征值的大小来区分上面讨论的三种情况:两个特征值都很小,表示无论朝什么方向移动 C 都很小,对应平坦区域;一个特征值远大于另一个,表示沿着一个方向移动图像块 C 会很大,但是朝其垂直方向移动 C 会很小,对应平直边缘的区域;两个特征值都很大,说明无论朝哪个方向移动图像块 C 都比较大,对应的就是角点。

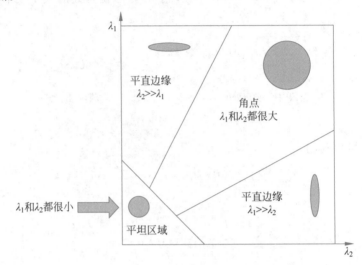

图 5.18 两个特征值大小与图像区域的对应

上面提到可以用两个特征值来区分三种场景,出于计算效率的考虑,Harris 角点检测使用了矩阵 $\boldsymbol{M}$ 的行列式代替了特征值的乘积,使用矩阵 $\boldsymbol{M}$ 的迹代替了行列式的和,这两个等式在数学上是严格成立的。因此,定义如下公式来计算 Harris 角点响应[4]:

$$R = \lambda_1 \lambda_2 - k(\lambda_1 + \lambda_2)^2 = \det(\boldsymbol{M}) - k\,\mathrm{tr}^2(\boldsymbol{M}) \qquad (5.28)$$

式中: k 是一个根据经验确定的常数,它的值取决于具体的实现,一般为 $0.04 \sim 0.06$。

响应 R 在两个特征值都很大的情况下是一个大的正数,表示出现了角点;响应 R 在一个特征值远大于另一个的情况下是一个绝对值很大的负数,表示平直边缘;响应 R 在两个特征值都很小的情况下是一个绝对值很小的数,表示了平坦的区域。 k 可以解释为一个敏感因子, k 越小,Harris 角点检测越容易发现角点。一般设定一个阈值 T,把图像窗口响应 $R > T$ 且为局部最大值的窗口中心点称为角点。

5.3.2 计算流程

前面阐述了 Harris 角点检测的基本思想以及数学的表达,本节介绍算法的具体实现。Harris 角点检测算法基本步骤如下:

(1) 计算图像的梯度用于近似公式中的 f_x 和 f_y,梯度的计算可以选择 Sobel 算子,计算图像梯度前一般需要平滑图像以去除噪声。

（2）令步骤（1）计算的两个方向的梯度为 I_x 和 I_y（是两个矩阵），计算三个梯度的乘积矩阵，$I_x^2 = I_x \odot I_x$，$I_x I_y = I_x \odot I_y$，$I_y^2 = I_y \odot I_y$。

（3）使用加权函数模板分别对 $I_x^2, I_x I_y, I_y^2$ 进行加权，模板大小为窗口大小，图 5.17(a) 所示加权函数对应模板值全为 1，图 5.17(b) 所示加权函数对应二维高斯函数模板。

（4）令加权后生成 M 矩阵的三个元素为 $A = w \otimes I_x^2$，$B = w \otimes I_x I_y$，$C = w \otimes I_y^2$，w 为加权函数。根据式（5.28）计算 Harris 的角点响应 $R = AC - B^2 - k(A + C)^2$。

（5）在邻域内进行非极大值抑制，选取响应高于阈值 T 的局部最大值作为角点。

上述过程中，$\odot$ 代表矩阵对应元素乘运算，即对于矩阵 A 和 B，$(A \odot B)_{ij} = A_{ij} B_{ij}$；$\otimes$ 代表卷积运算。

5.3.3 多尺度 Harris 角点

本节首先讨论 Harris 角点检测的不变性。首先讨论几何不变性，图像平移后窗口可以在平移后的位置检测到角点，图像旋转后 Harris 矩阵的特征向量方向改变但特征值不变，因此不影响角点的检测。由此可见，Harris 角点对于平移和旋转具有不变性。下面讨论光照不变性。由于 Harris 角点采用微分运算，对于图像灰度（强度）的增加和下降不敏感，对于对比度的变换则不会改变 Harris 响应极值的位置，但是可能会影响角点检测的数量。对于图像尺度的缩放，Harris 角点检测不具有不变性。图 5.19(a) 展示了当尺度较小时可以检测到的角点，图 5.19(b) 展示了同样的角点在经过放大后每个探测窗口检测到的都是平直边缘。

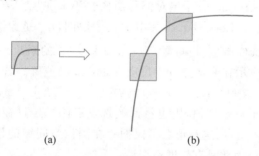

（a）　　　　　　　　　　（b）

图 5.19　尺度放大后导致的 Harris 角点丢失

为了解决上述问题，下面介绍尺度不变的 Harris 角点检测[5]。类似于 Harris 矩阵，提出尺度自适应二阶矩矩阵，定义如下：

$$\mu(\boldsymbol{x}, \sigma_I, \sigma_D) = \sigma_D^2 g(\sigma_I) \otimes \begin{bmatrix} L_x^2(\boldsymbol{x}, \sigma_D) & L_x L_y(\boldsymbol{x}, \sigma_D) \\ L_x L_y(\boldsymbol{x}, \sigma_D) & L_y^2(\boldsymbol{x}, \sigma_D) \end{bmatrix} \tag{5.29}$$

式中：$\boldsymbol{x}$ 为窗口中的所有像素；σ_I 为积分尺度；σ_D 为微分尺度；L_x 为 x 方向的一阶导数，L_y 为 y 方向的一阶导数，求导之前图像使用标准差为 σ_D 的高斯函数平滑。积分尺度 σ_I 则控制了二维高斯函数形式的窗口函数 g 的标准差。

有了上述尺度自适应 Harris 矩阵，就可以在多个尺度上提取 Harris 角点，构造多尺度图像的方法为尺度空间[6]。尺度空间基本思想是用一组平滑参数生成一组逐渐平滑、细节也逐渐消失的图像。这一组图像逐渐模糊的过程模拟了图像在尺度缩小时细节的丢失,而图像的尺寸保持不变。因此,尺度空间用一致的方式来处理不同尺度下的图像结构。

多尺度 Harris 角点生成的具体过程:首先用一组 K 个平滑参数来构造尺度空间。其中第 n 个平滑参数 $\sigma_n = \xi^n \sigma_0$,其中 n 取 $0, 1, \cdots, K-1, \xi$ 和 σ_0 是用于生成尺度空间的常数。这组平滑参数将作为高斯函数的标准差用于后续步骤生成平滑图像。接下来使用尺度自适应二阶矩矩阵在尺度空间中提取多尺度的 Harris 角点。具体来说,对于第 n 个尺度,计算该尺度下的 Harris 矩阵 $\mu(\boldsymbol{x}, \sigma_I, \sigma_D)$,其中积分尺度 $\sigma_I = \sigma_n$,微分尺度 $\sigma_D = s\sigma_n$ 用于平滑图像(文献[5]中取 $s = 0.7$)。使用式(5.28)计算 Harris 响应,对于每个尺度选取 8 邻域的极值点且大于一定阈值的位置作为候选角点。

上述步骤选择了每一尺度上图像空间域的极值,下面在尺度域上进一步筛选候选角点,采用的方法为高斯拉普拉斯(Laplacian of Gaussian, LoG)算子。高斯拉普拉斯算子是对高斯函数求二阶导数,再与图像进行卷积。其等价于先用高斯函数对图像进行平滑,再使用拉普拉斯算子对平滑图像求二阶导数。尺度为 σ 的高斯平滑函数为

$$G_\sigma(x, y) = \frac{1}{2\pi\sigma^2} e^{-(x^2+y^2)/(2\sigma^2)}$$

对其求二阶导数得到尺度为 σ 高斯拉普拉斯函数,即

$$\mathrm{LoG}_\sigma(x, y) = \frac{\partial^2 G_\sigma(x, y)}{\partial x^2} + \frac{\partial^2 G_\sigma(x, y)}{\partial y^2} = \frac{x^2 + y^2 - 2\sigma^2}{\sigma^4} e^{-(x^2+y^2)/(2\sigma^2)} \quad (5.30)$$

用不同尺度参数的归一化 LoG 算子绝对值与图像卷积来在尺度域上寻找极值。对于第 n 个尺度,计算出 $L_n = |\sigma_n^2 \mathrm{LoG}_{\sigma_n}| \otimes I$,其中 I 表示原图,L_n 是原图与归一化 LoG 算子绝对值做卷积得到的 LoG 响应,LoG 的归一化即乘以 σ_n^2 的系数。对于上一步得到的每一个候选点,(x, y, n) 表示在候选点位于尺度 n 的 (x, y) 位置。若其在尺度域上的 LoG 响应不为极值,即 $L_n(x, y) \leqslant L_{n+1}(x, y)$ 或 $L_n(x, y) \leqslant L_{n-1}(x, y)$,则将其删除。若 LoG 响应 $L_n(x, y)$ 小于一定阈值,则也将此候选点删除。经过在尺度域上的筛选剩下的点即为多尺度 Harris 角点,这些角点不仅拥有在图像空间域的位置信息,而且增加了一维在尺度域上的信息,因此具有尺度不变性。

5.4　特征描述子

角点检测可以在图像中找到包含较多信息的关键点,为了在不同的图像中匹配角点,还需要描述角点周围的图像特征。这一部分将介绍几种用于描述角点周围特征的描述子,描述子之间相似性的比较可以用于匹配角点。这些描述子也需要对于尺度缩放、旋转和光照变化等具有不变性。5.4.1 节介绍 SIFT 描述子,5.4.2 节介绍 MOPS 描述子,5.4.3 节介绍 HOG 描述子。

5.4.1　SIFT 描述子

SIFT 尺度不变特征转换是由 Lowe 等提出的在图像中提取不变性特征的算法[7]。

之所以称为转换,是因为其将原图像转换成相对于局部图像特征具有尺度不变性的坐标,并从中提取若干具有不变性的 SIFT 关键点和特征描述子。其对图像尺度变化和旋转具有不变性,对一系列仿射畸变、视角变化、噪声以及光照变化具有鲁棒性。同时,SIFT 也是一种启发式的算法,其中有大量需要通过实验确定的参数。

SIFT 算法的第一步是找到对尺度变化有不变性的图像位置,即关键点。这一步是通过构造尺度空间,并在所有可能的尺度上搜索稳定的特征来实现的。在尺度空间上寻找到的关键点可以表示为 (x, y, σ),其中 x 和 y 表示关键点在图像平面中的位置,σ 表示其在尺度域上的尺度。

与 5.3.3 节中构造尺度空间的方法类似,SIFT 用一组平滑参数确定尺度空间,并将其作为高斯模板的标准差生成一组平滑图像。SIFT 将尺度空间的一组平滑图像称为音阶组。参考了乐理中的音阶,这组图像在尺度域上的范围为 $\sigma \sim 2\sigma$。SIFT 首先用 $s+1$ 个图像将此范围划分成 s 个间隔,这 $s+1$ 个图像进行高斯平滑的标准差(平滑参数)为 $\sigma, k\sigma, k^2\sigma, \cdots, k^s\sigma$,其中 k 为固定常数,且 $k^s\sigma = 2\sigma$。尺度空间将在后续过程中用于计算高斯差分,为了能够覆盖整个尺度空间,需要额外计算两个图像,分别使用标准差为 $k^{s+1}\sigma$ 和 $k^{s+2}\sigma$ 的高斯模板进行平滑,因而每个组共 $s+3$ 个图像。与 5.3.3 节多层 Harris 角点不同,SIFT 通过在图像平面域中下采样并在尺度域采用不同的范围来构造尺度空间金字塔,如图 5.20 所示。图中展示了三层尺度空间金字塔,每一层都是一组图像组成的尺度空间,从下层到上层每组图像尺寸由于下采样而缩小。图 5.20 中每个组将尺度域划分 $s=2$ 个间隔,且每组由 $s+3=5$ 个逐渐平滑的图像组成。一个组的划分相当于在 (x, y, σ) 尺度空间中连续变化的尺度 σ 轴上采样出 $s+3$ 个图像平面 (x, y),可以理解成组是尺度空间的离散化表示。

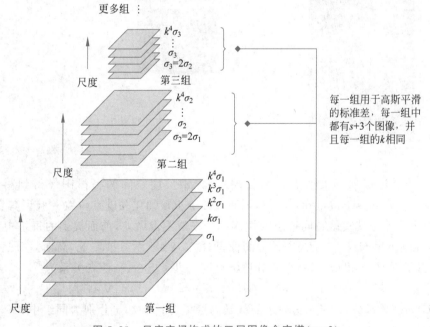

图 5.20　尺度空间构成的三层图像金字塔 $(s=2)$

下面介绍尺度空间金字塔的构造方法。根据划分尺度空间的方法，可以用原图像和 σ_1 来生成第一个组，其中第一组的尺度域范围为 $\sigma_1 \sim 2\sigma_1$。用 σ_1 和常数 k 确定的 $s+3$ 个平滑参数作为高斯平滑的标准差生成第一组图像。第二个组的第一个图像是由原图像下采样（行和列分别采样到原来的一半），再用第一组所用标准差的 2 倍，即 $\sigma_2 = 2\sigma_1$ 进行平滑。第二组用与第一组相同的 k 进行平滑参数的划分，并生成第二组接下来的图像。生成尺度空间图像金字塔的流程如下。

(1) 确定 σ_1，由原图 I_1 和标准差 σ_1 生成第一组。

(2) 由上一组初始图像 I_{i-1} 下采样生成当前组初始图像 I_i，确定当前组的标准差 $\sigma_i = 2\sigma_{i-1}$。

(3) 使用标准差 $\sigma_i, k\sigma_i, k^2\sigma_i, \cdots, k^{s+2}\sigma_i$ 平滑 I_i 生成当前组的多尺度图像。

(4) 重复步骤(2)和(3)直至达到金字塔指定层数。

从图 5.21 中可以观察到，图像在同一组中从下到上以及在金字塔中从下到上变得越来越模糊，这也丢失了更多细节，但是在大体外观上可以保持相似的结构。尺度空间金字塔中的每一层对应了一个组，而每组表示了一个尺度空间。

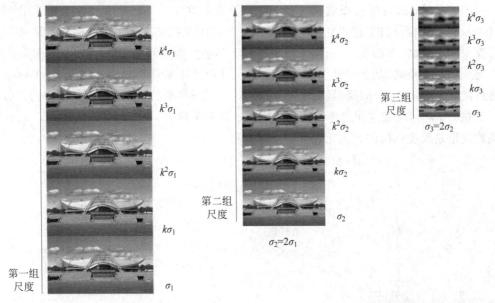

图 5.21　尺度空间构成的图像金字塔的实例

第二步是定位局部极值点作为关键点，先用尺度空间的平滑图像得到高斯差分 (Difference of Gaussians, DoG) 图像，再通过两个步骤细化关键点位置并验证其合理性。SIFT 中高斯差分其实就是同一组的相邻两个平滑图像做差，前面提到的每组中有 $s+3$ 个图像，做差后得到 $s+2$ 个高斯差分图像，如图 5.22 所示。事实上，高斯差分是高斯拉普拉斯算子近似，不仅如此，高斯差分还将尺度信息考虑在内，两者关系为

$$G(x, y, k\sigma) - G(x, y, \sigma) \approx (k-1)\sigma^2 \nabla^2 G \tag{5.31}$$

式中：G 为高斯函数，式子左边表示的就是高斯差分；$k\sigma$ 和 σ 分别为同组中相邻的上下

两层的标准差,∇^2 表示拉普拉斯算子;$\sigma^2 \nabla^2 G$ 为归一化高斯拉普拉斯算子;$k-1$ 在金字塔的每组的每个图像上都是一个常数,不会影响极值的判断。

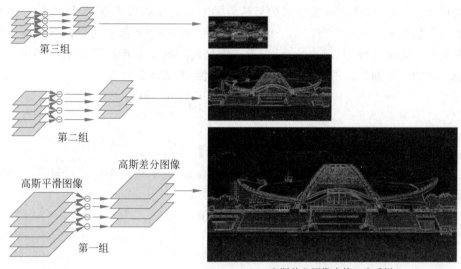

第三组

第二组

高斯差分图像

高斯平滑图像

第一组

高斯差分图像中的一个采样

图 5.22 尺度空间 $s+3$ 个高斯平滑图像生成的 $s+2$ 个高斯差分图像

令 L 表示高斯平滑后的图像,例如第一组的第一张图像可以表示为

$$L_1(x,y,\sigma_1) = G(x,y,\sigma_1) \otimes f(x,y) \tag{5.32}$$

类似地,第一组的第二张图像为 $L_1(x,y,k\sigma_1)$。令 D 表示高斯差分图像,根据上面的讨论第一组的第一张差分图像为

$$D_1(x,y,\sigma_1) = L_1(x,y,k\sigma_1) - L_1(x,y,\sigma_1) \tag{5.33}$$

即

$$D_1(x,y,\sigma_1) = [G(x,y,k\sigma_1) - G(x,y,\sigma_1)] \otimes f(x,y) \tag{5.34}$$

至此在金字塔中每个尺度空间上都构造了两组图像,一组是高斯平滑图像 L,另一组是高斯差分图像 D。

下面介绍 SIFT 在每一组高斯差分图像中寻找极值的方法,如图 5.23 所示。对于第 i 组中一个高斯差分图像 D_i 中的每个位置(图 5.23 中深色位置),此位置的 $D_i(x,y,\sigma)$ 与其同一图像的 8 个邻居比较,再与其上下两个同组图像的 9 个邻居比较。若 (x,y,σ) 位置的值大于或小于所有上述邻居,则称为极值。每一组的最下层和最上层两个图像不会提取极值。因此,每一组 $s+2$ 张高斯差分图像中,会在中间 s 个图像中寻找极值点。

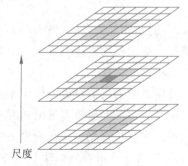

尺度

图 5.23 高斯差分图像中深色位置像素与灰色邻居比较寻找极值

经过上面的步骤,金字塔中的每一个组都能得到极值点,这些极值点的坐标定义在这一组所

代表的尺度空间上,并以离散的形式表示。例如,某组中的一个极值点坐标为(x,y,σ),σ 表示极值点位于该组的第几个图像上,(x,y)表示在图像中的像素坐标,其范围是该组图像的尺寸。但是,前面在离散空间的极值点并不是真正的极值点,需要细化关键点来提高关键点精确度。采用的方法是子像素插值,利用已知的离散空间点插值得到连续空间的极值点。高斯差分 $D(x,y,\sigma)$ 可视为三维尺度空间中的连续三元函数,SIFT 使用泰勒展开式的一次和二次项来进行插值,用向量的形式表示为

$$D(x) = D + \left(\frac{\partial D}{\partial x}\right)^T x + \frac{1}{2} x^T \frac{\partial}{\partial x}\left(\frac{\partial D}{\partial x}\right)x$$

$$= D + (\nabla D)^T x + \frac{1}{2} x^T H x \qquad (5.35)$$

式中:D 及其导数都在采样点处计算;$x = (x,y,\sigma)^T$ 表示从采样点处的偏移,∇ 为梯度运算符,且有

$$\nabla D = \frac{\partial D}{\partial x} = \begin{bmatrix} \partial D/\partial x \\ \partial D/\partial y \\ \partial D/\partial \sigma \end{bmatrix} \qquad (5.36)$$

H 为海森矩阵,且有

$$H = \begin{bmatrix} \partial^2 D/\partial x^2 & \partial^2 D/\partial x \partial y & \partial^2 D/\partial x \partial \sigma \\ \partial^2 D/\partial y \partial x & \partial^2 D/\partial y^2 & \partial^2 D/\partial y \partial \sigma \\ \partial^2 D/\partial \sigma \partial x & \partial^2 D/\partial \sigma \partial y & \partial^2 D/\partial \sigma^2 \end{bmatrix} \qquad (5.37)$$

式(5.35)对偏移量 x 求导,并令其为零,得到极值时的偏移量

$$\hat{x} = -H^{-1}(\nabla D) \qquad (5.38)$$

式中:$\hat{x}$ 代表相对插值中心的偏移量,当它在任一维度(x 或 y 或 σ)上的偏移量大于 0.5 时,意味着插值中心已经偏移到它的邻近点上,所以必须改变当前关键点的位置。同时在新的位置上反复插值直到收敛;也有可能超出所设定的迭代次数或者超出图像边界的范围,此时这样的点应该删除。Lowe[7]提出做 5 次迭代,最终将偏移 $\hat{x}$ 加到收敛后的位置上,可以达到亚像素精度。为了得到极值点上 D 的值,将式(5.38)代入式(5.35)得到

$$D(\hat{x}) = D + \frac{1}{2}(\nabla D)^T \hat{x} \qquad (5.39)$$

Lowe[7]的实验结果表示,当 $D(\hat{x})$ 的绝对值小于 0.03 时(图像灰度值范围为 $[0,1]$)拒绝该极值。细化后的关键点可以表示为 $X + \hat{x}$,其中 X 为收敛到的离散坐标,$\hat{x}$ 表示细化到亚像素精度的偏移。

高斯差分的极值点可能位于平直边缘,但是 SIFT 算法的关键点对角点更感兴趣,这些位于平直边缘的极值点需要被消除。下面用局部曲率量化表示平直边缘和角点的区别。平直边缘可以刻画为在一个方向上有很高的曲率,而在其垂直方向有较低曲率。在关键点 X 所在高斯差分图像 D 的对应位置计算海森矩阵来得到该点的曲率:

$$H = \begin{bmatrix} \partial^2 D/\partial x^2 & \partial^2 D/\partial x \partial y \\ \partial^2 D/\partial y \partial x & \partial^2 D/\partial y^2 \end{bmatrix} \qquad (5.40)$$

其中 $\boldsymbol{H}$ 的两个特征值与两个方向的曲率成正比。令海森矩阵大小两个特征值为 α 和 β，用矩阵的行列式和矩阵的迹代替两个特征值的积与和，并且令 r 为 α 和 β 两个特征值的比，可得

$$\frac{\mathrm{tr}^2(\boldsymbol{H})}{\det(\boldsymbol{H})} = \frac{(\alpha+\beta)^2}{\alpha\beta} = \frac{(r\beta+\beta)^2}{r\beta^2} = \frac{(r+1)^2}{r} \tag{5.41}$$

式(5.41)只取决于两个特征值的比例，当两个特征值相等时，$(r+1)^2/r$ 取得最小值，且随着 r 增大而增大。对 r 设置一个阈值 T_r，并使用

$$\frac{\mathrm{tr}^2(\boldsymbol{H})}{\det(\boldsymbol{H})} < \frac{(T_r+1)^2}{T_r} \tag{5.42}$$

来验证 $\boldsymbol{H}$ 对应的特征值比例（两个方向曲率的比例）是否小于阈值 T_r。

第三步为每一个关键点根据局部图像性质分配一个方向，这样可以根据此方向来计算描述子，实现描述子对图像旋转的不变性。在平滑图像 L 上可以用下式计算 (x,y) 位置梯度的幅值和方向：

$$M(x,y) = \sqrt{[L(x+1,y)-L(x-1,y)]^2 + [L(x,y+1)-L(x,y-1)]^2} \tag{5.43}$$

$$\theta(x,y) = \arctan[(L(x,y+1)-L(x,y-1))/(L(x+1,y)-L(x-1,y))] \tag{5.44}$$

每个关键点 $\boldsymbol{X}$ 根据其所在组和尺度确定平滑图像和邻域大小，在邻域中采样来形成方向直方图，并用 36 个柱的直方图来覆盖图像平面的 $360°$ 角度的范围。每一个采样根据其与关键点的距离，将梯度幅值经过高斯函数加权后累加到对应方向的直方图柱上。

直方图的最高峰值对应的是局部梯度的主方向。除了最高的峰值以外，对其他高于 80% 最高峰值的局部峰值（高于相邻两个柱）也会创建对应方向的关键点。这些关键点在尺度空间的位置（图像平面的位置及其尺度）都是相同的。一般来讲，只有约 15% 的关键点会被 SIFT 算法分裂出多个不同方向相同位置的关键点，这可以明显地提高关键点匹配的稳定性。最后，为了进一步提高角度定位的精准度，用峰值及其相邻的两个直方图值进行抛物线插值，设插值的抛物线方程为 $h(t)=at^2+bt+c$，其中 a、b 和 c 为抛物线的系数，t 为自变量，$t \in [-1,1]$，表示相对于峰值的偏移。因为已知 $h(-1)$、$h(0)$ 和 $h(1)$ 的值分别对应峰值左边、峰值和峰值右边三个直方图的值，将它们代入方程解得三个参数：

$$\begin{cases} a = \dfrac{h(1)+h(-1)}{2} - h(0) \\[2mm] b = \dfrac{h(1)-h(-1)}{2} \\[2mm] c = h(0) \end{cases} \tag{5.45}$$

通过抛物线插值得到更精确的峰值位置，得到其对应的偏移为

$$\hat{t} = \frac{-b}{2a} = \frac{h(-1)-h(1)}{2[h(-1)+h(1)-2h(0)]} \tag{5.46}$$

前面的步骤确定了极值点在尺度空间中的位置来实现了尺度不变性,并且通过细化关键点和筛除平直边缘点,得到了亚像素精度的关键点。此外,通过直方图统计出关键点的方向。最后这些位于尺度空间金字塔不同组的关键点,需要乘以对应下采样倍率,将图像平面的位置统一到第一组图像的坐标上。

第四步是在关键点周围区域计算描述子,描述子不仅要有区分性,而且要有尺度、方向和光照的不变性。可以用这些描述子确定在多个图像中局部区域的匹配。

图 5.24 总结了 SIFT 生成每个特征点描述子的方法。以关键点为中心取出周围 16×16 的像素区域,并根据式(5.43)和式(5.44)计算出区域中每个位置的梯度幅值和方向,在左上角图中显示为随机的箭头。为了实现描述子在方向上的不变性,描述子的坐标及梯度方向都相对于关键点的方向进行旋转。之后用高斯加权函数对每个点的梯度幅值进行加权,在图中显示为虚线圆圈。可以将此加权函数想象成一个钟形的曲面,中心权值高,边上权值低。其目的是减少某一位置微小的变化引起的整个描述子的突然改变。

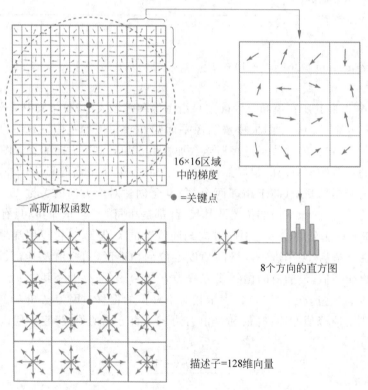

图 5.24 提取关键点描述子的方法

每个关键点会计算出周围 16×16 个梯度方向及高斯函数加权后的幅值。将这些梯度划分成 4×4 个子区域,每个区域包含 16 个梯度,图 5.24 右上角的图展示了其中一个子区域。并将梯度方向划分为 8 个方向,每个方向相差 45°,按照 4×4 个子区域和 8 个方向来统计直方图,如图 5.24 左下角的图所示。在构造 4×4×8 的直方图过程中,对于

16×16 区域内的每个像素,SIFT 并没将加权后的梯度幅值直接加到子区域和角度距离其最近的直方图上,而是使用了三线性插值将其按比例分配到相邻的直方图上。图 5.25 进一步解释了三线性插值的原理。在这一步要构建 4×4×8 的直方图,如图 5.25(a)所示直方图的 x 轴和 y 轴表示了图像平面,按照子区域划分出 4×4 个直方图。如图 5.25(b)所示 z 轴表示方向角,按照 45° 的间隔划分出 8 个直方图,且该轴第 7 个直方图与第 0 个直方图相邻。图 5.25 所示的区域内一点 P,其所在子区域坐标为 (1,2),其梯度方向最靠近 270°(在角度轴上最靠近第 6 个直方图)。若不采用三线性插值,则其加权梯度幅值 M 会直接加到离其最近的 (1,2,6) 位置的直方图上。SIFT 所用的三线性插值方法则将加权梯度幅值 M 按比例分配到在 x、y、z 三个轴上相邻的 8 个直方图中,如图 5.25(c)的立方体所示,立方体 8 顶点表示在位置和角度上距离点 P 最近的 8 个直方图。具体分配方式:加权幅值 M 会在三个轴上乘 $1-d$ 后加到相应的直方图中,其中 d 是像素位置或方向距离直方图中心的距离,此距离是在直方图坐标下的,并且只对相邻的直方图有贡献,因此 $d \in [0,1)$。以计算点 P 对 (1,1,5) 位置的直方图的贡献为例,点 P 在 x 轴和 y 轴与子区域 (1,1) 中心点的距离分别为 d_{x0} 和 d_{y0},在角度上与第 5 个直方图(代表 225°)的距离为 d_{z0}。d_{x0}、d_{y0} 和 d_{z0} 三个距离都应转化为 0~1 之间的直方图坐标。以 d_{z0} 为例,设 P 的角度为 250°,那么

$$d_{z0} = \frac{250 - 225}{45} = \frac{5}{9}$$

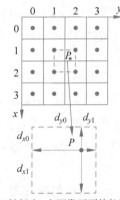

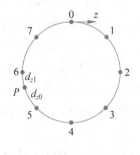

(a) 特征点 P 在图像平面的位置   (b) 特征点 P 的方向在角度轴的位置

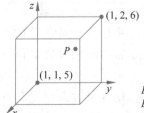

(c) 特征点 P 对相邻直方图的贡献

$B(x, y, z)$ 表示特征点 P 对直方图 (x, y, z) 处的贡献,点 P 对相邻 8 个直方图均有贡献,以图中标注出的两点为例

$B(1, 1, 5) = (1-d_{x0})(1-d_{y0})(1-d_{z0})M$
$B(1, 2, 6) = (1-d_{x0})(1-d_{y1})(1-d_{z1})M$

图 5.25   三线性插值分配直方图

转换成直方图坐标之后,在三个轴上乘以 $1-d$ 进行分配,那么点 P 对 $(1,1,5)$ 位置的直方图的贡献为

$$B(1,1,5)=(1-d_{x0})(1-d_{y0})(1-d_{z0})M$$

对区域内 16×16 个像素都按照上述方法进行三线性插值分配,最终统计出 $4\times4\times8$ 的直方图。

上面构造了 $4\times4\times8$ 的直方图,并由此构造出 128 维向量作为描述子。为了减弱光照的影响,SIFT 还对描述子进行两步归一化:第一步是将此向量归一化到单位长度,这一步使描述子对图像对比度变化具有不变性。相机饱和度等原因仍然可能产生非线性的光照变化,这些影响可能会导致一些梯度相对幅值的巨大变化,但是不太会影响其方向。第二步设定了一个 0.2 的阈值,将归一化后的向量大于阈值的每一维都设为 0.2,之后再归一化到单位长度。

5.4.2 MOPS 描述子

MOPS 描述子是由 Brown 等在 2005 年提出的具有不变性的特征[8],其相对于 SIFT 特征描述子实现更加简单。对于图像尺度变化不大的任务,如图像拼接,可以使用 MOPS 特征描述子方便计算。

MOPS 算法的第一步是提取关键点,关键点的提取采取的是多层 Harris 角点检测。与 5.3.3 节所述有所不同,MOPS 使用高斯金字塔提取多尺度角点而非使用尺度空间。首先对于输入图像 $I(x,y)$ 构建了高斯图像金字塔 $P_l(x,y)$,采用的金字塔图像平滑的标准差 $\sigma_p=1.0$ 和下采样率 $s=2$,在每一层金字塔都提取 Harris 角点,下式高度凝练了 5.3 节中讨论的 Harris 矩阵构造的过程:

$$\boldsymbol{H}_l(x,y)=g_{\sigma_i}(x,y)\,\nabla_{\sigma_d}P_l(x,y)\,\nabla_{\sigma_d}P_l(x,y)^{\mathrm{T}} \tag{5.47}$$

式中:$\boldsymbol{H}_l(x,y)$ 为金字塔 l 层中 (x,y) 位置对应的 Harris 矩阵;∇_{σ_d} 为用 $\sigma_d=1.0$ 的高斯平滑后再提取梯度的算子;$\nabla_{\sigma_d}P_l(x,y)$ 为该算子在金字塔 l 层图像 $P_l(x,y)$ 中提取的图像二维梯度向量;$g_{\sigma_i}(x,y)$ 为 Harris 角点检测中提到的窗口高斯加权函数,其中 $\sigma_i=1.5$。

与 5.3 节中不同的是,MOPS 中计算的 Harris 角点的响应为

$$R_l(x,y)=\frac{\det(\boldsymbol{H}_l(x,y))}{\mathrm{tr}(\boldsymbol{H}_l(x,y))}=\frac{\lambda_1\lambda_2}{\lambda_1+\lambda_2} \tag{5.48}$$

在 3×3 邻域内寻找角点响应 R_l 的局部极大值并且高于阈值 T 的点作为角点。角点精度会被进一步细化到亚像素精度,即使用 3×3 邻域的响应值拟合一个二维的二次函数并找到最大值点。

对于每一个关键点,要计算关键点的方向,使其对方向变化具有鲁棒性。关键点的方向定义为其梯度方向,但与式(5.47)不同的是,此梯度定义为 $\nabla_{\sigma_o}P_l(x,y)$,其中 $\sigma_o=4.5$,也就是说提取梯度时高斯平滑采用了更大的标准差,这样对关键点方向的估计更加具有鲁棒性。

第二步是计算描述子,其需要实现在图像特征之间的可靠高效匹配。MOPS 在关键点分布在高斯图像金字塔不同的层次上,层次越高,该层图像采样率越低。MOPS 描述子在关键点周围采样图像,所用的采样率低于关键点所在金字塔层次的采样率,这样提取的特征对于关键点位置更不敏感。对于一个有方向的特征点 (x,y,l,θ),其中 l 为其所在金字塔层次,θ 为关键点方向。在亚像素级的关键点位置周围采样 8×8 像素的图像块,采样点之间采取 5 像素的间隔,如图 5.26 所示。为了保证描述子具有方向不变性,采样时需要根据关键点的方向进行旋转。采样之后,此图像块需要归一化使得平均值为 0,标准差为 1,这使得特征对灰度值的仿射变换(亮度变化和对比度变化)具有不变性。最后,对 8×8 的图像块使用 Haar 小波变换,生成一个 64 维的包含小波系数的描述子向量。

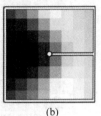

(a)   (b)

图 5.26　MOPS 采样的 8×8 像素的图像块[8]

5.4.3　HOG 描述子

HOG 描述子用梯度方向统计直方图来表示图像的物体特征,并用于该类物体检测。梯度直方图的思想最早由 McConnell 在 1986 年提出,用于模式识别[9],直至 2005 年 Navneet Dalal 和 Bill Triggs 通过 HOG 描述子与支持向量机相结合在静态图像中识别行人[10],才开始得到广泛应用。下面先介绍 HOG 描述子是如何构造检测行人描述子的。

假设有一个行人的图像块,计算 HOG 描述子的第一步是直接计算图像梯度,其最常用的模板是一维中心对称的模板,如图 5.27 所示,可以将其理解为 5.1.2 节中介绍的 Prewitt 算子的一维情况。Dalal 和 Triggs 也测试了 Sobel 算子等更为复杂的模板来计算两个方向的梯度,但是这些模板在检测行人的任务中表现不佳。通常来讲,计算梯度前需要对图像进行平滑,但是他们通过实验发现省略求图像梯度前的高斯平滑步骤甚至会使得 HOG 描述子在行人检测中表现更好。

图 5.27　HOG 使用的梯度检测算子

第二步是通过梯度的幅值和方向统计直方图。在第一步中求出了 x 方向和 y 方向的梯度,可以根据式(5.2)和式(5.3)计算出梯度的幅值和方向。之后将图像分割成 8×8 的网格,如图 5.28 所示,计算每个网格中的梯度直方图。梯度的方向可以分为有符号梯度和无符号梯度两种:有符号梯度方向定义为 $0^\circ\sim360^\circ$;无符号梯度方向定义为 $0^\circ\sim180^\circ$,一个梯度的方向以及它旋转 180° 之后的方向被认为是一样的。Dalal 和 Triggs 发现,在行人检测任务中使用无符号梯度效果更佳,因此将 $0^\circ\sim180^\circ$ 的范围划分为 9 份构造直方图,直方图中的每一个柱表示 20° 的范围。网格中的每个点都将其梯度的幅值加到其方向对应的直方图的柱中。

图 5.28　HOG 中 8×8 网格的划分
（深色框代表归一化使用
的 16×16 块）

第三步是归一化。HOG 将每 4 个网格组合成 16×16 的块再进行归一化,如图 5.28 中的深色框所示。每个深色框范围中包含 4 个网格,也就是说有 4 个 9 柱的直方图,将它们组成 36 维向量。以图 5.28 为例,图像共可以提取出 105(15 行×7 列)个 16×16 的块,每个块都有一个归一化的 36 维向量,将这些向量拼接可以得到 36×105=3780 维的向量作为描述子即可描述一个行人的图像块。

如果用 HOG 描述关键点附近的特征,可以采取类似的方法。假设在图像中已经检测出了 Harris 角点,之后在角点周围选取一个 16×16 的块,将其按照上述方式划分成 4 个 8×8 的网格。分别对每个网格计算直方图,并在 16×16 的块中将 4 个直方图归一化生成 36 维向量作为描述此关键点的特征描述子。HOG 描述子计算简单,对于光照和平移变换具有不变性,但是无法应对物体的旋转。由于使用网格在空间上粗略采样并采用了归一化处理,HOG 能够忽略行人身体移动造成的影响,检测出直立状态下的行人。

5.5　特征匹配

前面几节介绍的 SIFT 算法、MOPS 算法等已经检测出了一系列特征点,并且对于每个特征点能够知道其在图像中的位置,以及描述特征点局部图像信息的描述子,这些描述子一般被表示成向量的形式。希望在图像之间找到特征点的匹配,使得匹配的特征点对的描述子尽可能相似。在 5.5.1 节中介绍了如何高效地求解特征点的匹配。在 5.5.2 节中介绍了通过两张图像中的若干对匹配点求解单应性矩阵来描述图像间像素的变换,从而实现图像对齐。

5.5.1　匹配计算

假设有一个待匹配的特征点,需要在其他图像的特征点集合中找到描述子最相近的特征点作为匹配,其本质是一个最近邻搜索问题。

d 维空间 R^d 中的一个向量称为样本点,由有限样本点组成的集合为样本集。例如,一个 SIFT 描述子可以定义为 128 维空间中的一个样本,而从一个图像中提取的全部特征点的描述子可以构成一个样本集。最近邻搜索问题定义为给定一个样本集 E 和一个样本集之外的样本点 q,寻找 q 在 E 中的最邻近 p,使得任意样本集中的 p',都满足 p 与 q 的距离不大于 p' 与 q 的距离。此距离其实是特征点描述子的匹配度,一般用欧几里得距离来衡量。下面介绍几种常用的解决最邻近问题的方法。

首先是最简单直接的穷举法。穷举所有样本集 E 中的样本 p',并计算其与 q 的距离,找到距离最小的样本 p 即为最邻近。穷举法的优点是算法简单,并且能够确定地寻找到最邻近。假设样本集 E 中一共有 n 个样本,穷举法查询一次的时间复杂度为 $O(nd)$,即样本数量与维度的乘积,当样本集中样本数量过多时,会导致穷举法效率下降。

下面介绍使用局部敏感哈希(也称为位置敏感哈希,LSH)的方法。LSH 的基本思想:先对所有样本进行位置敏感哈希,这种哈希在两个样本距离越相近时,它们之间发生哈希冲突的概率越大。在预处理阶段,计算样本集 E 中每个样本的哈希值 $\text{key}(p)$,将哈希值相同的样本放到一起称为桶,桶可以根据哈希值来索引。在查询时先对待查询的样本 q 做同样的哈希处理,并根据得到的哈希值索引对应的桶。之后计算样本 q 与这个桶中所有样本的距离,并找出桶内与样本 q 的最邻近样本。用桶内的计算代替全局的计算,这样能够在保证成功概率的同时提高速度。相比于穷举法,使用 LSH 的最邻近算法效率更高,但是有概率无法找到最邻近的样本。

由上面的讨论可以看出,使用 LSH 查询最邻近样本的效率和质量的好坏主要取决于哈希函数。下面介绍一种基于向量夹角余弦的 LSH,用两个向量的夹角来衡量两个向量是否相似,向量夹角越小,越相似。两个向量夹角的余弦定义为

$$\cos(x_1, x_2) = \frac{x_1 \cdot x_2}{\| x \| \| y \|} \tag{5.49}$$

任意两个向量夹角为 $0° \sim 180°$,因此 $\cos(x_1, x_2) \in [-1, 1]$。首先在 d 维空间 R^d 中随机选取 m 个单位向量 $w_1 \cdots w_m$。对于样本集 E 中每个样本 x,计算其与上述 m 个单位向量的夹角余弦。根据余弦值的符号来构造哈希函数的哈希值(或称为键):

$$\text{key}(x) = (\text{key}_1(x), \cdots, \text{key}_m(x))^{\text{T}} \tag{5.50}$$

可以认为是一个 m 维向量,且每一维只有 $+1$ 和 -1 两个取值,其中

$$\text{key}_i(x) = \begin{cases} +1, & \cos(x, w_i) \geqslant 0 \\ -1, & \cos(x, w_i) < 0 \end{cases} \tag{5.51}$$

这样最多有 2^m 种键,每种键对应着一个桶。将样本集中的样本根据键放入对应的桶中,同一个桶中样本点的键相同。如果想查询样本 q 的最邻近,就要先计算出 $\text{key}(q)$,再与 $\text{key}(q)$ 所对应的桶中的所有样本计算距离选取最邻近。这种算法预处理的复杂度为 $O(nmd)$,查询一次的复杂度为 $O(md + n_i d)$,其中 n 是样本集 E 的大小,i 是查询样本 q 的键,n_i 是键为 i 的桶内的样本数量。当查询大量样本时,利用局部敏感哈希能够大大提高效率。

下面介绍一种基于 KD 树的最邻近搜索算法。KD 树是 Jon Louis Bentley 提出的空间划分的方法[11],主要用于多维空间的数据搜索,最邻近搜索正是其应用之一。

首先介绍 KD 树的构建过程。对于 K 维空间的样本集,构造一个二叉树的结构,二叉树上的每个非叶子节点都代表了对 K 维空间的一个超平面划分。构建 KD 树的流程图如图 5.29 所示,递归地展开 KD 树,即划分样本点。对于每一次展开,首先选择样本点方差最大的维度 $k_i \in \{1, 2, \cdots, K\}$ 进行超平面的划分,对维度 k_i 计算所有样本点在此维

度下的中位数 k_v,并用其分割样本点,第 k_i 维小于 k_v 的样本点将其划分到左子树,否则将其划分到右子树。之后对于左右子树分别递归地向下划分,最后构造出 KD 树。构造 KD 树时,除了可以根据样本点在此维度下的方差的大小顺序来选择,也可以直接按照第 1 维、第 2 维······第 K 维的顺序来选择。

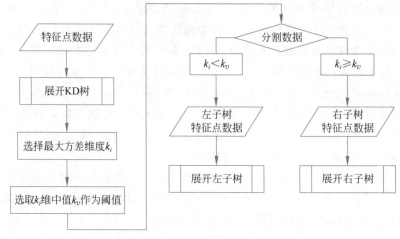

图 5.29　KD 树构建流程图

KD 树构造完成后,接下来需要用查询算法来找到距离样本最近的点,所需要的数据结构为一个记录样本点的栈。在构建好的 KD 树上查询样本点 q 的最邻近的算法如下。

（1）从 KD 树的根节点开始,根据划分深度优先搜索到最底层的划分点 p_0（p_0 是 KD 树中的叶子节点）,并将搜索路径上的点放到栈中。

（2）初始设置最底层的划分点 p_0 作为最邻近点,并初始化最短距离为 p_0 与 q 的距离。

（3）通过栈回溯,对比当前栈顶点 p_{top} 和 q 的距离与当前的最短距离,若当前栈顶点距离 q 更近,则更新当前栈顶点为最邻近点,最短距离更新为 p_{top} 和 q 的距离。

（4）比较样本点到栈顶划分的超平面的距离和当前最短距离,如果当前最短距离更大,那么说明样本点以最短距离画出的超球面与栈顶划分的超平面相交。这种情况下需要进入划分另一边的子树进行搜索,按照步骤（1）中的深度优先搜索方法进入最底层并回溯。否则,不进入另一边的子树搜索,栈顶出栈,回溯至上一层。

（5）如果回溯到根节点,即根节点出栈之后,那么结束搜索得到最邻近点及其距离。

5.5.2　图像对齐

本节介绍如何使用基于图像特征点的方法来实现图像对齐。前面已经介绍了如何在图像中寻找特征点,并且能够通过特征点的描述子寻找最邻近的特征点。有了这些知识,假设给定两个图像,能够在这两个图像中分别提取特征点,并寻找到一组特征点的匹配。通过对齐这些匹配的特征,可以计算一种映射使得一个图像能够变化为另一个,即图像的对齐。

图像对齐算法的核心是计算一个简单的 3×3 矩阵,称为单应性矩阵。单应性矩阵描述了两个平面之间的映射关系,如果两个图像中的特征点都落在同一个平面上,那么这两张图之间的关系可以用单应性矩阵描述。

单应性矩阵是如下形式的 3×3 矩阵:

$$\boldsymbol{H} = \begin{bmatrix} h_{11} & h_{12} & h_{13} \\ h_{21} & h_{22} & h_{23} \\ h_{31} & h_{32} & 1 \end{bmatrix} \tag{5.52}$$

令 (u_1,v_1) 和 (u_2,v_2) 表示一对在第一个和第二个图像中匹配的两个特征点的像素位置,用齐次坐标表示它们通过单应性矩阵的变换关系:

$$s\begin{bmatrix} u_2 \\ v_2 \\ 1 \end{bmatrix} = \begin{bmatrix} h_{11} & h_{12} & h_{13} \\ h_{21} & h_{22} & h_{23} \\ h_{31} & h_{32} & 1 \end{bmatrix}\begin{bmatrix} u_1 \\ v_1 \\ 1 \end{bmatrix} \tag{5.53}$$

单应性矩阵的求解在 3.2.3 节有详细的讲解,最少可以通过 4 对匹配求解单应性矩阵。

得到单应性矩阵 $\boldsymbol{H}$ 之后,对第一个图像中的任意一个像素可以通过式(5.53)求解在第二个图像中的对应像素。实际中可以在图像中找到很多对匹配的特征点,因此得出的方程是一个超定方程组,一种选择是求解最小二乘解来求解单应性矩阵。但是,考虑到会出现误匹配的情况,可以使用 5.2.3 节中介绍的 RANSAC 算法来剔除误匹配的外点,得到更为精准的单应性矩阵。

本章小结

本章主要介绍了几种图像的特征,包括边缘、线和角点,并介绍了它们的检测方法。5.1 节主要介绍了图像边缘的概念,对边缘建模并发现梯度计算在检测边缘的重要作用。此外,该节介绍了几种计算梯度的边缘检测算子以及 Canny 边缘检测算法。5.2 节介绍了图像中直线的这一重要特征,首先介绍了相对简单的模板卷积方法检测图像中的特定直线,为检测更多种类直线该节介绍了参数化的方法,包括用 Hough 变换来实现直线检测和 RANSAC 算法实现直线检测。RANSAC 算法能够有效地应对噪声的影响,但是只适用于一条直线的检测;Hough 直线检测则可以检测多条直线。5.3 节中寻找的是图像中的角点特征,介绍了 Harris 角点检测算法,通过使用数学公式表达探测窗口在移动时的灰度值变化,计算出 Harris 角点响应大的点为角点。使用多尺度 Harris 角点检测算法,增加了 Harris 角点的尺度不变性。5.4 节介绍了三种特征描述子,分别为 SIFT 描述子、MOPS 描述子和 HOG 描述子。这些描述子可以不同程度地应对尺度、旋转和光照的变化。SIFT 描述子对尺度、旋转和光照具有很强的不变性,但是计算复杂度较高。MOPS 描述子能够较为简便地计算,适用于尺度变化不大的图像匹配问题。HOG 描述子的计算最为简单,但是无法适应物体的旋转。5.5 节介绍了如何使用这些有描述子的特征点在图像之间进行高效率的匹配。最后介绍了根据匹配的特征点通过估计单应性矩阵来对齐图像。

习题

1. 参考图 5.2 画出屋顶边缘模型的灰度剖面及其一阶导数和二阶导数的函数图像。

2. 使用 OpenCV 中提供的 Canny 边缘检测函数来编程实现边缘检测,并理解其中参数的含义。

3. 参考图 5.13 构造出检测宽度为 2 像素的水平直线的模板和宽度为 2 像素的垂直直线的模板。

4. 设计在边缘图像中检测圆的 RANSAC 算法,并写出伪代码。

5. 使用 OpenCV 中提供的 Harris 角点检测函数来编程实现角点检测,并理解其中参数的含义。

6. 在 SIFT 描述子的计算中,参考图 5.24 中左上角 16×16 的图像块。在图像块坐标下位置为 $(4,4)$ 的像素(左上角 4×4 区域中的右下角像素),假设其梯度的方向为 $0°$,幅值为 128。试问此像素会对直方图中的正方体分别贡献多少权值?例如,此像素会对第一行第一列角度为 $0° \sim 45°$ 的正方体贡献大小为 25 的权值。

7. 考虑二维空间中的一个样本集 $E = \{(2,3),(5,4),(9,6),(4,7),(8,1),(7,2)\}$,按照 x 轴和 y 轴循环划分的顺序构建 KD 树,并在 KD 树上分别搜索样本 $(2.1, 3.1)$ 和样本 $(2, 4.5)$ 在 E 中的最邻近样本点。

参考文献

第

6

章

识别与检测

在计算机视觉领域,分析场景并识别场景中的所有感兴趣目标是一个极具挑战性的任务。这是因为现实场景通常由多种目标组成,这些目标可能呈现不同的姿态,相互之间还会存在遮挡。为了实现对图像场景的准确理解,首先需要识别图像中的目标,并确定其在图像中的位置,即图像识别和目标检测。目前,图像识别与检测技术已广泛应用于智能安防、智慧城市、自动辅助驾驶、遥感图像判读等领域,具有广阔的应用前景。在第 5 章特征检测与描述的基础之上,6.1 节将介绍一些关于图像识别与目标检测的基础知识,6.2 节和 6.3 节将分别介绍解决这两个视觉任务的经典方法。

6.1 基础知识

本节将介绍图像识别和目标检测的基本概念、评价指标以及常用数据集。

6.1.1 图像识别

图像识别是指利用计算机对图像进行处理、分析和理解,从而识别出图像或视频序列中的感兴趣对象类别的技术,如图 6.1 所示。图像识别是计算机视觉领域的基础任务,也是许多高层视觉任务的技术支撑。在早期,研究人员利用统计学习方法在图像识别任务上取得了一些进展,并开发了一些手工标注的数据集,以用于测试和评估图像识别系统。直到 2012 年,基于卷积神经网络的 AlexNet 在 ImageNet 图像识别竞赛中一枝独秀,从此为深度学习方法在计算机视觉上的应用打开了大门。为了与深度学习方法区分,其之前的方法

图像识别 ⟹ "猫"

图 6.1 图像识别示意图

一般称为传统方法。

6.1.2 目标检测

图像识别任务往往假定只有一个主体目标需要识别,并仅关注如何识别该目标的类别。然而,很多时候图像里有多个感兴趣的目标,人们不仅想知道它们的类别,而且想得到它们在图像中的具体位置。在计算机视觉里这类任务称为目标检测,如图 6.2 所示。目标检测在多个领域中被广泛使用。例如,无人驾驶任务需要检测拍摄到的视频图像里的车辆、行人、道路和障碍的位置来规划行进线路。机器人也常通过该任务来检测感兴

目标检测 ⟹

图 6.2 目标检测示意图

趣的目标。安防领域则需要通过检测,定位异常目标,如歹徒或者危险物品的位置。因此,目标检测具有很高的实际应用价值。

6.1.3 评价指标

为了准确衡量和量化评估不同方法的实际性能,有效的评价指标是十分必要的。通常使用不同的评价指标对图像识别任务和目标检测任务的结果进行评估。图像识别任务常用的有准确率、Top-1 错误率和 Top-5 错误率;目标检测常用的有平均精度(Average Precision,AP)和平均精度均值(mean Average Precision,mAP)。

1. 准确率

准确率是最简单直观的一个性能评价指标,它可由模型识别正确的样本数除以总测试样本数得到。准确率越高,模型性能越好。

2. Top-1 错误率

Top-1 错误率将模型的预测结果与正确结果比对,若相同,则认为分类正确;反之,则分类错误。被错误分类的样本数与总样本数的比值即为 Top-1 错误率。Top-1 错误率越低,模型性能就越高。常用的还有与之对应的 Top-1 准确率,Top-1 准确率越高,模型性能就越高。

3. Top-5 错误率

Top-5 错误率将模型预测置信度较高的前五个类别与正确结果比对,若其中没有和正确结果相同的类别,则认为该样本被错误分类。这种情况下,被错误分类的样本数与总样本数的比值即为 Top-5 错误率。Top-5 错误率越低,模型性能就越高。常用的还有与之对应的 Top-5 准确率,Top-5 准确率越高,模型性能就越高。

4. 平均精度

由于目标检测相对图像识别多了对目标的定位,其衡量指标还需要体现目标定位的准确度,因此目标检测的衡量指标相对图像识别更为复杂。为了理解目标检测的常用指标平均精度,首先需要理解交并比、精度和召回率这几个概念。

交并比(Intersection over Union,IoU)常用于衡量目标检测中预测结果和真实结果之间的重合度,如图 6.3 所示,重合度越高,表明预测越准确。交并比计算公式为

$$IoU = \frac{A \bigcap B}{A \bigcup B} \tag{6.1}$$

式中:A、B 在目标检测中分别代表预测的目标边界框和实际的目标边界框。

精度常用于衡量预测结果中的正确比例。其计算公式为

$$Precision = \frac{TP}{TP + FP} \tag{6.2}$$

式中:TP 为真阳性,即预测正确的正样本;FP 为假阳性,即错误预测为正样本的负样本,可以理解为误检。

在目标检测中要计算精度一般来说需要首先定义一个

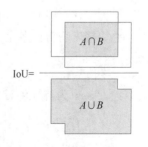

图 6.3　IoU 计算示意图

IoU 阈值,如 0.5,如果预测框与目标真实边界框的 IoU 大于或等于 0.5,则判定为 TP;否则,该框区域视作背景,判定为 FP。

	预测为正样本	预测为负样本
实际为正样本	TP	FN
实际为负样本	FP	TN

图 6.4　TP、FP、TN、FN 示意图

召回率用于衡量实际正样本有多少被召回(预测为正样本)。其计算公式为

$$\text{Recall} = \frac{\text{TP}}{\text{TP} + \text{FN}} \quad (6.3)$$

式中:分母是实际正样本的总数;TP 是被正确检测出的正样本;FN 为假阴性,即错误预测为负样本的正样本,在目标检测中负样本为背景,FN 可以理解为漏检的目标,TP、FP、TN、FN 示意图如图 6.4 所示。

召回率不同时,精度通常也不相同。一般来说,召回率越高,误检 FP 的可能性就越高,因此精度越低,从而可以绘制出一条整体呈下降趋势的准确率-召回率(Precision-Recall,PR)曲线。

理想情况下,模型应尽可能在高召回率的条件下保持高精度,平均精度就是为了衡量模型是否满足这个特性。该指标通常由准确率-召回率曲线(图 6.5 曲线 1)在召回率 Recall={0,0.1,0.2,…,1.0} 时均匀采样大于或等于给定召回率条件下最大准确度值(图 6.5 曲线 2)求平均得到。

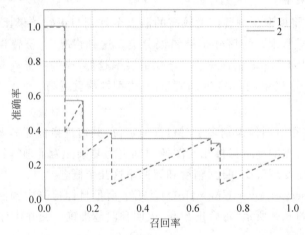

图 6.5　准确率-召回率曲线图

5. 平均精度均值

平均精度均值由各个类别的平均精度值计算得到:

$$\text{mAP} = \frac{1}{|\text{Class}|} \sum_{i=1}^{|\text{Class}|} \text{AP}_i \quad (6.4)$$

式中:|Class| 为待检测目标的类别总数。

6.1.4　常用数据集

近年来出现了一大批优质的图像识别和目标检测数据集,推动了相关算法的发展。

在图像识别任务中，常用的有 MNIST 数据集、CIFAR-10 数据集、ImageNet 数据集。在目标检测任务中，常用的有 PASCAL VOC 数据集、COCO 数据集和 DOTA 数据集。

1. MNIST 数据集

MNIST 数据集[1]是计算机视觉和机器学习研究中应用最多的数据集之一。这个数据集的目标是正确地分类手写数字 0～9。在许多研究中，这个数据集作为基准用于比较不同机器学习方法。

MNIST 数据集包含 60000 张训练图片和 10000 张测试图片，数字 0～9 的样本量分布均匀，各占 10%。每张图片是 784 维的特征向量，即对应于图像的 28×28 的灰阶像素强度。其像素值是[0,255]的无符号整数。所有数字放置在前景白色背景黑色的区域。MNIST 数据集样例如图 6.6 所示。

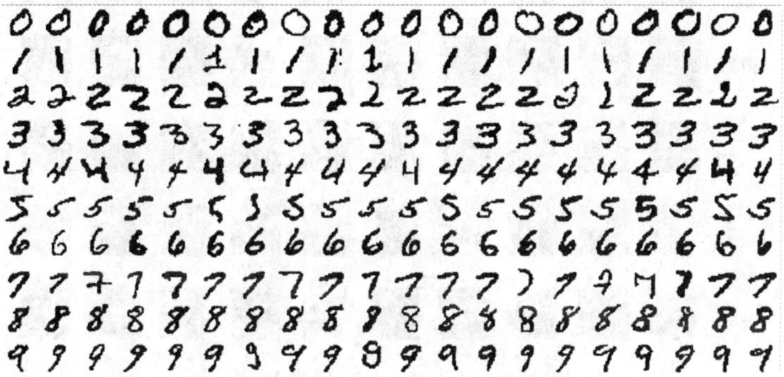

图 6.6 MNIST 数据集样例[1]

注：为了便于查看对颜色做了反转处理。

2. CIFAR-10 数据集

CIFAR-10[2]是在计算机视觉和机器学习中另一个常用的标准数据集。CIFAR-10 包含 60000 张特征向量维数为 3072(32×32×3)的彩色图像，训练集测试集比例为 5∶1。如图 6.7 所示，CIFAR-10 数据集包含图示中的 10 个类别。虽然类别和 MNIST 同样是 10 类，但 CIFAR-10 更具有挑战性，因为其同一类别呈现出的类内差异更大。

3. ImageNet 数据集

ImageNet 数据集[3]为研究人员提供了易于访问的大型图像数据库，它的构建促进了计算机图像识别技术的发展，如图 6.8 所示。目前，ImageNet 中总共有 14197122 幅图像，21841 个类别。

从 2009 年 ImageNet 图像数据集构建完成，开展了基于 ImageNet 数据集的 7 届 ImageNet 挑战赛(2010—2017 年)，比赛期间诞生了大量的高性能图像分类方法，如 AlexNet[7]、ResNet[8]、SENet[9]等。

4. PASCAL VOC 数据集

PASCAL VOC(The PASCAL Visual Object Classes)挑战赛[4]是一个世界级的计算机视觉挑战赛，2005 年开始举办，2012 年终止。每年的内容都有所不同，从最开始的

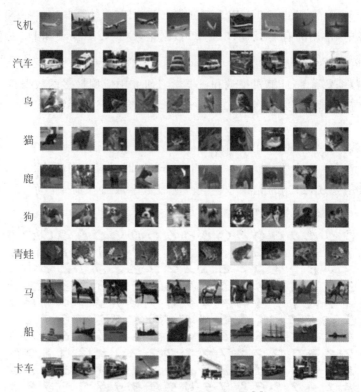

图 6.7　CIFAR-10 数据集样例[2]

图 6.8　ImageNet 数据集[3]

分类,到后面逐渐增加检测、分割、人体布局和动作识别等内容,数据集的容量以及种类也在不断地增加和改善,如图 6.9 所示。

5. COCO 数据集

COCO(common objects in context)数据集[5]起源于微软于 2014 年出资标注的 Microsoft COCO 数据集,如图 6.10 所示。与 ImageNet 竞赛一样,依托 COCO 数据集举办的比赛也被视为计算机视觉领域最受关注和最权威的比赛之一。COCO 数据集是

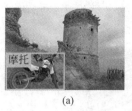   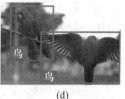

(a)　　　　　　　　(b)　　　　　　　　(c)　　　　　　　　(d)

图 6.9　PASCAL VOC 数据集示例[4]

一个大型的、丰富的目标检测、分割数据集。这个数据集以场景理解为目标,图像中的目标通过目标检测框以及像素级分割标签进行位置的标定,包括 91 类目标、328000 张图像和 2500000 个标注信息。其是目前为止含有语义分割信息的最大目标检测数据集,提供 80 个类别(超过 33 万张图片(其中 20 万张图片含有标注信息),整个数据集中实例的数目超过 150 万个。其中,实例即可数的目标,用于目标检测,如人、车和猫等。天空、道路等成片的区域不属于实例,但可作为语义分割的目标。

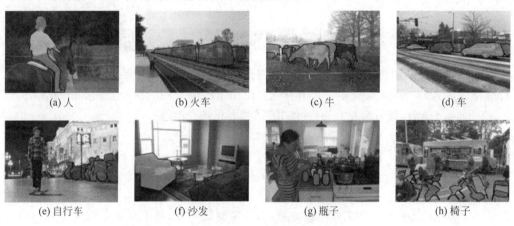

(a) 人　　　　　(b) 火车　　　　　(c) 牛　　　　　(d) 车

(e) 自行车　　　(f) 沙发　　　　(g) 瓶子　　　　(h) 椅子

图 6.10　COCO 数据集示例[5]

6. DOTA 数据集

尽管过去十年已经见证了目标检测在自然场景的重大进步,但在航拍图像领域进展一直很缓慢。相对于自然图像目标检测任务,如 COCO 数据集,其中的目标几乎都是重力的原因具有比较统一的方向,在遥感图像目标检测中,目标是以任意方向出现,并不容易完成精确的目标检测,如车辆、飞机和舰船等。为此,研究人员构建了用于航拍图像中目标检测的大型图像数据集——DOTA 数据集,如图 6.11 所示。与同类型数据集相比,它在目标数量和标定质量上都具有很大优势。

DOTA 数据集从 Google Earth、JL-1 卫星拍摄图像,中国资源卫星数据和应用中心的 GF-2 卫星拍摄图像中收集了共计 2806 幅航拍图,每张图像的像素尺寸为 800×800～4000×4000,其中包含不同尺度、方向和形状的物体。这些图像主要包括 15 个常见目标类别,即飞机、轮船、储罐、棒球场、网球场、地面跑道、港口、桥梁、大型车辆、小型车辆、直升飞机、环形交叉路口、足球场和篮球场。DOTA 数据集包含 188282 个实例,值得注意的是,一般自然场景的目标检测数据集(如 COCO 数据集)使用水平框来标注物体,而航拍采集的 DOTA 数据集中物体的朝向具有随意性而非横平竖直,水平框无法紧密贴合物体边界,因此每个实例均由具有旋转角度的长方形标记。

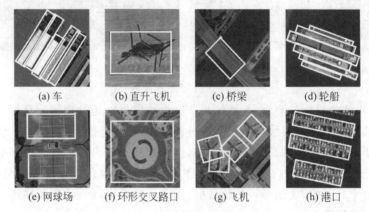

| (a) 车 | (b) 直升飞机 | (c) 桥梁 | (d) 轮船 |

| (e) 网球场 | (f) 环形交叉路口 | (g) 飞机 | (h) 港口 |

图 6.11　DOTA 数据集[6]

6.2　图像识别

图像识别是从图像数据中提取出感兴趣目标并识别目标类别的计算机视觉任务,是理解图像内容的一项重要技术。本节首先介绍用于图像识别的两种经典的传统方法,即 k-NN 和词袋模型,然后简要介绍贝叶斯网络和卷积神经网络。

6.2.1　k-NN 算法

1. k-NN 简介

在模式识别领域中,k-近邻(k-Nearest Neighbor,k-NN)算法是一种可用于图像识别的非参数统计方法[10]。其工作原理简单,即给定测试样本,基于某种距离度量找出训练集中与其最靠近的 k 个训练样本,然后基于这 k 个"邻居"的信息来进行预测。通常,在分类任务中使用"投票法",即选择这 k 个样本中出现最多的类别标记作为预测结果;k-NN 算法还可以应用于回归任务(如预测明天气温),此时使用"平均法"将 k 个样本的平均值作为预测结果;另外,还可基于距离远近进行加权投票或加权平均,距离越近的样本权重越大。

k-NN 学习没有显式的训练过程,是"消极学习"的典型代表。此类学习技术在训练阶段仅仅是把样本保存起来,训练时间开销为零,待收到测试样本后再进行处理。在训练阶段就对样本进行学习处理的方法称为"积极学习"。此外,k-NN 的非参数化特性(不含任何需要学习的参数)意味着这个模型未对数据做出任何的假设,也就是说 k-NN 建立的模型结构是由数据来决定的。

在 k-NN 分类中,输出是给定未知对象的分类结果。图 6.12 是一个 k-NN 分类器示例。显然,k 是一个重要参数,当 k 取不同值时,分类结果会有显著不同。

2. k 值选取

k-NN 算法中 k 的取值对最终结果以及准确率有重要影响。为更好选取 k 值,一个

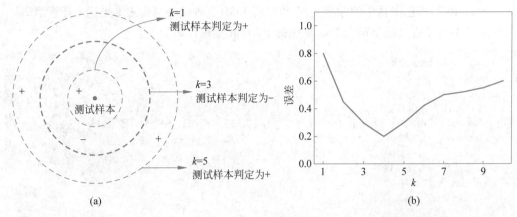

图 6.12　k-NN 分类器

注：图(a)在 k 取不同值时，k-NN 分类器推理测试样本的结果不同，虚线显示出等距线，测试样本在 k 为
1 或 5 时被判别为正例，$k=3$ 时被判别为反例；图(b)为 k 值与在验证集上数据的距离误差关系示意图。

常见的做法是交叉验证，即将训练样本数据按照一定比例拆分成训练数据和验证数据，比如 6∶4 拆分出训练和验证数据。从选取一个较小的 k 值开始，不断增大 k 值，然后在验证数据集上计算误差，从中找到一个对应最小误差的 k 值。图 6.12(b)示意了 k 值与在验证集上数据的距离误差关系。

一般来说，当 k 增大时，错误率会先降低，因为有周围更多的样本可以作为判定依据，分类效果会变好；但 k 增大到过大时，错误率会升高，例如样本总数是 25 个样本，当 k 增大到 20 的时候，k-NN 效果不佳。所以选择 k 值时可以通过交叉验证，在验证集选择临界 k 点，即当它继续增大或减小时，错误率都会上升，此时的 k 值即最佳值。

3. k-NN 样本距离计算

空间中两个点之间的距离有多种度量方式，如曼哈顿距离、欧几里得距离等。k-NN 算法中通常使用欧几里得距离。以二维平面为例，二维空间两个点的曼哈顿距离计算公式如下：

$$\rho = \mid x_2 - x_1 \mid + \mid y_2 - y_1 \mid \tag{6.5}$$

欧几里得距离计算公式如下：

$$\rho = \sqrt{(x_2 - x_1)^2 + (y_2 - y_1)^2} \tag{6.6}$$

若拓展到 n 维空间，则曼哈顿距离计算公式为

$$d(x,y) = \mid x_1 - y_1 \mid + \mid x_2 - y_2 \mid + \cdots + \mid x_n - y_n \mid$$
$$= \sum_{i=1}^{n} \mid x_i - y_i \mid \tag{6.7}$$

n 维空间欧几里得距离计算公式如下：

$$d(x,y) = \sqrt{(x_1 - y_1)^2 + (x_2 - y_2)^2 + \cdots + (x_n - y_n)^2}$$
$$= \sqrt{\sum_{i=1}^{n} (x_i - y_i)^2} \tag{6.8}$$

例如,RGB 彩色图像中的像素差别,可以将 RGB 三种颜色当作三维坐标来计算距离。
基于 k-NN 的二维平面点分类算法的 Python 实现代码如下:

```python
from cmath import sqrt
import numpy as np

# 已知样本及其标签
samples = [[1, 3], [2, 3], [4, 1], [5, 5], [7, 6], [6, 8], [3, 4], [9, 8]]
labels = [1, 1, 1, 1, 0, 0, 1, 0]

# 待预测样本及其标签
unknown = [7, 7]
unknown_label = 0

# 计算距离
dists = []
for sample in samples:
    temp_dist = sqrt((sample[0] - unknown[0]) ** 2 + (sample[1] - unknown[1]) ** 2)
    dists.append(temp_dist)

# 根据距离排序,得到最近邻已知样本
dists_ascending_order = np.argsort(dists)

# 进行 k-nn
count_label_one = 0
count_label_zero = 0
for k in range(1, 9):
    the_k_th_nearest_neighbor_label = labels[dists_ascending_order[k - 1]]
    # 投票
    if the_k_th_nearest_neighbor_label == 1:
        count_label_one += 1
    else:
        count_label_zero += 1
    # 根据投票得到预测结果
    prediction = 1 if count_label_one > count_label_zero else 0
    print(f"When k == {k}, the prediction is: {prediction}")
```

4. k-NN 算法的优缺点

k-NN 算法具有以下优点:

(1) 原理简单易用,无需复杂数学推导。

(2) 模型无须训练即可使用。

(3) 对异常值(样本中的一些数值明显偏离其余数值的样本点)不敏感。

k-NN 算法具有以下缺点:

(1) 对内存要求较高,因为该算法需要将所有的训练数据存储在内存中。

(2) 当 k 值较大时预测阶段计算量大,耗时长。

了解 k-NN 算法的优点和劣势,可以帮助人们根据实际任务选择更合适的分类
算法。

6.2.2 词袋模型

1. 词袋模型简介

词袋模型源于文本分类技术[12]，其应用于图像识别示意图如图 6.13 所示。在信息检索中，它假定对于一个文本可以忽略词序、语法和句法，仅看作一个词的集合；文本中每个词的出现都是独立的，不依赖其他词是否出现，或者说作者写作时在任意一个位置选择词汇都不受前后词句的影响而独立选择。例如：

文本 1：I like apples，I like bananas.

文本 2：I like playing games.

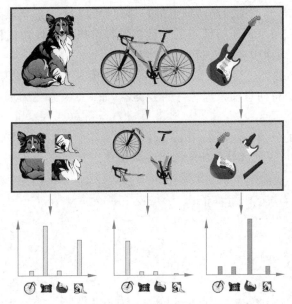

图 6.13 词袋模型应用于图像识别示意图

接下来建立一个词袋，[I,like,apples,bananas,playing,games]，那么两个文本就可以通过对词袋中的词汇计数，分别表示成如下的向量形式：

文本 1：[2,2,1,1,0,0]

文本 2：[1,1,0,0,1,1]

通过这样的方式可以将每个文档看成一个袋子，然后根据每个袋子里装的词汇将其分类。通过统计文档中各个词出现的次数判断该文档的描述内容。例如，一个文档中如果山谷、土地、拖拉机这样的词汇多，而银行、大厦、汽车、公园这样的词汇少，据此可以判断该文档描述的是乡村而不是城镇。

后续研究人员将词袋模型拓展应用于计算机视觉领域，归结此方法为特征词袋（Bag-of-Features），并用于图像分类、目标识别和图像检索。特征词袋模型[13]仿照文本检索领域的词袋模型方法，把每幅图像描述为一个由局部区域或关键点组成的无序集合，其中每个特征点可以看成一个词。后面描述时用词袋模型来指代特征词袋模型。

2. 词袋模型具体算法

（1）特征提取。提取训练样本图像块中的特征向量，特征描述的方法可以是 SIFT、SUFR 等。用于该步骤的图像特征的描述子应该对光照的变化、图像变形等具有较好的鲁棒性。

（2）特征聚类。特征提取得到了所有训练样本图像中的特征点，接下来将使用所有训练样本的特征构建词典。构建词典过程需要使用一些聚类算法，通常选用 k-均值方法（将在 7.2.2 节介绍）。其给定 k 个初始聚类中心，通过迭代算法算出最终的 k 个聚类中心。

（3）特征统计。通过聚类算法后，得到的 k 个新的聚类中心可以看作特征点（对应词袋中的词）。接下来将测试图像的特征点最近邻聚类到 k 个已经生成的词典（k 个聚类中心）中，并且统计落在每个词的特征点的个数。这样可以得到任意图像的 k 维特征统计向量，每个数字表示图像中含有 k 特征各有多少。

（4）使用分类器分类。通过生成得到的词典，待预测的图像可以看作特征点的集合，即固定长度的向量。将向量输入训练好的分类器（如 k-NN 和 SVM）即可得到图像的识别结果。

基于词袋模型的分类算法的 Python 示例代码如下：

```python
import torch
from cmath import sqrt
import numpy as np

# o 样本
o_sample = [
    [0, 0, 0, 0, 0, 0, 0, 0],
    [0, 0, 0, 1, 1, 0, 0, 0],
    [0, 0, 1, 0, 0, 1, 0, 0],
    [0, 1, 0, 0, 0, 0, 1, 0],
    [0, 1, 0, 0, 0, 0, 1, 0],
    [0, 1, 0, 0, 0, 0, 1, 0],
    [0, 0, 1, 0, 0, 1, 0, 0],
    [0, 0, 0, 1, 1, 0, 0, 0],
]

# x 样本
x_sample = [
    [0, 0, 0, 0, 0, 0, 0, 0],
    [0, 1, 0, 0, 0, 1, 0, 0],
    [0, 0, 1, 0, 1, 0, 0, 0],
    [0, 0, 0, 1, 0, 0, 0, 0],
    [0, 0, 1, 0, 1, 0, 0, 0],
    [0, 1, 0, 0, 0, 1, 0, 0],
    [0, 0, 0, 0, 0, 0, 0, 0],
    [0, 0, 0, 0, 0, 0, 0, 0],
]
```

```
# 特征 1
feature_1 = [
    [0, 1/3, 0],
    [0, 1/3, 0],
    [0, 1/3, 0],
]

# 特征 2
feature_2 = [
    [1/5, 0, 1/5],
    [0, 1/5, 0],
    [1/5, 0, 1/5],
]

def extract_feature(img2d, feature2d):
    feature = torch.nn.functional.conv2d(torch.Tensor([[img2d]]), torch.Tensor([[feature2d]]))
    feature_count = (feature >= 1).sum()
    return int(feature_count)

# 对两个样本提取特征
x_sample_feature_bag = [extract_feature(x_sample, feature_1), extract_feature(x_sample,
feature_2)]
o_sample_feature_bag = [extract_feature(o_sample, feature_1), extract_feature(o_sample,
feature_2)]

# 可以看到两个样本的特征分布明显不同
print(x_sample_feature_bag)
print(o_sample_feature_bag)

# 本代码为简单示例,对特征简单加以阈值即可分类
def predict(feature_bag):
    if feature_bag[0] >= 2 and feature_bag[1] == 0:
        print("sample is \'o\'")
    elif feature_bag[0] == 0 and feature_bag[1] >= 1:
        print("sample is \'x\'")
    else:
        print("unknown")

predict(x_sample_feature_bag)
predict(o_sample_feature_bag)
```

3. 词袋模型的优、缺点

词袋模型作为一种从文本处理领域迁移来的图像识别方法,其本身就体现了计算机技术各领域之间的交叉融合,其优点主要体现为将图片简化为一个特征的统计向量(向量中的每个值代表对应特征的数量,类似文本分析中的词频),再进行识别,原理简单易

用；但其忽略图像特征之间的位置关系，丢失了过多的图像上下文信息，导致其精度的局限性。

6.2.3 卷积神经网络

卷积神经网络（convolutional neural networks，CNN）是一类包含卷积计算的前馈神经网络，是深度学习的代表方法之一。随着硬件算力的提高、大规模图像数据集的发展，卷积神经网络已成为图像识别领域主流方法之一。本节仅对卷积神经网络如何应用于图像识别任务做简明扼要的介绍，关于卷积神经网络更详细的介绍可参见第9、10章。

卷积神经网络通过卷积运算，从图像像素点中提取关键特征信息，并且通过连续卷积运算进一步整合目标物体各个局部的特征信息，从而能够识别整体目标。

在具体实现上，卷积神经网络的计算由多次卷积计算串联进行，每次卷积计算使用多组卷积核来提取不同的特征。图6.14是卷积神经网络识别人脸的示例，卷积神经网络对输入的单通道、36×36大小的图像依次进行了三次卷积运算，提取图像从浅层到深层、从局部到全局的特征。

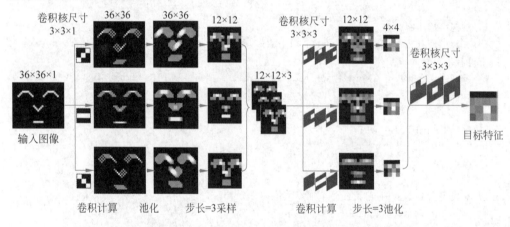

图 6.14　卷积神经网络应用于人脸图像识别示意图

第一次通过三个3×3×1卷积核分别提取输入图像中的三种关键边缘特征，即斜线、水平线和反斜线；第二次通过三个3×3×3卷积核分别提取眼、鼻、嘴三个关键部位特征；第三次通过一个3×3×3卷积核综合上一步中眼、鼻、嘴的特征提取到了目标人脸的特征，最终可以判断输入的图像是否包含人脸，以及人脸在图像中的位置。三个卷积阶段的结果均称为特征图，其上越亮的部位（数值越大的部位）表示该位置越有可能是所求的特征，例如第二阶段得到的三个特征图上最亮的区域分别表示眼睛、鼻子和嘴的位置，第三阶段得到的特征图（目标特征）上最亮的位置就是输入图中人脸的位置。可以看到，卷积神经网络可以通过级联的卷积计算，由局部到整体地提取输入图像中的多层次信息，实现图像目标特征提取。

基于卷积神经网络的手写数字分类算法的 Python 实现代码如下：

```
import torch
import torchvision
from torch.utils.data import DataLoader
import torch.nn as nn
import torch.nn.functional as F
import torch.optim as optim
import matplotlib.pyplot as plt

# 设置超参数
n_epochs = 3
batch_size_train = 64
batch_size_test = 1000
learning_rate = 0.01
momentum = 0.5
log_interval = 10
random_seed = 1
torch.manual_seed(random_seed)

# 下载搭建数据集
train_loader = torch.utils.data.DataLoader(
    torchvision.datasets.MNIST('./data/', train = True, download = True,
transform = torchvision.transforms.Compose([
                                torchvision.transforms.ToTensor(),
                                torchvision.transforms.Normalize(
                                    (0.1307,), (0.3081,))
                            ])),
    batch_size = batch_size_train, shuffle = True)
test_loader = torch.utils.data.DataLoader(
    torchvision.datasets.MNIST('./data/', train = False, download = True,
                            transform = torchvision.transforms.Compose([
                                torchvision.transforms.ToTensor(),
                                torchvision.transforms.Normalize(
                                    (0.1307,), (0.3081,))
                            ])),
    batch_size = batch_size_test, shuffle = True)

examples = enumerate(test_loader)
batch_idx, (example_data, example_targets) = next(examples)

# 数据集展示
fig = plt.figure()
for i in range(6):
    plt.subplot(2, 3, i + 1)
    plt.tight_layout()
    plt.imshow(example_data[i][0], cmap = 'gray', interpolation = 'none')
    plt.title("Ground Truth: {}".format(example_targets[i]))
    plt.xticks([])
    plt.yticks([])
```

```
    plt.show()

# 搭建简单的卷积神经网络用于分类
class Net(nn.Module):
    def __init__(self):
        super(Net, self).__init__()
        self.conv1 = nn.Conv2d(1, 10, kernel_size = 5)
        self.conv2 = nn.Conv2d(10, 20, kernel_size = 5)
        self.conv2_drop = nn.Dropout2d()
        self.fc1 = nn.Linear(320, 50)
        self.fc2 = nn.Linear(50, 10)

    def forward(self, x):
        x = F.relu(F.max_pool2d(self.conv1(x), 2))
        x = F.relu(F.max_pool2d(self.conv2_drop(self.conv2(x)), 2))
        x = x.view(-1, 320)
        x = F.relu(self.fc1(x))
        x = F.dropout(x, training = self.training)
        x = self.fc2(x)
        return F.log_softmax(x, dim = 1)

network = Net()
optimizer = optim.SGD(network.parameters(), lr = learning_rate, momentum = momentum)

train_losses = []
train_counter = []
test_losses = []
test_counter = [i * len(train_loader.dataset) for i in range(n_epochs + 1)]

# 训练搭建的卷积神经网络
def train(epoch):
    network.train()
    for batch_idx, (data, target) in enumerate(train_loader):
        optimizer.zero_grad()
        output = network(data)
        loss = F.nll_loss(output, target)
        loss.backward()
        optimizer.step()
        if batch_idx % log_interval == 0:
            print('Train Epoch: {} [{}/{} ({:.0f}%)]\tLoss: {:.6f}'.format(epoch, batch_
idx * len(data),
len(train_loader.dataset),
100. * batch_idx / len(train_loader),
loss.item()))
            train_losses.append(loss.item())
            train_counter.append((batch_idx * 64) + ((epoch - 1) * len(train_loader.
dataset)))
            torch.save(network.state_dict(), './model.pth')
            torch.save(optimizer.state_dict(), './optimizer.pth')
```

```
# 测试搭建的卷积神经网络
def test():
    network.eval()
    test_loss = 0
    correct = 0
    with torch.no_grad():
        for data, target in test_loader:
            output = network(data)
            test_loss += F.nll_loss(output, target, reduction = 'sum').item()
            pred = output.data.max(1, keepdim = True)[1]
            correct += pred.eq(target.data.view_as(pred)).sum()
    test_loss /= len(test_loader.dataset)
    test_losses.append(test_loss)
    print('\nTest set: Avg. loss: {:.4f}, Accuracy: {}/{} ({:.0f}%)\n'.format(
        test_loss, correct, len(test_loader.dataset),
        100. * correct / len(test_loader.dataset)))

# 训练和测试网络
for epoch in range(1, n_epochs + 1):
    train(epoch)
    test()
```

相对于传统的图像识别方法,卷积神经网络具有以下三个优势:

一是具有灵活性。传统的图像识别方法往往使用固定的人工设计的特征,这使得对不同的识别目标往往需要设计不同的特征,而卷积神经网络的特征,即卷积核参数可以通过从图像数据中学习得到,无需手工设计。

二是鲁棒性高。传统的图像识别方法难以提取丰富的从局部到整体的多层次信息,这是在各种条件下识别目标的关键,而卷积神经网络可以通过加深网络深度,即增加级联的卷积计算次数和卷积核数量来提高网络的图像表征能力,提取更丰富的多层次图像特征,具有良好的鲁棒性。

三是可端到端实现。传统的图像识别方法一般分为特征提取和根据特征进行识别两个阶段,并且两个阶段较为独立,而卷积神经网络在训练时即可将两步端到端进行,过程更简洁。

6.3 目标检测

相比图像识别任务,目标检测除需要准确识别感兴趣目标的类别,还需要确定目标的位置,传统的目标检测方法大多采用滑窗法,结合后续的特征提取与分类即可判断图像某区域是否含有目标,从而确定目标位置。本节首先简单介绍基于滑窗的检测器检测流程,然后分别介绍具有代表性的 VJ 检测器、方向梯度直方图(HOG)检测器和基于形变部件的检测器。基于卷积神经网络的目标检测将在第 10 章介绍。

6.3.1 基于滑窗的检测器检测流程

滑动窗口法可以非常直观地确定目标位置,如图 6.15 所示,首先对输入图像用不同大小的窗口进行从左往右、从上到下地滑动,等间距地扫描图像,每次滑动时使用事先训练好的分类器(如第 9 章中将介绍的 AlexNet)对当前窗口执行图像识别,若当前窗口得到较高的分类概率,则认为检测到了物体,如此即可得到一系列置信度较高的物体候选框。这些窗口大小会存在重复较高的部分,造成单个目标存在多个检测结果的情况,对此,应该挑选出置信度最高的候选框,再删除与该候选框重叠区域 IoU 值大于某设定阈值的所有其他候选框,然后对剩下候选框反复进行此步骤至所有剩余候选框没有大于设定阈值的重叠为止,这样最终就能够得到各个目标的位置。该过程称为非极大值抑制(Non-Maximum Suppression,NMS)方法。

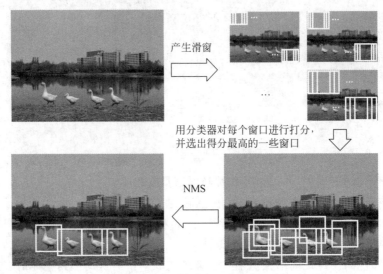

图 6.15　滑动窗口法流程

　　滑动窗口法简单且易于理解,但是对图像进行全局遍历需要使用多种长宽比的窗口,且相同长宽比下需要使用多种大小的窗口,效率低下。因此,基于滑动窗口的检测器需要对每个窗口识别的过程进行优化才能达到较快的运行速度,例如 VJ 算法[11]使用积分图将每个窗口的单个特征提取的计算复杂度降低为 $O(1)$。

6.3.2　VJ 检测器

　　2001 年,Paul Viola 和 Michael Jones 提出了一个具有跨时代意义的人脸检测算法[11]。VJ(Viola-Jones)检测器在当年极为有限的计算资源下第一次实现了人脸的实时检测,速度是同期检测算法的几十倍甚至上百倍,极大地推动了人脸检测商业化应用进程。VJ 检测器本质上是一种基于滑动窗口的检测方法的一种,其为了能够在有限的计算资源下实现实时检测而做出了许多改进。

　　1. 使用 Haar 特征

　　VJ 算法使用 Haar 特征而不是使用图像像素强度来进行检测,更能学到任务相关的知识(如人脸的边缘),具有更快的计算潜力。Haar 特征如图 6.16 所示,可通过几个基本模版衍生出大量的特征,如改变特征模板在子窗中的位置、大小以及宽高比。

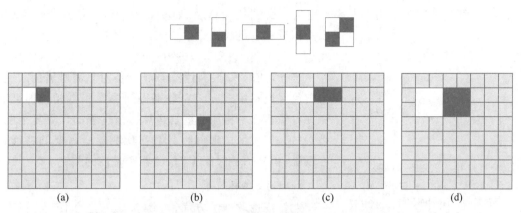

图 6.16 上行为算法使用的 Haar 特征基本模板,大小分别为 1×2、2×1、1×3、3×1 以及
2×2。如下行所示,在保持黑白区域比例不变的前提下改变特征模板在滑窗中
的位置(灰色网格表示长宽均为 8 像素的滑窗)、大小以及宽高比,可在图像滑窗
中穷举出大量的特征,每个特征计算出的值为特征值

一般来说,Haar 特征是通过将 Haar 特征模板黑色区域内所有图片像素之和减去
Haar 特征白色区域图像像素之和得到,如图 6.17 所示。如果每次计算单个 Haar 特征
都要对滑窗图像像素进行逐一加和,那么运算量将非常巨大。

尽管在特征层面已通过简单的 Haar 特征设计以及
有效的特征选择尽可能减少了人脸特征提取的计算量,
但在有限的计算资源下仍难于实现多尺度的滑窗人脸
检测。对此,VJ 检测器利用了积分图对特征提取进行
加速,以实现多尺度 Harr 特征快速计算。一般情况下,
特征提取需要逐像素计算,计算量与窗口的像素尺寸有
关,窗口越大,计算量也越大,并且在滑窗情况下冗余计
算较多。而积分图[11]则可通过提前计算好各个区域内
的像素累加和,重复利用相应区域积分图使特征计算量
与窗口的尺寸无关,大大降低了计算冗余度和时间
消耗。

具体来说,使用积分图计算 Haar 特征值的计算过
程如下:

设图像中的每个像素点值为 $r(x,y)$,将原图像转
换为积分图的原理是图像中每一像素点 $r(x,y)$ 的和都
由该点左上角所有像素的值相加构成,即

3	4	3	7	1	3	4	3
8	9	3	6	4	7	1	3
1	4	5	8	9	3	4	7
6	9	2	3	3	6	9	2
6	4	6	10	5	6	4	6
6	7	8	2	3	6	7	8
8	1	3	4	4	8	1	3
3	3	4	1	4	5	9	3

图 6.17 Haar 特征值计算
注:上部为 Haar 特征,下部表示图像
像素值矩阵,Haar 特征的结果为深色
区域图像像素值之和减去白色区域图
像像素值之和,该计算过程可以用积
分图完成。

$$rr(x,y) = \sum_{x' \leqslant x, y' \leqslant y} r(x',y') \tag{6.9}$$

式中:$rr(x,y)$ 为积分后得到的图像像素值。

对给定的任何一幅图像,通过上述计算可以得出与之对应的唯一一个积分图像。可
以说,积分图是原始图像的重新表示。计算积分图时,从上到下、从左到右不断累加新的

元素,计算复杂度等于图像大小。完成积分图的计算后,如图 6.18 所示,任意灰色区域 E 的积分和满足

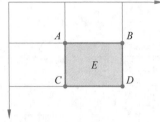

图 6.18　积分图示意图[13]

注:E 是 A、B、C、D 四点围成的矩形区域,其面积可根据计算图在四点处的值经过加减运算得到。

$$E = D - B - C + A \qquad (6.10)$$

这样,利用积分图计算 Haar 特征时只需对黑色区域与白色区域利用式(6.11)分别得到像素和再相减即可,免去对像素逐一相加的重复运算。该过程的计算复杂度是 $O(1)$,即常数的时间内计算出检测器所需要的特征。可以说,积分图是保证 VJ 检测器实时性的关键。

2. 自动选取特征

在特征选取算法方面,与传统意义上的手工特征不同的是,VJ 检测器中使用的特征不是人为事先设计好的,而是通过自适应提升算法[15]从一个过完备的随机 Haar 特征池中挑选出来。由于 Haar 特征池通过改变特征模板在滑窗中的位置、大小以及宽高比在图像滑窗中穷举出得到,Haar 特征的总特征个数非常大,远超过原图像本身的像素总数(对于 24×24 的窗口可以产生超过 160000 的 Haar 特征[14]),因此必须选取出对于人脸检测最有用的极少数几种特征来构建分类器,从而降低不必要的计算开销。VJ 检测器最终只用了 6060 个特征就达到了很好的效果。

VJ 算法使用单个 Haar 特征作为一个弱分类器,并将多个弱分类器进行加权组合构成一个强分类器,设强分类器由 T 个弱分类器构成,弱分类器表达式如下:

$$h(\boldsymbol{S}, f, p, \theta) = \begin{cases} 1, & pf(\boldsymbol{S}) < p\theta \\ 0, & \text{其他} \end{cases} \qquad (6.11)$$

式中:$\boldsymbol{S}$ 表示窗口大小为 24×24 的像素矩阵;f 表示 Haar 特征;p 表示极性,其正、负用于控制不等式的方向,即为正时小于阈值分类器输出 1,为负时大于阈值输出 1;θ 表示分类器阈值。

训练过程使用含有人脸的区域作为正样本,不含人脸的区域作为负样本。假设有若干训练样本,表示为灰度矩阵与标签的配对 $(\boldsymbol{S}_1, y_1), \cdots, (\boldsymbol{S}_n, y_n)$。其中,当对应灰度矩阵内的 $y_n = 0$ 时该灰度矩阵 $\boldsymbol{S}_n$ 为负样本,当 $y_n = 1$ 时该灰度矩阵 $\boldsymbol{S}_n$ 为正样本。首先对 $y_i = 0$ 和 $y_i = 1$ 的样本分别初始化权重 $w_{t,i} = \left(\dfrac{1}{2m}, \dfrac{1}{2l}\right)$,其中,$m$、$l$ 分别为负样本和正样本的数量,n 为总样本数量,并进行归一化 $w_{t,i} \leftarrow \dfrac{w_{t,i}}{\sum\limits_{i=1}^{n} w_{t,i}}$,其中左侧 $w_{t,i}$ 表示训练的第 t 个弱分类器第 i 个样本的误差权重。

训练得到第 t 个弱分类器应最小化样本误差,满足表达式:

$$\varepsilon_t = \min_{f, p, \theta} \sum w_i \mid h(x_i, f, p, \theta) - y_i \mid \qquad (6.12)$$

据此定义更新后的弱分类器 $h_t(x) = h(x, f_t, p_t, \theta_t)$,其中 f_t、p_t、θ_t 通过最小化误

差 ε_t 得到。f_t 为从特征池中遍历挑选出来的特征,能够使得第 t 个弱分类器最小化预测样本的误差。

根据误差重新定义权重,满足表达式:

$$w_{t+1,i} = w_{t,i} \left(\frac{\varepsilon_t}{1-\varepsilon_t} \right)^{1-e_i} \tag{6.13}$$

式中:e_i 表示分类结果是否正确,如果样本 x_i 被正确分类,则 $e_i = 0$,否则 $e_i = 1$。并进行归一化 $w_{t+1,i} \leftarrow \dfrac{w_{t+1,i}}{\sum\limits_{i=1}^{n} w_{t+1,i}}$,用于下一个弱分类器的训练。上述步骤循环往复,从而逐渐挑选出具有最强特征区分能力的许多弱分类器,通过对弱分类器根据误差 log 加权可形成强分类器。强分类器表达式为

$$C(x) = \begin{cases} 1, & \sum\limits_{t=1}^{T} \alpha_t h_t(s) \geqslant \dfrac{1}{2} \sum\limits_{t=1}^{T} \alpha_t \\ 0, & \text{其他} \end{cases} \tag{6.14}$$

$$\alpha_t = \log \frac{1-\varepsilon_t}{\varepsilon_t} \tag{6.15}$$

3. 使用级联分类器

VJ 检测器还采用多阶段处理的级联分类器。级联分类器是由多个强分类器串联组成的多级分类器,每一级的工作就是判断上一级被确定为人脸的区域是人脸还是非人脸,若是人脸就传递给下一级继续判断,若是非人脸就摒弃。因此,一幅图像被传递的级数越多,是人脸的可能性就越大。该过程如图 6.19 所示。该设计可以尽早地剔除掉不含人脸的背景区域,即如果某一级分类器将当前窗口判定为背景,那么该窗口不会被后续分类器计算,使得计算资源尽少地消耗在背景区域,从而提高整个检测器的效率。不难看出,该级联分类器检测过程其实是一个退化的决策树的过程。文献[14]中采用的分类器为 38 个,尽管分类器的数目很多,但是由于采用了这种级联结构,检测速度反而有所提升。

图 6.19 级联分类器示意图

4. VJ 检测器推理过程

在算法推理层面,VJ 算法检测流程[14]如下。

(1) VJ 算法采用 384×288 大小的图片作为输入,并使用 24×24 大小的滑窗。为了应对不同尺度的人脸,VJ 算法会构建 12 层图像金字塔,图像金字塔两层之间的缩放比

例为 1.25。

（2）针对金字塔中每层图像都构建一个积分图，用于后续提取 Haar 特征加速。

（3）使用滑窗在金字塔中每层图像滑动产生候选框，并使用级联的 Haar 特征分类器进行计算，被每级分类器判定为背景的候选框将被丢弃，不再作为候选框输入下一级分类器，从而减少在背景区域上的计算量。考虑到多数情况下，人脸相对背景是稀疏的，此设计可以大大提高算法整体效率。被每一级分类器均判定为人脸的候选框作为人脸检测结果输出。

5. VJ 检测器优、缺点

VJ 检测器最大优点是可以在十分有限的算力条件下实现人脸的实时检测。但是，采用了只能提取水平、垂直、对角信息的 Haar 特征，导致其鲁棒性不足，只能用于正脸检测。若人脸出现旋转、偏侧或在光线较暗的情况，则可能失效，并且无法应对遮挡的情况。

6.3.3　HOG 行人检测器

方向梯度直方图是用于计算局部图像梯度方向信息统计值的一种特征描述子。由于图像的边缘存在明显的梯度变化，这些信息往往可以很好地描述感兴趣目标的形状；HOG 则通过统计梯度信息表征图像的边缘信息，用于感兴趣目标的检测。

2005 年，Navneet Dalal 和 Bill Triggs 将 HOG 特征用于解决行人检测问题且表现良好（图 6.20）[16]。HOG 检测器通常先提取图像的 HOG 特征，是结合多尺度金字塔以及滑窗检测器的思路进行检测的一种方法。为了检测不同大小的目标，通常会固定检测器窗口的大小，并逐次对图像进行缩放构建多尺度图像金字塔。为了兼顾速度和性能，HOG 检测器采用的分类器通常为线性分类器或级联决策分类器等。

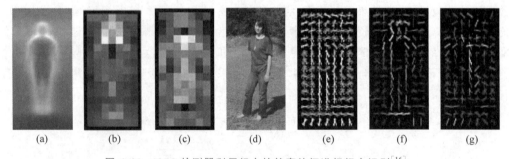

(a)　　　(b)　　　(c)　　　(d)　　　(e)　　　(f)　　　(g)

图 6.20　**HOG 检测器利用行人的轮廓特征进行行人识别**[16]

注：图(a)是大量行人样本 HOG 特征的均值，可以看到 HOG 特征对行人的边界轮廓部分尤其敏感。图(b)和图(c)分别是训练好的 SVM 对正样本和负样本各区域权重的可视化。图(d)为一个代表性的行人图片样本，图(e)为提取到的 HOG 特征。图(f)和图(g)分别为 HOG 特征(图(e))经过正样本 SVM 权重(图(b))和负样本 SVM 权重(图(c))加权后的 HOG 特征，可以看到行人的轮廓部分被较为完整地提取了出来。

1. HOG 行人检测推理具体过程

（1）将彩色图像灰度化处理，得到灰度图。

$$Gray = 0.39 \cdot Red + 0.50 \cdot Green + 0.11 \cdot Blue \tag{6.16}$$

（2）采用伽马校正法对输入图像进行颜色空间的标准化（归一化）。该操作目的是调节图像的对比度,降低图像局部的阴影和光照变化所造成的影响,同时可以抑制噪声的干扰。

$$I(x,y) = I(x,y)^{\gamma} \tag{6.17}$$

(3) 计算图像每个像素处的梯度(斜率)。该操作是为了捕获轮廓信息,同时进一步弱化光照的干扰。具体表示如下。

水平方向梯度:

$$G_x(x,y) = H(x+1,y) - H(x-1,y) \tag{6.18}$$

垂直方向梯度:

$$G_y(x,y) = H(x,y+1) - H(x,y-1) \tag{6.19}$$

式中:$H(x,y)$表示(x,y)坐标位置的像素点灰度值。

通过上述公式可求得图片坐标点(x,y)的像素点梯度计算公式如下:

$$G(x,y) = \sqrt{G_x(x,y)^2 + G_y(x,y)^2} \tag{6.20}$$

$$\alpha(x,y) = \arctan\left(\frac{G_y(x,y)}{G_x(x,y)}\right) \tag{6.21}$$

式中:$\alpha(x,y)$表示梯度方向。

(4) 将图像划分成正方形单元格。例如,4×4 像素/正方形单元格,按照图 6.21,将方向分成 8 个区间并对梯度按照方向进行统计,得到 8 维的统计直方图,每一维度表示每个单元格中像素属于该梯度方向的个数,即该方向梯度在单元格中的强度。对直方图进行归一化处理,降低灰度畸变引起的梯度强度变化。

(5) 统计每个单元格的梯度直方图,即可形成每个正方形单元的描述子。将每几个单元格组成一个区块,例如,将 4×4 个正方形单元格合并为一个区块,一个区块内所有单元

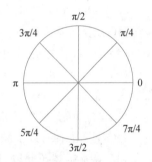

图 6.21　HOG 方向的划分

格的特征描述子串联起来便得到该区块的 HOG 特征描述子;将图像内的所有区块的 HOG 特征描述子串联起来就可以得到该图像的 HOG 特征描述子,即可供后续检测使用的特征向量。

结合图像金字塔以及滑动检测窗,针对金字塔每个缩放层级的每个检测窗口提取 HOG 特征,送入训练好的 SVM 等分类器,便可以得到最终的检测结果。基于 HOG 的行人检测方法的 Python 实现代码如下:

```python
import cv2 as cv

# 读取并显示输入图片
src = cv.imread("people.png")
cv.imshow("input", src)

# HOG 特征描述
hog = cv.HOGDescriptor()
```

```
# 创建 SVM 检测器
hog.setSVMDetector(cv.HOGDescriptor_getDefaultPeopleDetector())

# 检测行人
(rects, weights) = hog.detectMultiScale(src,
                                        winStride = (4, 4),
                                        padding = (8, 8),
                                        scale = 1.25,
                                        useMeanshiftGrouping = False)
for (x, y, w, h) in rects:
    cv.rectangle(src, (x, y), (x + w, y + h), (0, 255, 0), 2)

# 展示结果
cv.imshow("hog - people", src)
cv.waitKey(0)
cv.destroyAllWindows()
```

2. HOG 行人检测优、缺点

HOG 算法具有以下优点。

(1) HOG 描述的是边缘结构特征,可以描述物体的结构信息。

(2) 由于 HOG 是在图像的局部单元格上操作,因此它对图像几何变形和光照变化都有良好的鲁棒性,这两种变化只会出现在更大的空间领域。

(3) 将图像分成单元格可以使特征得到更为紧凑的表示。

HOG 算法具有以下缺点。

(1) 特征描述子获取过程复杂,维数较高,导致实时性差。

(2) 对噪声比较敏感。由于 HOG 特征描述子是按照梯度方向进行统计得到的,而梯度方向对于噪声干扰十分敏感,因此它的抗噪声能力并不强。

6.3.4 基于形变部件的检测器

可变形部件模型(Deformable Part Model,DPM)是一种高效、高精度的目标检测分类方法[17]。其连续获得 VOC 2007—2009 年的检测冠军,Pedro Felzenszwalb 于 2010 年被 VOC 授予"终身成就奖"。

同一类检测物体可能由于形态、角度等因素的不同而在图像中呈现完全不同的形象,这会给目标检测器带来困扰,是目标检测领域的重要挑战。为了应对这个挑战,DPM 检测器尝试通过将目标拆分成多个组件,并将目标视为其组件的可变形组合的方式提高模型的鲁棒性。相比之下,HOG 行人检测器利用目标整体的特征进行检测,而 DPM 通过描述部件的集合以及部件之间的连接来表示物体,在利用目标整体特征的同时,还结合更高分辨率下的组件的特征进行检测(图 6.22)。

DPM 需要建立检测目标的模板,该模型分为根模型和局部模型[17]。根模型描述目标的总体特征,局部模型描述目标的局部细节特征。具体实现上,物体每个部件的检测

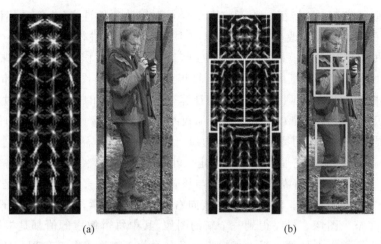

图 6.22　HOG 行人检测和基于可形变模型的行人检测对比示意

过程可以看作 HOG 检测器的扩展,大体思路与 HOG 检测器一致。

通过在训练集上将含有目标的正样本框计算 HOG,然后用 SVM 训练可以得到检测目标的根模板,有了根模板就已经可以直接用来对物体整体进行检测。为了进行更准确的检测,DPM 还会进一步在根模板的基础上生成各部件模板。为了达到更好的效果,首先对根模板用双线性插值上采样 2 倍,然后使用矩形框逐个覆盖根模板高能区域,即特征权重较高的区域,部件模板位置设定为沿根模板中轴线分布或对称分布。推理时,局部之间、局部与整体之间的位置关系不是固定的,而是通过权重向量进行自适应调整,使模型能够变形,以适应不同形状和姿态目标的准确检测。

1. 基于形变部件的目标检测器具体过程

单尺度下 DPM 对检测目标进行匹配的过程(图 6.23)如下。

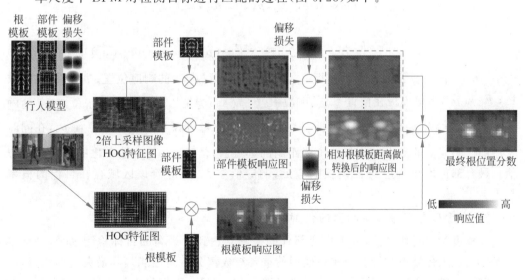

图 6.23　在单尺度下 DPM 对检测目标进行匹配的过程[17]

（1）提取图像 HOG 特征。为了使模型具有更好的鲁棒性，通常会利用图像金字塔对图像分辨率进行多尺度改变，从而能够对不同大小的目标进行检测。

（2）用根模板和部件模板在图像 HOG 特征图上进行点积运算。具体来说，利用根模板对整张图的 HOG 特征图进行卷积运算得到根模板响应图，同时各个部件模板在 2 倍上采样图像的 HOG 特征图上进行卷积计算得到各个模板的响应图。该过程与卷积计算类似（卷积运算可以理解为一种特殊的加权平均，它将图像中相邻像素的值进行加权平均，从而提取出图像中的特定特征，如边缘、纹理、颜色等，需要定义一个小矩阵，称为"卷积核"或者"滤波器"，它通常是一个固定大小的矩阵，如 3×3。接下来将卷积核放在图像上的一个像素位置，将卷积核中的值与该位置和周围像素的值进行乘法运算，结果相加得到一个新的像素值。然后将卷积核向右移动一个像素，再进行同样的操作，直到卷积核遍历完整个图像。最终得到一个新的图像，其中每个像素的值都是根据卷积核在该位置上的运算结果得到的），得到根模板以及各个模板在图像各个位置的响应分数。

（3）将部件模板响应与根模板响应融合，得到检测结果。

利用根模板的响应图已可以得到目标位置，但为了进行更准确的检测，需要考虑部件的响应信息，将目标的各部件"组装"到根模板上。理想情况下，各部件的位置应该刚好在根模板的对应位置或者附近位置，各部件与根模板应该像用弹簧连接一样允许一定范围内偏移同时又不能离得太远。因此，偏离根模板响应位置太远应该给予惩罚，该关系可以通过定义代价函数 $\mathrm{cost}(\mathrm{d}u_i, \mathrm{d}v_i)$ 描述：

$$\mathrm{cost}(\mathrm{d}u_i, \mathrm{d}v_i) = \alpha_i (\mathrm{d}u_i, \mathrm{d}v_i) + \beta_i ((\mathrm{d}u_i)^2, (\mathrm{d}v_i)^2) \tag{6.22}$$

式中：α_i、β_i 为可调整的参数；$(\mathrm{d}u_i, \mathrm{d}v_i)$ 为第 i 个部件相对于根位置的偏移量，且有

$$(\mathrm{d}u_i, \mathrm{d}v_i) = (u_0, v_0) - (u_i, v_i) \tag{6.23}$$

基于此，可以将根模板响应和部件响应融合，以得到更准确的响应分数：

$$\mathrm{score}(p_0) = \max_{p_0, \cdots, p_m} \mathrm{score}(p_0, p_1, \cdots, p_m)$$

$$= F_0 \phi(p_0) + \sum_{i=1}^{m} \max_{p_i} (F_i \phi(p_i) - \mathrm{cost}(\mathrm{d}u_i, \mathrm{d}v_i)) \tag{6.24}$$

式中：$p_0, p_1, \cdots, p_m$ 分别为根模板 F_0 以及各部件模板 F_i 的响应位置；m 为部件的数量；$F_0 \phi(p_0)$ 为根模板在位置 p_0 的响应值，$F_i \phi(p_i)$ 为第 i 个部件模板于位置 p_i 的响应值；$\max_{p_i}(F_i \phi(p_i) - \mathrm{cost}(\mathrm{d}u_i, \mathrm{d}v_i))$ 为遍历第 i 个部件模板所有响应位置 p_i，在同时考虑部件响应值的大小以及与根位置距离的远近后，使 $\mathrm{score}(p_0)$ 最大化的转换后响应值。融合部件模板响应与根模板响应后，响应值越大，对应着该区域存在目标的概率越大。

2. 基于形变部件的检测器的优、缺点

在深度学习时代之前，基于形变部件的检测器达到了最高的目标检测水平，是众多分类、分割、人体姿态和行为分类等模型的重要组成部分。高性能是其最突出的优点，与此伴随而来的是需要针对检测目标对模板进行人工调整，工作量大且无法适应大幅度的视角变化，稳定性较差。

本章小结

　　本章主要介绍了图像识别与目标检测的概念和对应的经典方法。图像识别的主要目标是识别图中对象的类别,而目标检测的主要目的是找到图像中指定目标的位置。6.1 节介绍了识别与检测中的基本定义、相关概念以及相关数据集和评价指标,是理解后续图像识别和目标检测技术的基础;6.2 节描述了图像识别中经典的 k-NN 算法和词袋模型的原理,并对卷积神经网络的图像识别原理作了简单阐述;6.3 节阐明了基于滑窗的目标检测方法的核心理念,并介绍了 VJ 检测器、HOG 检测器以及基于形变部件检测器的关键原理。

　　需要说明的是,随着技术的发展,这些经典的传统图像识别方法和目标检测方法已逐渐淡出大家的视野,而基于神经网络的深度学习方法具有从数据中自动学习特征的强大能力,成为图像识别、目标检测等高层视觉任务的主流方法,与此同时,这些经典方法的基本原理和核心理念　　　　　　　　　　　术的发展。第 10 章将进一步介绍基于深度神经网　　　

习题

　　1. 分析 k-NN 算

　　2. 假设有 x 个样　　　　　　　　　　　没有优化情况下训练和预测阶段的时间复杂度为

　　3. 尝试使用 k-N　　　　　　　　　取方法(如原像素空间、HOG特征、SIFT 特征)在手　　　　　　　　识别,并对算法参数尝试调优,比较 k-NN、词袋模型

　　4. 给定长度为 l 的　　　　　　　　i 个数到第 j 个数之间($l+1>$ $j>i>0$)所有数字之　　　　　　设计一个预处理时间复杂度为 $O(l)$、每次查询时间　　　　　　　　复杂度为多少?

　　5. VJ 算法使用　　　　　　　　口内可以产生多少种不同的特征?

　　6. 尝试自己实现

　　7. 尝试阅读 DP　　　　　据集上实现目标检测。

参考文献

第 7 章

聚类与分割

聚类是一种统计学方法,它将一个数据集划分成不同的子集,每个子集的数据点都有相似的一些属性。图像分割是图像处理与图像分析之间的关键步骤,其目的是将一幅图像划分为多个部分,且保证每个部分内部的相似性尽可能大,不同部分之间的差异性也尽可能大。因此,聚类是实现图像分割的一种重要方法。与检测任务相比,分割任务在精度上的要求更高。通常认为检测解决在图像中物体"是什么"和"在哪里"的问题,而分割解决图像中"每个像素属于哪个目标物或场景"的问题。为此 7.1 节将介绍图像分割和像素聚类的基础知识;7.2 节将介绍像素聚类的算法分类,并对几种经典聚类算法进行详解;7.3 节与 7.4 节将分别介绍基于聚类的图像分割方法和基于图论的图像分割方法。

7.1 基本概念

本节将描述图像分割与像素聚类的基本概念,为后两节讲解图像分割的具体方法作铺垫。

7.1.1 图像分割

图像分割的主要目的是简化或改变图像的表示形式,使得其内容更容易理解和分析,它将图像细分为构成它的子区域或不同物体,细分的具体程度取决于要解决的问题。在应用中,当感兴趣的物体或区域已经被提取出来时,就停止分割。

分割的基本问题就是把一幅图像分成满足一些条件的多个区域。令 R 表示一幅图像占据的整个空间区域,可以将图像分割视为把 R 分为 n 个子区域 $R_1, R_2, \cdots, R_n$ 的过程,其需要满足:

(1) $\bigcup_{i=1}^{n} R_i = R$,其中"$\cup$"符号表示集合的并。这表明图像分割必定是完全的,也就是说每个像素都必须在其中一个子区域内。

(2) R_i 是一个连通集($i = 1, 2, \cdots, n$)。这要求一个区域中的点以某些预定义的方式来连接。即在图像分割时,这些子区域所包含的每个像素可在区域内连通到任意一个该区域的其他像素。

(3) $R_i \cap R_j = \varnothing$,对于所有 i 和 j,$i \neq j$,其中 $\cap$ 符号分别表示集合的交,$\varnothing$ 表示空集。这表示各个区域必须是不相交的,即一个像素只可被分到一个子区域里,不可同时被划分到多个子区域。

(4) $Q(R_i) = \text{TRUE}$,$i = 1, 2, \cdots, n$,其中 Q 为某命题,即分割后的一个子区域中的像素必须满足某个或某些共同属性。例如,如果 R_i 中的所有像素都有相同的灰度级,则 $Q(R_i) = \text{TRUE}$,或者 R_i 中的所有像素在语义上组成了图像中的某个个体(如一辆车),则得 $Q(R_i) = \text{TRUE}$。

(5) $Q(R_i \cup R_j) = \text{FALSE}$,对于任何 R_i 和 R_j 的邻接区域。这要求两个邻接子区域 R_i 和 R_j 在这个或这些共同属性上必须是不同的。例如,以灰度级分割为例,相邻的两个子区域 R_i 和 R_j 必须具有不同的灰度级,但非邻接子区域 R_i 和 R_k 不受该限制。

多数传统的分割算法均基于图像中灰度值不连续性和相似性两个基本性质。基于不连续性的算法是以灰度突变为基础分割一幅图像，如图像的边缘。基于相似性的算法主要是根据一组预定义的准则将一幅图像分割为相似的区域。阈值处理、区域生长、区域分裂和区域聚合都是典型的基于相似性的分割算法。

图 7.1 示例了这两类分割方式，图(a)~(c)是基于不连续性的分割算法。图 7.1(a)是在一张恒定灰度的暗背景上叠加一个较亮恒定灰度区域的图像。图 7.1(b)是基于灰度的不连续性来计算内部区域边界所得到的结果。边界内侧和外侧的点都是黑色(灰度值为 0)，因为在这些区域中灰度不存在不连续性。而由边界的一侧移动到另一侧时，灰度值出现了不连续现象，对基于灰度值的分割来说可认定此界限为两个相邻子区域之间的边界。为分割该图像并将分割结果可视化，对该边界上或该边界内的像素分配了一个灰度级(如灰度值为 255)，而对该边界外部的所有点分配另一个灰度(如灰度值为 0)，相应的分割结果如图 7.1(c)所示。可以看出，该结果满足分割定义的各个条件。

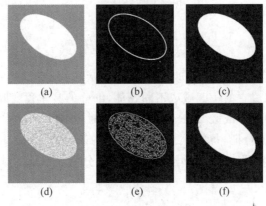

图 7.1　两类分割方式

图 7.1(d)~(f)示例了基于相似性的分割算法。图 7.1(d)类似于图 7.1(a)，但内部区域的灰度形成了一幅纹理模式。图 7.1(e)是计算该图像边缘的结果。不难发现，图像内部白色区域的大量不规则的纹理变化使识别边界更加困难。如果使用基于边缘的分割方法，计算图像中的灰度不连续性，则如图 7.1(e)所示，图像内部的整个区域都会被识别为边界。不过值得注意的是，该图像外部的灰色区域的灰度是基本恒定的，此时分割问题可以转换为区分"纹理区域"和"恒定区域"的问题。像素灰度值的标准差是图像"纹理"程度的一种度量，因为在纹理区域一个像素周围小邻域的灰度标准差非零，而在恒定区域像素周围小邻域的灰度标准差为零。图 7.1(f)显示了将原图像分成大小为 4×4 的一批子区域并根据区域内标准差进行分割的结果：若某个子区域中的像素的标准差为正(属性为"真")，则将该子区域对应像素点标记为白色；否则标记为零。可以看出，该结果满足分割定义的各个条件。

7.1.2　像素聚类

聚类是一种统计学方法，它将一个数据集划分成不同的子集，其中同一集合中的数据点应具有相似的属性或特征,而不同集合中的数据点应在这些属性或特征上具有较大差异。聚类是一种无监督学习方法,也是许多领域中用于统计数据分析的常用技术。

如图 7.2 所示,用几何距离判定数据点之间的相似性,即若两个或多个数据点之间的几何距离"接近",则它们属于同一簇。由此,聚类后可将数据划分为 3 个簇。除了几何距离,在聚类方法中也常选用曼哈顿距离、切比雪夫距离、闵可夫斯基距离等度量标准以满足不同的实际需求。

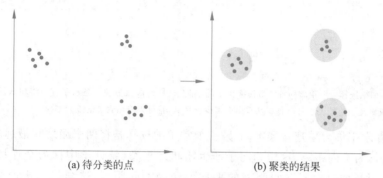

(a) 待分类的点　　　　　　　　　(b) 聚类的结果

图 7.2　简单的聚类

在计算机视觉领域中像素聚类与图像分割紧密相关。图像分割的任务是将图像细分为构成它的子区域或不同物体,在统计学中对应的问题就是"聚类分析"。

7.2　聚类

常见的聚类算法主要有分解式聚类算法和凝聚式聚类算法。

在分解式聚类算法中,首先将整个数据集视为一个大的簇,然后通过递归方法逐步分裂成适当数量和类别的簇。分解式聚类算法的主要步骤如下:

(1) 定义所有数据点属于一个大的簇;

(2) 将一个簇分裂为两个簇,条件是所分裂出的两个簇的类间距离最大;

(3) 重复步骤(2)直到聚类满足终止条件。

凝聚式聚类算法与分解式聚类算法采用相反的思路,即首先将每个数据项都视为一个独立的簇,然后将这些簇逐步合并,形成新的包含更多数据的簇,直到无法合并任意两个簇,如图 7.3 所示。凝聚式聚类算法的主要步骤如下:

(1) 定义每个数据点为独立的一个簇;

(2) 将类间距离最小的两个簇合并为一个簇;

(3) 重复步骤(2)直到聚类满足终止条件。

无论是分解式聚类算法还是凝聚式聚类算法,都需要明确类间距离的计算方式以及终止条件。

1. 类间距离的衡量方式

一般情况下可根据数据集本身的特征与想达到的目标确定适当的类间距离。一个常用的选择是将两个簇之间最近的两个元素的距离作为类间距离,这样趋向于产生细长

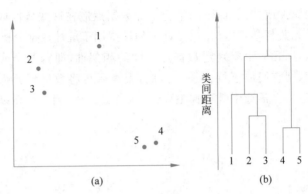

(a)   (b)

图 7.3   一组待聚类的数据和采用单连接凝聚式聚类得到的过程树状图

注：如果选择一个距离的特殊值作终止条件,那么这样对应该值的一条水平直线将树状图分
割成聚类。这种表示可以直观地看出有多少种聚类,且可以看出聚类的效果如何。

形聚类(统计学中称为单连接聚类);另一个常用的选择是将两个簇之间最远的两个元素
之间的距离作为类间距离,这样趋向于产生团状形聚类(统计学中称为全连接聚类);此
外还可以使用两个簇中元素间距离的平均值作为类间距离,这样趋向于产生圆形聚类
(统计学中称为基于分组均值的聚类)。

    2. 聚类目标数量的确定

    确定聚类目标数量是聚类问题的一个难点,在实际应用中常见通过在某个属性上确
立阈值来决定什么时候停止分解或者合并。例如,在凝聚式聚类中,当最小类间距离足
够大或聚类目标数达到某个特定值时,停止合并。

    下面将介绍几种典型的聚类算法,包括 AGNES(agglomerative nesting)算法[1]、
k-均值[2]算法以及均值漂移聚类(mean-shift clustering)[3]算法。

7.2.1   AGNES 算法

    AGNES 算法是一种经典的自底而上的凝聚式层次聚类方法,它能够根据指定的相
似度或距离定义计算出类之间的距离。它的主要思想是初始状态从 N 个簇开始,每个
簇最初只包含一个对象,然后在每个步骤中合并两个最相似的簇,直到形成一个包含所
有数据的簇。其主要步骤如下:

    (1) 将每个对象视为一个初始簇;

    (2) 计算每两个簇之间的距离,并找到距离最近的两个簇;

    (3) 合并以上距离最近的两个簇,形成新的簇;

    (4) 重复步骤(2)、(3)直到终止条件满足。

    上述算法的关键是如何计算聚类中簇之间的距离。实际上,每个簇本质上是一个样
本集合,因此只需要采用某种关于集合的距离。例如,给定聚类簇 C_i 和 C_j,可以定义两
个簇的最小距离:

$$d_{\min}(C_i, C_j) = \min_{\boldsymbol{p} \in C_i, \boldsymbol{q} \in C_j} |\boldsymbol{p} - \boldsymbol{q}| \tag{7.1}$$

最大距离:

$$d_{\max}(C_i, C_j) = \max_{\boldsymbol{p} \in C_i, \boldsymbol{q} \in C_j} |\boldsymbol{p} - \boldsymbol{q}| \tag{7.2}$$

均值距离：

$$d_{\mathrm{mean}}(C_i, C_j) = |\bar{\boldsymbol{p}} - \bar{\boldsymbol{q}}|, \bar{\boldsymbol{p}} = \frac{1}{|C_i|} \sum_{\boldsymbol{p} \in C_i} \boldsymbol{p}, \bar{\boldsymbol{q}} = \frac{1}{|C_j|} \sum_{\boldsymbol{q} \in C_j} \boldsymbol{q} \tag{7.3}$$

平均距离：

$$d_{\mathrm{avg}}(C_i, C_j) = \frac{1}{|C_i||C_j|} \sum_{\boldsymbol{p} \in C_i} \sum_{\boldsymbol{q} \in C_j} |\boldsymbol{p} - \boldsymbol{q}| \tag{7.4}$$

显然，最小距离由两个簇的最近样本决定，最大距离由两个簇的最远样本决定，均值距离由两个簇的中心位置决定，平均距离由两个簇的所有样本共同决定，如图 7.4 所示。当聚类距离由 $d_{\min}$、$d_{\max}$ 或 d_{avg} 计算时，相应地 AGNES 算法称为"单链接""全链接"或"均链接"算法。

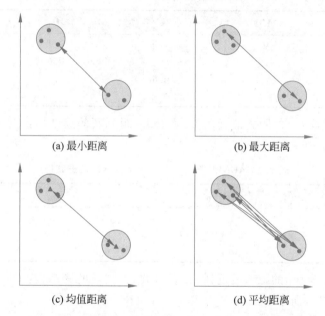

图 7.4　最小距离、最大距离、均值距离和平均距离示意

为了更好地理解 AGNES 算法，以下展示了该算法的一个实例演示。使用 AGNES 算法对表 7.1 所列的数据集进行聚类，使用最小距离 $d_{\min}$ 定义簇间距离，该示例的树状图如图 7.5 所示。初始状态共有 5 个簇：$C_1 = \{A\}, C_2 = \{B\}, C_3 = \{C\}, C_4 = \{D\}, C_5 = \{E\}$。

表 7.1　AGNES 算法实例——初始数据状态

样本点	*A*	*B*	*C*	*D*	*E*
A	0	**0.4**	2	2.5	3
B	**0.4**	0	1.6	2.1	1.9
C	2	1.6	0	0.6	0.8
D	2.5	2.1	0.6	0	1
E	3	1.9	0.8	1	0

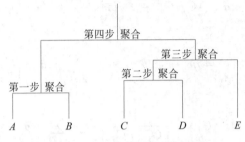

图 7.5 AGNES 算法示例树状图

(1) 簇 C_1 和簇 C_2 的距离最近,将二者合并,得到新的簇结构:$C_1 = \{A, B\}$,$C_2 = \{C\}$,$C_3 = \{D\}$,$C_4 = \{E\}$,如表 7.2 所示。

表 7.2 AGNES 算法实例——第一步后数据状态

样本点	AB	C	D	E
AB	0	1.6	2.1	1.9
C	1.6	0	**0.6**	0.8
D	2.1	**0.6**	0	1
E	1.9	0.8	1	0

(2) 簇 C_2 和簇 C_3 的距离最近,将二者合并,得到新的簇结构:$C_1 = \{A, B\}$,$C_2 = \{C, D\}$,$C_3 = \{E\}$,如表 7.3 所示。

表 7.3 AGNES 算法实例——第二步后数据状态

样本点	AB	CD	E
AB	0	1.6	1.9
CD	1.6	0	**0.8**
E	1.9	**0.8**	0

(3) 簇 C_2 和簇 C_3 的距离最近,将二者合并,得到新的簇结构:$C_1 = \{A, B\}$,$C_2 = \{C, D, E\}$,如表 7.4 所示。

表 7.4 AGNES 算法实例——第三步后数据状态

样本点	AB	CDE
AB	0	**1.6**
CDE	**1.6**	0

(4) 簇 C_1 和簇 C_2 的最近距离为 1.6,将二者合并,得到新的簇结构 $C_1 = \{A, B, C, D, E\}$。

可以看到,该算法总是可以收敛于 1 个簇的最终状态。有些情况下希望将样本分为多类,因此需人为设置终止条件使算法在合适的时候终止。终止条件通常可以按如下模式设置:

(1) 设定最小距离阈值 d^-,若某次循环后最相近的两个簇间的距离超过 d^-,则没有需要继续合并的簇,聚类终止。

（2）限定簇的个数 k，若某次循环后得到的簇的个数已经达到 k，则停止继续进行合并，聚类终止。

AGNES 算法在进行一次簇合并操作后，下一步处理将在新生成的簇上进行。已做的处理不能撤销，聚类之间也不能交换对象。增加新的样本对结果的影响较大。

假定 AGNES 算法开始时，数据集共分为 n 个簇，在结束时为 1 个簇，因此主循环中存在 n 次迭代，在第 i 次迭代中，须在 $n-i+1$ 个簇中找到最靠近的两个进行合并，循环内操作的算法复杂度为 $O(n)$。另外，算法必须计算所有对象两两之间的距离，因此这个算法的复杂度为 $O(n^2)$。该算法不适用于 n 很大的情况，这种情况下需寻求复杂度更低的算法。

7.2.2 k-均值

k-均值算法是一种常见的聚类算法，它会将数据集分为 K 个簇，每个簇使用簇内所有样本均值来表示，该均值称为簇的"质心"。k-均值算法首先对可能的聚类分布定义一个代价函数，然后将算法的目标设为寻找一种使该代价最小的聚类分布。此类范式将聚类任务转化为一个优化问题，目标函数是一个从输入 $(\boldsymbol{x},d)$ 和聚类方案 $C=(C_1,C_2,\cdots,C_K)$ 映射到正实数（即损失值）的函数，其中 $\boldsymbol{x}$ 为数据点，d 为数据点间的距离函数，C 为聚类分布，$C_1,C_2,\cdots,C_K$ 为不同的簇。

给定一个目标函数 G，定义对于给定的一个输入 $(\boldsymbol{x},d)$，聚类算法的目标为寻找一种聚类使目标函数 G 最小，即

$$G_{k\text{-均值}}((\boldsymbol{x},d),(C_1,\cdots,C_K))=\sum_{i=1}^{K}\sum_{\boldsymbol{x}\in C_i}d(\boldsymbol{x},\boldsymbol{\mu}_i(C_i))^2 \tag{7.5}$$

其中，簇 C_i 的"质心" $\boldsymbol{\mu}_i(C_i)$ 定义为

$$\boldsymbol{\mu}_i(C_i)=\operatorname*{argmin}_{\boldsymbol{\mu}\in x'}\sum_{\boldsymbol{x}\in C_i}d(\boldsymbol{x},\boldsymbol{\mu}_i)^2 \tag{7.6}$$

所以式（7.5）也可以写成

$$G_{k\text{-均值}}((\boldsymbol{x},d),(C_1,\cdots,C_k))=\min_{\boldsymbol{\mu}_1,\cdots,\boldsymbol{\mu}_k\in x'}\sum_{i=1}^{K}\sum_{\boldsymbol{x}\in C_i}d(\boldsymbol{x},\boldsymbol{\mu}_i)^2 \tag{7.7}$$

式（7.7）的损失函数将聚类问题转换为了优化问题，直接寻找 k-均值算法的最优解通常是计算不可行的（NP-Hard 问题），所以用简单的迭代算法作为替代算法。k-均值算法的实际实践流程如下：

（1）选取质心。在输入数据范围里选择 K 个向量作为初始聚类质心 $a=a_1,a_2,\cdots,a_K$。如图 7.6 所示，设置 $K=3$，从数据集所在范围内随机选择三个向量作为初始聚类质心。

（2）距离聚类。针对数据集中每个样本 x_i，计算它到 K 个聚类质心的距离并将其分到与其距离最小的聚类质心所对应的类中（图 7.7），该步骤将所有样本分为 K 个类别。

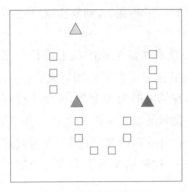

图 7.6　确定初始质心

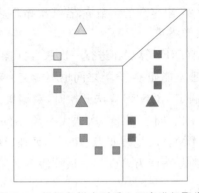

图 7.7　根据各样本到质心距离进行聚类

（3）更新"质心"。如图 7.8 所示，针对每个类别重新计算它的聚类中心 $a_j = \dfrac{1}{|C_i|}\sum_{x \in C_i} x$（属于该类的所有样本的"质心"），更新所有"质心"。

（4）循环。如图 7.9 所示，重复步骤（2）和（3），直至结果收敛，通常以每个簇的"质心"不再移动作为结果收敛的条件。

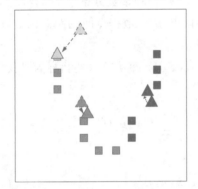

图 7.8　根据各类别样本均值更新"质心"

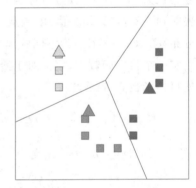

图 7.9　根据新的"质心"重新划分类别

在 k-均值算法中，算法的以下参数可能对结果有较大的影响：

（1）聚类"质心"个数。

k-均值算法中，需要事先给定聚类"质心"的个数 K，但实际上 K 值选定是难以估计的，很多时候事先并不知道给定的数据集应该分成多少个类别才合适。为缓解该问题，常使用以下三种策略：

① 遍历尝试所有 K 值。通过设置一个 $[k, k+n]$ 的 K 值，运行算法并逐个观察聚类结果，以决定使用什么 K 值对当前数据集最佳。该方法通常需要一个漫长的调试过程，因此难以实际应用。

② 小数据集抽样试验。在实际情况中，通常某个特定的数据集对应一个最佳的 K 值，而换一个数据集，使用同样的 K 值效果可能会下降；但对于分布相近的数据集，最佳 K 值通常会接近或者相同。因此，可以通过在整体数据集中抽样得到一个小数据集，在小数据集上进行遍历调试确定一个最佳 K 值，将其用于原数据集。通常这样能取得较好

的效果。

③ 启发式分裂探索。启发式分裂探索的方法是首先分出很少的几个簇,然后观察决定是否将它们继续分裂。可以选择 $K=2$,执行 k-均值聚类直到终止,然后考虑分裂每个簇。分裂簇的一种方法是在变化最大的方向、距离簇中心一个标准差的位置产生一个新的种子(初始"质心"),随后在反方向、等距建立第二个种子,然后基于这两个新的种子对簇中的数据点再次进行 k-均值聚类。

(2) 初始聚类"质心"的选择。k-均值聚类算法需要人为地确定初始聚类"质心",不同的初始聚类"质心"可能导致完全不同的聚类结果。在实际使用中往往不知道待聚类样本中哪些是我们关注的标签,人工事先指定"质心"基本上是不现实的,因此在大多数情况下采取随机生成初始聚类"质心"的策略。

(3) 距离度量标准。在 k-均值聚类过程中,需要不断循环地计算每个样本点与所有"质心"间的距离,选取距样本点距离最小的"质心"所属类别作为该样本的类别。要注意的是,特征空间中两个样本点的距离是两个样本点相似程度的反映。样本点之间的距离求解往往可用闵可夫斯基距离(L_p 距离)公式,它在不同的阶次数中表现为不同的形式:

当 $p=1$ 时,是绝对值距离,也称为曼哈顿距离或城市距离:

$$L_1(\boldsymbol{x}_i, \boldsymbol{x}_j) = \sum_{l=1}^{n} \mid \boldsymbol{x}_i^{(l)} - \boldsymbol{x}_j^{(l)} \mid \tag{7.8}$$

当 $p=2$ 时,是欧几里得距离,也就是两点之间的直线距离:

$$L_2(\boldsymbol{x}_i, \boldsymbol{x}_j) = \left(\sum_{l=1}^{n} \mid \boldsymbol{x}_i^{(l)} - \boldsymbol{x}_j^{(l)} \mid^2 \right)^{1/2} \tag{7.9}$$

当 $p=\lambda (3 \leqslant \lambda \leqslant +\infty)$ 时,即为常规闵可夫斯基距离;当 $p=+\infty$ 时,得到切比雪夫距离,即各个坐标值的最大值。

图 7.10 展示了二维空间中 p 取不同值时,与原点的 L_p 距离为 1 的点所组成的图形。

(4) 算法收敛(终止/停机)条件。计算 k-均值问题的目标函数最优解是一个 NP-Hard 问题,大多数时候都是针对聚类结果施加一些约束,得到一个终止/停机条件。例如,一种比较常用的停机条件是不断进行"划分,更新,划分,更新,……",直到每个簇的"质心"不再移动为止。

k-均值算法作为一种经典的聚类算法,其优点与缺点都比较明显。其优点包括:

(1) 容易理解,聚类效果不错。虽然仅能达到局部最优,但多数情况下该局部最优解能够满足实际问题的需求。

(2) 处理大数据集时,该算法可以保证较好的伸缩性。

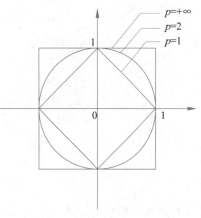

图 7.10　二维空间中 p 取不同值时,与原点的 L_p 距离为 1 的点所组成的图形

（3）当原始数据簇近似高斯分布的时候，效果非常不错。

（4）算法复杂度低。

其缺点包括：

（1）K 值需人为设定，不同 K 值得到的结果不同。

（2）对初始簇中心敏感，选取不同的初始簇中心会得到不同结果。

（3）对异常值敏感。

（4）每个样本只能归为一个类别，不适合多标签分类问题。

（5）不适合太离散的分类、样本类别不平衡的分类和非凸形状数据集的分类。

针对 k-均值算法的缺点，研究人员又提出了许多改进方案，常见的有以下这三种改进策略：

（1）数据预处理。k-均值的本质是基于闵可夫斯基距离的数据划分算法，均值和方差大的维度将对数据的聚类产生决定性影响，因此未做归一化处理和未统一单位的数据是无法直接参与运算和比较的。常见的数据预处理方式有数据归一化和数据标准化等。

此外，数据集中的离群点或者噪声数据会对均值产生较大的影响，导致中心偏移，因此还需要对数据进行异常点检测，例如去掉与其他点距离都太远的噪声点。

（2）合理选择 K 值。K 值的选取对 k-均值影响很大，这也是 k-均值最大的缺点。常见的选取 K 值的方法是手肘法和 Gap statistic 方法。

手肘法如图 7.11 所示，以 K 值作为 x 轴，以误差平方和（Sum of Squared Errors，SSE）作为 y 轴绘制图像。SSE 的计算公式如下：

$$\text{SSE} = \sum_{i=1}^{k} \sum_{\boldsymbol{p} \in C_i} |\boldsymbol{p} - \boldsymbol{m}_i|^2 \tag{7.10}$$

式中：C_i 为第 i 个簇；$\boldsymbol{p}$ 为 C_i 中的样本点；$\boldsymbol{m}_i$ 为 C_i 的"质心"（C_i 中所有样本的均值）；SSE 为所有样本的聚类误差，代表了聚类效果的好坏。

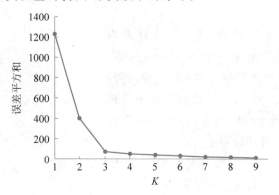

图 7.11　手肘法确定 K 值

通过观察该例可以发现：当 $K < 3$ 时，曲线急速下降；当 $K > 3$ 时，曲线趋于平稳。通过手肘法可以认为拐点 3 为 K 的最佳值。

手肘法的缺点是需要人工参与（观察曲线确定手肘点），难以满足自动化需求。Gap statistic 方法可以较好地解决这个问题。Gap statistic 的定义为

$$\text{Gap}(K) = E(\log D_k) - \log D_k \tag{7.11}$$

式中：D_k 为损失函数；$E(\log D_k)$ 为 $\log D_k$ 的期望。

一种最简单的损失函数 D_k 为类内样本点之间的欧几里得距离：

$$D_k = \sum_{x_i \in C_k} \sum_{x_j \in C_k} \| x_i - x_j \|^2 = 2n_k \sum_{x_i \in C_k} \| x_i - \mu_k \|^2 \tag{7.12}$$

这个数值通过蒙特卡洛模拟产生，即在样本所在的区域中按照均匀分布随机产生和原始样本数一样多的随机样本，并对这个随机样本做 k-均值，从而得到一个 D_k。如此往复 20 次，可以得到 20 个 $\log D_k$，对这 20 个数值求平均值，就得到了 $E(\log D_k)$ 的近似值，最终可以计算 Gap statistic。Gap statistic 取得最大值所对应的 K 就是最佳的 K。

如图 7.12 所示，当 $K = 3$ 时，$\text{Gap}(K)$ 取值最大，所以最佳的簇数 $K = 3$。

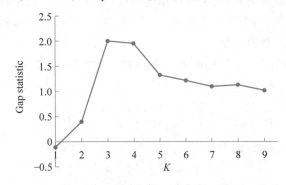

图 7.12 Gap statistic 法确定 K 值

（3）采用核函数进行高维映射。基于欧几里得距离的 k-均值假设各个簇的数据具有一样的先验概率并呈现球形分布，但这种分布在实际情况中并不常见。面对非凸的数据分布，可以引入核函数来优化，该算法称为核 k-均值算法，是核聚类方法的一种。核聚类方法的主要思想是通过一个非线性映射将输入样本数据点映射到高维特征空间中，并在新的特征空间中进行聚类。

k-均值算法的聚类结果受到给定 K 值和随机初始种子的影响较大。k-均值＋＋[4] 算法从一定程度上解决了该问题，其选择初始种子的基本思想是使初始的聚类中心之间的相互距离尽可能远。k-均值＋＋的算法步骤如下：

（1）从输入的数据点集合中随机选择一个点作为第一个聚类中心。

（2）对于数据集中的每个样本点 x，计算它与最近的聚类中心（指目前已选出的聚类中心）的距离 $D(x)$ 并保存在一个数组里，然后把这些距离加起来得到 $\text{Sum}(D(x))$。

（3）选择一个新的数据点作为新的聚类中心，选择的原则是 $D(x)$ 较大的点被选取作为聚类中心的概率较大，即让 k-均值不同类别间的距离尽可能远。具体步骤如下：

① 取一个落在 $\text{Sum}(D(x))$ 中的随机值 Random；

② 用 Random←Random-$D(x)$，直到 Random≤0；

③ 选取在这个"递减过程"中 $D(x)$ 最大的点作为下一个"种子点"。

（4）重复步骤（2）和（3）直到 k 个聚类中心被选出来。

（5）利用这 k 个初始的聚类中心运行标准的 k-均值算法。

从上述步骤(3)可以看出,k-均值++聚类的基本思想是第一个中心点仍然随机选择,其他的初始中心点则优先选择彼此相距很远的点。

7.2.3 均值漂移聚类

均值漂移聚类算法将聚类抽象为密度估计问题。均值漂移聚类算法的思想是假设不同簇类的数据集符合不同的概率密度分布,从任一样本点出发找到其附近样本密度增大的最快方向并朝该方向迁移,样本密度大的区域对应该分布的最大值,这些样本点最终会在局部密度最大值收敛,且收敛到相同局部最大值的点,被认为是同一簇类的成员。

因为均值漂移是基于密度分布的算法,所以首先需要确定一种估计样本点密度的方法。均值漂移聚类算法用核函数估计样本的密度,常用的核函数是高斯核。它的工作原理是首先在数据集上的每个样本点都设置一个核函数,然后将所有核函数映射的结果相加,从而得到数据集的核密度估计。

假设有大小为 n 的 d 维数据集 $\{\boldsymbol{x}_i\}$,核函数 K 的带宽为参数 h,则该数据集的核密度估计为

$$f(x) = \frac{1}{nh^d} \sum_{i=1}^{n} K\left(\frac{\boldsymbol{x}_i - \boldsymbol{x}}{h}\right) \tag{7.13}$$

式中:$K(\boldsymbol{x})$ 为径向对称函数,定义满足核函数条件的 $K(\boldsymbol{x})$ 为

$$K(\boldsymbol{x}) = c_{k,d} k(\|\boldsymbol{x}\|^2) \tag{7.14}$$

其中:$c_{k,d}$ 为归一化常数,使 $K(\boldsymbol{x})$ 的积分等于 1。

图 7.13 展示了用高斯核估计一维数据集密度的示例,对数据集中的每个样本点都设置了以该样本点为中心的高斯分布,累加所有的高斯分布,得到该数据集的密度估计。

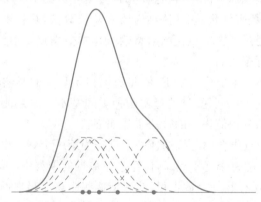

图 7.13　用高斯核估计一维数据集的密度

注:虚线表示每个样本点的高斯核;实线表示累加所有样本高斯核后的数据集密度。

均值漂移聚类算法的基本目标是将样本点向局部密度增加的方向移动,均值漂移向量就是局部密度增加最快的方向。通过引入高斯核已经得到了数据集的一组密度估计,该密度估计的梯度方向就是密度增加最快的方向。式(7.13)展示了数据集的密度估计,其梯度为

$$\nabla f(\boldsymbol{x}) = \frac{2c_{k,d}}{nh^{d+2}} \sum_{i=1}^{n} (\boldsymbol{x}_i - \boldsymbol{x}) g\left(\left\|\frac{\boldsymbol{x} - \boldsymbol{x}_i}{h}\right\|^2\right)$$

$$= \frac{2c_{k,d}}{nh^{d+2}} \left[\sum_{i=1}^{n} g(s)\left(\left\|\frac{\boldsymbol{x} - \boldsymbol{x}_i}{h}\right\|^2\right)\right] \left[\frac{\sum_{i=1}^{n} \boldsymbol{x}_i g\left(\left\|\frac{\boldsymbol{x} - \boldsymbol{x}_i}{h}\right\|^2\right)}{\sum_{i=1}^{n} g\left(\left\|\frac{\boldsymbol{x} - \boldsymbol{x}_i}{h}\right\|^2\right)} - \boldsymbol{x}\right] \quad (7.15)$$

式中：$g(s) = -k'(s)$；第一项

$$\frac{2c_{k,d}}{nh^{d+2}} \left[\sum_{i=1}^{n} g\left(\left\|\frac{\boldsymbol{x} - \boldsymbol{x}_i}{h}\right\|^2\right)\right] \quad (7.16)$$

为实数值；第二项的向量方向与梯度方向一致，定义为均值漂移向量，即

$$m_h(\boldsymbol{x}) = \left[\frac{\sum_{i=1}^{n} \boldsymbol{x}_i g\left(\left\|\frac{\boldsymbol{x} - \boldsymbol{x}_i}{h}\right\|^2\right)}{\sum_{i=1}^{n} g\left(\left\|\frac{\boldsymbol{x} - \boldsymbol{x}_i}{h}\right\|^2\right)} - \boldsymbol{x}\right] \quad (7.17)$$

均值漂移聚类算法的步骤如下。

(1) 计算每个样本点 $\boldsymbol{x}_j$ 的均值漂移向量 $m_h(\boldsymbol{x}_j)$。

(2) 每个样本点 $\boldsymbol{x}_j$ 向 $m_h(\boldsymbol{x}_j)$ 方向平移，即 $\boldsymbol{x}_j \leftarrow \boldsymbol{x}_j + m_h(\boldsymbol{x}_j)$。

(3) 重复步骤(1)和(2)，直至每个样本点收敛，即对所有样本点 $\boldsymbol{x}_j$，$m_h(\boldsymbol{x}_j) = 0$；

(4) 将收敛到同一点的样本点视为同一簇类的成员。

均值漂移聚类算法通过带宽 h 来调节簇的个数。图 7.13 中，数据集的概率密度只有一个局部最大值，因此使用均值漂移聚类得到的簇个数是 1。若设置带宽 h 的值接近于 0，则数据集样本的核函数类似于冲激函数，累加每个样本的核函数，得到数据集的概率密度如图 7.14 所示。

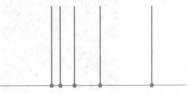

图 7.14 数据集的概率密度

注：带宽 h 接近 0 时，该数据集的概率密度有 5 个局部最大值，均值漂移聚类算法得到的簇类个数为 5（每个样本单独一类）。

7.3 基于聚类的分割

在进行图像分割时，需要将满足某种条件的像素点划分到同一个簇，并以此把一整幅图像分成若干个区域，因此图像分割可以看作对像素的聚类。具体划分的标准依赖不同的应用目标，例如归于一类的像素点可能有相同的颜色、纹理，或者它们相互邻接等。本节将以典型的聚类算法 k-均值和 Mean-shift clustering 为例，将聚类算法应用于像素聚类来实现图像分割。

k-均值用于图像分割，其主要思路是以空间中的 k 个像素点为中心进行聚类，将最靠近它们的像素归为该类，类别数为 k。通过不断迭代，逐次更新各聚类中心的位置，直至达到某个终止条件得到聚类结果。最终的 k 个类的特点是各类本身所包含的像素颜色尽可能相近且各类之间尽可能分开。

以目标类别数量 $K=2$ 为例,即只将图像根据像素值聚为 2 类,聚类结果如图 7.15 所示。可以从分割结果中看到,整幅图像被两种颜色进行划分,其中树和楼房的不同区域边界被分割出来。

(a) 原图   (b) 使用K=2的k-均值聚类算法进行图像分割

图 7.15 使用 k-均值聚类算法对像素聚类,实现图像分割

为进一步展示 K 值对 k-均值聚类结果的影响,分别使用 K 为 2、3、4 进行图像分割,如图 7.16 所示。可以看到,当 K 值增加时,将分割出更多的种类和细节,如建筑上不同的纹理,以及天空的层次。但是,当进一步增加 K 值的时候会出现很小的像素波动,导致同一物体被分割的情况。

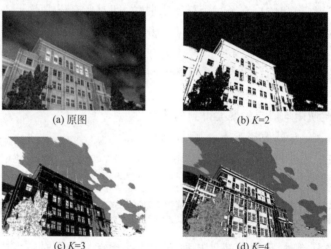

(a) 原图   (b) K=2

(c) K=3   (d) K=4

图 7.16 使用 k-均值聚类算法对像素聚类,实现图像分割

基于 k-均值聚类的图像分割算法的 Python 实现代码如下:

```
import cv2
import matplotlib.pyplot as plt
import numpy as np

img = cv2.imread('img.jpeg', cv2.IMREAD_GRAYSCALE)
img = cv2.resize(img, (img.shape[1]//3, img.shape[0]//3))
```

```
# 展平
img_flat = img.reshape((img.shape[0] * img.shape[1], 1))
img_flat = np.float32(img_flat)

# 迭代参数
criteria = (cv2.TERM_CRITERIA_EPS + cv2.TermCriteria_MAX_ITER, 20, 0.5)
flags = cv2.KMEANS_RANDOM_CENTERS

# 进行聚类
compactness, labels, centers = cv2.kmeans(img_flat, 2, None, criteria, 10, flags) # k = 2

compactness, labels2, centers = cv2.kmeans(img_flat, 3, None, criteria, 10, flags) # k = 3

compactness, labels3, centers = cv2.kmeans(img_flat, 4, None, criteria, 10, flags) # k = 4

# 显示结果
img_output = labels.reshape((img.shape[0], img.shape[1]))
img_output2 = labels2.reshape((img.shape[0], img.shape[1]))
img_output3 = labels3.reshape((img.shape[0], img.shape[1]))
cv2.imwrite('results/kmeans/img2.jpg', img)
cv2.imwrite('results/kmeans/img2_k2.jpg', img_output * 255)
cv2.imwrite('results/kmeans/img2_k3.jpg', img_output2 * 255/2)
cv2.imwrite('results/kmeans/img2_k4.jpg', img_output3 * 255/3)
```

将 Mean-shift clustering 聚类算法应用于像素实现图像分割的结果如图 7.17 所示。

(a) 原图   (b) Mean-shift clustering算法的分割结果

图 7.17　Mean-shift clustering 聚类算法对像素聚类，实现图像分割

基于 Mean-shift clustering 聚类的图像分割算法的 Python 实现代码如下：

```
from PIL import Image
import numpy as np
from sklearn.cluster import MeanShift, estimate_bandwidth
from time import time
import matplotlib.pyplot as plt
import numpy as np
import scipy as sp
from skimage.morphology import closing
import cv2
```

```
# 图片读取
im = Image.open('img.jpeg', 'r')
im = np.array(im)
length, height = len(im), len(im[0])
# 压缩空间维度
flat_image = np.reshape(im, [-1, 3])

# Mean-shift clustering算法
bandwidth = estimate_bandwidth(flat_image, quantile = .2, n_samples = 100)
print(bandwidth)
ms = MeanShift(bandwidth = 50, bin_seeding = True, min_bin_freq = 100)

# 数据拟合
start = time()
ms.fit(flat_image)
print(time() - start)
labels = ms.labels_

cluster_centers = ms.cluster_centers_

labels_unique = np.unique(labels)
n_clusters_ = len(labels_unique)
print("number of estimated clusters : %d" % n_clusters_)

imgarray = np.reshape(labels, [length, height])

layer = 2
region = (layer == imgarray)
nregion = ~ region
# 保存结果
shift = -1
edgex1 = (region ^ np.roll(nregion, shift = shift, axis = 0))
edgey1 = (region ^ np.roll(nregion, shift = shift, axis = 1))
cv2.imwrite('img.jpg', cv2.cvtColor(im, cv2.COLOR_BGR2GRAY))
cv2.imwrite('img_out.jpg', imgarray * 255/np.max(imgarray))
```

7.4 基于图论的分割

聚类算法基于不同样本之间的相似度进行处理，然而对所有数据进行配对与比较并不总是有效，例如直接比较相隔非常远的图像像素点之间的相似度。图结构将每个样本数据点视为图中的节点，在每对数据点之间设立加权边，用于帮助样本数据点进行比较。为数据集建立图结构后，对数据进行聚类处理的过程可以看作对图进行不同连接成分的分割。

7.4.1 图论的基础知识

图是一些顶点 V 以及连接这些顶点的边 E 的集合，记作 $G=\{V,E\}$。每条边能用一对顶点来表示,即 $E \in V \times V$。连接某个顶点的所有边的数目称为该顶点的度。边 (b, a) 和 (a, b) 不一样的图称为有向图,使用箭头表示边的方向;边 (b, a) 和 (a, b) 没有区别的图称为无向图,其边用不带箭头的连线表示。在一些图中,不同的边具有各自的权重,这样的图称为加权图。

在无向图中若存在一组路径(首尾相连的边)起于图中一点终于另一点,则称两个顶点是相连的;在有向图中若这组相连边上所有箭头的方向一致,则称这两个顶点是相连的。图中任意两个顶点都是相连顶点的图称为连通图。没有环的连通图称为树。给定一个连通图 $G = \{V, E\}$,由其顶点 V 和其边集的子集 E' 构成的树称为该连通图的生成树。根据定义,树是连通的,故生成树也是连通的。若干棵互不相交的树的集合称为森林。

任意一个图都是由若干独立的连通子图组成的,即对于任意图 $G = \{V, E\}$,可将其视为 $G = \{V_1 \bigcup V_2 \cdots V_n, E_1 \bigcup E_2 \cdots E_n\}$,其中所有的子图 $\{V_i, E_i\}$ 都是连通的,且不存在连接集合 V_i 和集合 V_j 中元素的边 E,其中 $i \neq j$。

加权图可以通过一个方阵表示,如图 7.18 所示,每个顶点有一个行数和一个列数。对于有向图,矩阵的第 (i, j) 元素表示了连接顶点 i 到 j 的边上的权重;对于无向图,则用一个对称矩阵表示,在对称的 (i, j) 和 (j, i) 位置的值各取对应的无向边权重的一半。

图 7.18 左上角为一个无向加权图;右边是该无向图对应的加权矩阵,大的值对应亮一些的颜色。如果将点和行(和列)按不同的顺序对应,矩阵将被重新排列。图 7.18 左下方是将原来的图以最小代价(切掉权重值最少的一些边)切分成为两个紧密相连的子图的结果,这种分割将该图对应的矩阵切分为对角线上的两个主块。

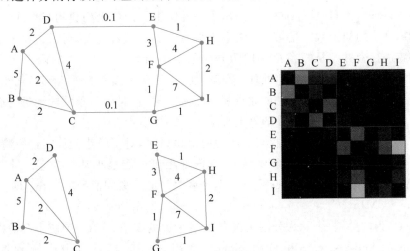

图 7.18 加权无向图(左上)、对应的加权矩阵(右),以及基于该加权矩阵进行的图的分割(左下)

图论在聚类与分割问题中具有重要应用。每个需要聚类或分割的元素相当于图上的一个顶点,任意两顶点之间的边上的权重代表了两个元素的相似程度。如果通过去掉一些边来形成一些比较好的连通子图(理想情况下子图内的边权重大于子图间的连接边权重),这时每个子图就是一个聚类簇。图 7.19(a)显示了一些分散的样本点,图(b)是使用某种相似性度量计算的相应的加权矩阵,较大值较亮,较小值较暗。注意这个矩阵近似于块对角结构,矩阵中有两个几乎全零的非对角块。两个对角块对应于两个明显的类内连接,两个非对角块对应于两个类之间的连接关系。

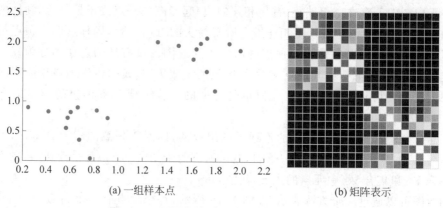

(a) 一组样本点   (b) 矩阵表示

图 7.19 平面上的一组样本点及其矩阵表示

理想的算法能使一组样本点对应的矩阵表示近似于一个块对角矩阵,这样易于把它分解为两个或多个矩阵,每个是其中一个对角块,这样的两个或多个对角块即表示样本点的两个或多个簇。基于图论的聚类或分割任务需要研究的是对于一组样本点及其之间的关系,如何将其视作图并划分成恰当的连通子图。

7.4.2 基于图论的凝聚式分割

Felzenszwalb 和 Huttenlocher[5]给出了一种使用图论理论构建的凝聚式分割方法。凝聚式分割算法的初始状态是每个像素点对应一个簇。接着,算法通过边权重的非递减的排序对簇进行合并。从权重最小的边开始依次进行判断,考虑边的两个端点所属的簇,若属于同一个簇,则不做任何处理;若该边权重比两个簇各自的内部距离小,则将两个端点所处的两个簇进行合并。如此重复判断所有的边,对满足条件的簇进行合并。结束访问最后一条边后即得到最终的聚类结果。

需要注意的是,在比较边的权重与簇的内部距离时,对于较小的簇需进行特殊处理,因为当一个簇仅包含少数或一个顶点时,其内部距离可能很小甚至为零。针对这个问题,Felzenszwalb 和 Huttenlocher 定义了两个簇之间的距离阈值函数 MInt,即

$$\text{MInt}(C_1, C_2) = \min(\text{int}(C_1) + \tau(C_1), \text{int}(C_2) + \tau(C_2)) \tag{7.18}$$

式中:$\text{int}(C)$ 为内部差,表示为分割区域 C 中最大边的权值;$\tau(C)$ 为使小簇的内部距离向上偏置的项,Felzenszwalb 和 Huttenlocher 采用 $\tau(C) = k/|C|$,其中 k 为常量参数。该算法快速且相对准确。

该算法步骤如下。

(1) 给定一系列初始簇 C_i,每个簇代表一个像素点。

(2) 按照非递减边权重的顺序对边进行排序,使得 $\omega(e_1) \leqslant \omega(e_2) \leqslant \cdots \leqslant \omega(e_r)$。

（3）从 $i=1$ 开始遍历边，并进行如下判断：

① 若边 e_i 的两个端点位于同一个簇内，则不做任何处理；

② 记其两个端点所在的簇分别为 C_l 与 C_m，若满足 $\text{diff}(C_l, C_m) \leqslant \text{MInt}(C_l, C_m)$，则将 C_l 与 C_m 进行合并产生新的簇，其中 $\text{diff}(C_1, C_2)$ 为分割区域 C_1 和 C_2 之间的差别，即两个分割区域之间顶点相互连接的最小边的权值。

（4）所有的边 e_i 遍历结束后，算法结束，此时的簇集合为最终的聚类结果。

图 7.20 为基于图论的凝聚式分割算法结果示例。

图 7.20 基于图论的凝聚式分割算法结果示例

7.4.3 基于图论的分解式分割

在介绍基于图论的分解式分割之前，首先需要对图像分割问题中的一种特定情形，即"前景—背景分割"进行介绍。前景—背景分割即将一幅图像分为前景（人们关注的区域或物体）与背景（人们不关注的区域）两类，通常来讲，前景需保持连贯而背景无须连贯。前景—背景分割的结果一般用一张三元映射图表示，其为一张与图像对应的掩膜，其中每个像素带有前景、背景或未知这三个标记中的一个。在进行前景—背景分割时，通常首先判别较明显的前景与背景像素，并根据判别结果建立模型，然后使用模型标记未知的像素。这些标记有两个重要的约束：一是包含前景/背景物体的像素应被标记为前景/背景；二是一个像素对应的标记应趋向于与其相邻像素一致。

Boykov 和 Jolly[6] 将该问题描述为一个能量最小化问题。记前景的像素集为 $\mathcal{F}$,背景的像素集为 $\mathcal{B}$,未知的像素集为 $\mathcal{U}$。σ_i 为第 i 个未知像素对应的二值变量,当第 i 个像素为背景时,$\sigma_i = -1$;当第 i 个像素为前景时,$\sigma_i = 1$。通过最小化某个能量函数的方式可得到这些二值变量的一组取值。该能量函数包括两项:一项鼓励具有前景/背景特征的像素被标记为前景/背景;另一项鼓励每个像素与其近邻像素保持相同的标记。

记 p_i 为第 i 个像素的向量表征,该向量包括该像素的亮度、颜色、纹理等信息。记 $d_f(p)$ 为像素向量 p 与前景的相似性距离:当该像素与前景像素相似时,该函数值偏小;当该像素与前景像素不相似时,该函数值偏大。同理,记 $d_b(p)$ 为像素向量 p 与背景的相似性距离。$\mathcal{N}(i)$ 为第 i 个像素的近邻像素。$B(p_i, p_j)$ 为表达两个像素相似性的非负对称函数,用于表示将近邻像素分配到不同模型的代价。该函数应尽可能简单(如直接采用绝对值函数),以尽可能保证近邻像素具有相同的标记。若采用更复杂的 B 函数,该函数也应在两个像素非常相似时取更大的值,在两个像素差距较大时取较小的值。

综上,记 $\mathcal{I}$ 为全体像素集,$\mathcal{U}$ 为未知标记的像素集,$\mathcal{F}$ 为已知标记为前景的像素集,$\mathcal{B}$ 为已知标记为背景的像素集。可定义能量函数 $E^*(\delta)$ 如下:

$$E^*(\delta) = \sum_{i \in \mathcal{I}} d_f(p_i) \frac{1}{2}(1 + \delta_i) + d_b(p_i) \frac{1}{2}(1 - \delta_i) +$$
$$\sum_{i \in \mathcal{I}} \sum_{j \in \mathcal{N}(i)} B(p_i, p_j) \left(\frac{1}{2}\right)(1 - \delta_i \delta_j) \tag{7.19}$$

为使该目标函数尽可能小,标记需尽量满足如下特征:首先,符合前景模型的像素标记为 $\sigma = 1$,符合背景模型的像素标记为 $\sigma = -1$;其次,像素尽可能在邻域差距较大处进行标记变化(以使得 B 较小),最小化该能量函数非常困难,因为这是一个组合问题(σ_j 仅具有两个可取的值)。

为解决如何最小化能量函数 E 的问题,可将其重新表述为一个图的最小切割问题。可观察关于图 7.21 的一个切割,在该图中,每个像素通过一个顶点表示,源顶点关联前景标记,终端顶点关联背景标记。对图中的每个像素均能找到一条连接到源顶点的边与一条连接到终端顶点的边,因此可通过切割这两条边中的一条得到一种对图的切割。需注意的是,若将这两条边全部切割,则该切割并非最小。对于每个像素,仅切割这两条边之一的切割结果与相应标签的能量函数 E 的结果相同。因此,可以通过计算图的最小切割来最小化能量函数 E。

在图 7.21 所示的例子中,左上图为将原始图像建模为图切割问题而得到的一个图,将连接源顶点 S 的像素点作为前景像素点,连接终端顶点 D 的像素点作为背景像素点。标签为已知的像素仅连接这两个顶点中的一个;此外,连接这些像素本身的近邻像素,连接的权重在下方的表中给出。近邻之间的连接在不同方向具有相同的权重,因此图中的近邻连接未画出方向。右上图为该图的一个切割结果,被切割的边用虚线表示。需注意这些像素要么与源顶点 S 相连接,要么与终端顶点 D 相连接,但不会与它们全部保持连接,也不会与其全部断开。若存在某个像素与 S 和 D 全部连接,则此时并未得到关于 S 和 D 的分割;若存在某个像素与 S 和 D 全部断开,则该点将没有被分类。此外,被切割的边的权重之和等同于能量函数 E 的值。因此,可以通过求解最小代价的切割将图像分割为前景和背景。

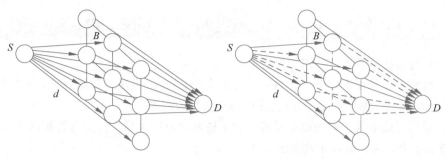

边	权重	情况
(i, j)	$B(p_i, p_j)$	i, j邻近
$(S \rightarrow i)$	0	$p \in \mathcal{F}$
	K	$p \in \mathcal{B}$
	$d_f(i)$	其他
$(i \rightarrow D)$	K	$p \in \mathcal{F}$
	0	$p \in \mathcal{B}$
	$d_b(i)$	其他

图 7.21　使用图的最小切割解决图像前景-背景分割问题的示例

注:K 为错误分类的代价。

本章小结

在对数字图像的处理与分析中,经常需要将图像中的某个或某类物体在图像中标识出来,或将不同类别的物体进行区分,如 Photoshop 软件中的自动抠图功能就是图像分割技术的直观体现。此外,图像分割也是许多领域中对图像进一步识别与标记的前提,如基于遥感图像的植被监测与评估、道路监控中的车牌自动识别功能等都需要依赖图像分割技术。

本章主要介绍了聚类与图像分割相关的基础知识与传统方法。7.1 节介绍了像素聚类与图像分割的基本概念,7.2 节以几种经典的传统聚类方法为例介绍了图像的像素聚类,7.3 节介绍了基于聚类的图像分割方法,7.4 节介绍了基于图论的图像分割方法。不同于聚类算法基于不同样本之间的相似度进行处理,基于图论的图像分割算法将图像中的像素点视为图中的节点,在数据项中相邻点之间设立加权边,将数据聚类的过程看作对图的分割。这种方法并不单纯依赖比较样本数据之间的相似度,因此对某些基于聚类的图像分割方法难以处理的数据分布有较好的效果。

近年来,随着深度学习技术的快速发展,基于深度学习的语义分割与实例分割方法具有更好的应用效果。基于深度学习的语义分割方法使用神经网络自动从图像中学习特征,并将特征与分类结果进行对应,进行端到端的分类学习,相比通常依赖人工定义先验规则的传统分割方法更为精细,大大提升了语义分割与实例分割的精确程度,第 10 章将会更详细地进行相关技术的介绍。

习题

1. k-均值初始类簇"质心"如何选取?

2. 传统的凝聚层次聚类过程每步合并两个簇,这样的方法最后能直接得到数据点集嵌套的簇结构吗? 如果不能,如何处理以得到簇结构视图?

3. 使用习题 3 表中的相似度矩阵进行单链和全链层次聚类。绘制树状图显示结果,树状图应当清楚地显示合并的次序。

习题 3 表　数据相似度状态

样本点	A	B	C	D	E
A	1.00	0.10	0.41	0.55	0.35
B	0.10	1.00	0.64	0.47	0.98
C	0.41	0.64	1.00	0.44	0.85
D	0.55	0.47	0.44	1.00	0.76
E	0.35	0.98	0.85	0.76	1.00

参考文献

第

8

章

立体视觉

在日常生活中,人们可以根据左右两只眼睛获得的景像,察觉这两幅景像之间的差别(视差),从而获得相应的深度信息,这一过程称为人类的立体视觉。得益于这一能力,人类可以比较轻松地感知到物体与自身之间的距离,并根据这一距离信息做出相应的决策。相机的成像过程实际上就是一个三维空间信息到二维像素平面的转换过程,这一过程不可避免地存在深度信息的丢失。而深度信息对于三维重建、智能机器人、矿坑勘测等领域而言又是不可或缺的要素,因此如何在机器上模仿人类视觉系统实现机器立体视觉从而获得物体的深度信息一直是研究的热点。此外,立体视觉在机器人导航、地图生成、航空勘测、近距照相测量以及用于目标识别的图像分割等领域均体现出极大应用价值,其在目前同步定位与建图(Simultaneous Localization and Mapping,SLAM)(图 8.1)和自动驾驶(图 8.2)等领域也有突出的表现。

(a)   (b)

图 8.1　立体视觉在 SLAM 中的应用

注:图(a)、(b)从下到上、从左至右依次为特征点图像、左相机图像、右相机图像和 StereoDSO 重建出来的三维点云图

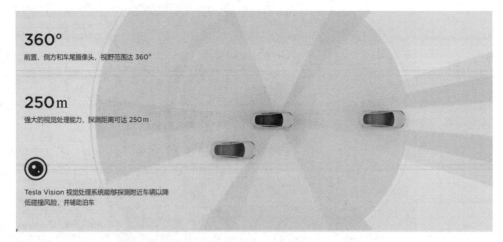

图 8.2　特斯拉 Autopilot 自动辅助驾驶中的视觉应用

本章将从人眼的视觉机制出发讲解机器立体视觉的实现过程。8.1节将介绍人类的立体视觉原理,为机器的立体视觉提供参考;8.2节将从极线几何学出发,讲解双目匹配

的算法基础及其在双目匹配过程的用处；8.3 节与 8.4 节分别基于双目匹配与平面扫描介绍通过两张图片估计场景深度的方法；8.5 节将展示立体视觉在现实生活中的一些应用。

8.1 人类的立体视觉

在介绍机器的立体视觉之前，本节介绍人类实现立体视觉的机理。在第一次接触相机时通常会有这样的疑问：为什么通过相机去看现实世界的物体会给人一种难以分辨物体之间前后关系的感觉，而直接用眼睛去看现实世界中的物体却能够比较清楚地知道它们的远近关系？它的背后其实就是相机单目成像以及人眼双目立体视觉的区别。早在 19 世纪就有人对人眼的立体视觉提出了疑惑，英国著名科学家温特斯顿就一直在思考人类观察到的世界为什么是立体的？在那个年代，关于人脑和人眼的研究一直是生物学领域的一大热点和难点，而这一问题的出现更是进一步推动了生物学家对未知知识的渴求。随着进一步的研究，人们渐渐挖掘出了这个问题的答案，即双目视差。

首先，人眼位于鼻梁的两侧，两眼之间的间隔约为 6.5cm。这一排布使得两眼在鼻侧视野相互重叠，因此对于该范围内的任何物体都能同时被两眼观测，两眼同时观察某一物体产生的视觉效应又称为双目视觉（图 8.3）。

虽然该物体会同时在左右眼视网膜上成像，但由于人眼存在间距，成像的角度和位置会存在差异。而正是这个差异的存在，人脑便可以通过对比两个像之间的差异感知物体距我们的远近，从而产生立体感。这一差异就是双目视差。而双目视物时，由大脑主观产生的

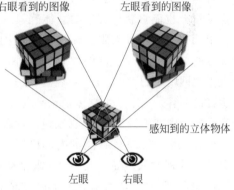

图 8.3 双目视觉示意

被观察物的厚度以及空间深度等感觉就是立体视觉。如图 8.4 所示，对于处在不同距离的物体，其在左右眼视网膜的成像位置也不相同。对于某一物体，利用其在左右眼视网膜上的成像位置差，也就是视差，便可以感知到物体距离我们的远近。越近的物体在两眼视网膜上相差越大。

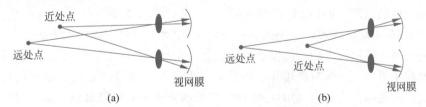

图 8.4 双目视差引起立体视觉示意

除了双目视差可以产生立体视觉以外，还有一些其他的情况也会使人眼感觉到立体感。比如，双眼观察物体时的双眼辐辏角就是使我们产生立体视觉的另一个来源。人眼

为了使眼球相对于视距保持一定,会自然地将两眼球向内侧旋转,从而确保视点处于视力以及颜色辨别能力较强的视网膜中心。因此,当人眼在观察相距较远的物体时,双眼的目光会相对平行地进行观看;当在观察距离较近的物体时,左右眼球为了使视线能够会聚在近处的物体上,便会相应地向内侧进行旋转(俗称对眼),这样一来,人脑便能根据眼球旋转产生的角度也就是辐辏角感知物体的深度,提供立体感。

此外,水晶体的调节也是获得立体感的一种方法。当人眼在观察物体时,为了确保物体能在视网膜上呈现出清晰的影像,其往往会依据物体的远近对人眼中的水晶体进行相应调整,这个过程也称为聚焦。当被视物体距离较近时水晶体的厚度会增大,当被视物体距离较远时水晶体的厚度会减小,如此一来就能够确保成像的清晰程度。同时,人脑根据感知水晶体的调节量便可以得知物体的远近,进而产生立体感。这种立体感的获取即使在单眼视觉中依然适用,但当物体距离很近时,水晶体的调节量较小导致立体感效果较差。

产生立体感的另一种方式是通过单眼视觉去观察运动中的物体或者移动的视点。在这种情况下,物体和视点在移动过程中会在单眼的视网膜上产生相应的视差,通过这一运动视差也能够获得相应的立体感。

上面提到的四种人眼立体视觉的成因是现代心理学公认的四种涉及生理机能的图像深度感知要素。除了这四种要素之外,还有六种涉及心理暗示的立体视觉产生要素,分别为视网膜像的大小、线性透视法、视野、光和阴影、空气透视以及重叠[19]。由于本节所要探讨的内容是人眼产生立体视觉的内部生理机理,因此这部分关于心理暗示的立体视觉要素在本节中并不详细展开,有兴趣的读者可以自行查阅相关书籍[18-19]了解相关含义。

依据人眼产生立体视觉的内部机理,人们开发出了 3D 眼镜和裸眼 3D 显示器等一系列营造立体视觉的产品。其中 3D 眼镜通过红蓝滤波、偏振光滤波或频闪技术使左右眼看到的景象不一样,从而引起人类的立体视觉效果;裸眼 3D 显示器通过光屏障或柱状透镜技术使眼睛在左右两侧分别看到显示器光栅的不同位置,同样可以使左右眼得到不一样的景象。

8.2　对极几何学

为了使机器也具有立体视觉,需要让机器通过两个相机获取相同物体的影像,仿照人眼感知立体的原理,计算视野范围内每一点处的视差,从而估计每一点的空间深度。计算视差,首先需要将两幅图像中的点一一对应,即对于给定一幅图像中的一个像素,需要计算它在另一幅图像中的对应像素位置。直接在整幅图像上进行搜索效率会很低,因此通常根据拍摄这幅图像时所用相机的位置信息以及该相机的标定数据等信息来缩小搜索对应点的范围。合理地利用这些信息,二维的搜索平面可以被缩小为一维的搜索直线(称为极线),达到降低搜索开销的目的。

8.2.1　对极约束

本节讲解如何使用对极约束将匹配特征点的搜索范围限制在图像中的一条直线上。

如图 8.5 所示,左相机在 O 点处拍摄三维空间中的目标点 P,得到其在左图像上的二维平面投影 p。显然,仅通过 p 在图像上的位置是无法确定目标点 P 的空间坐标的,因为射线 OP 上的点都会投影到 p 的位置,如 P_1 和 P_2。

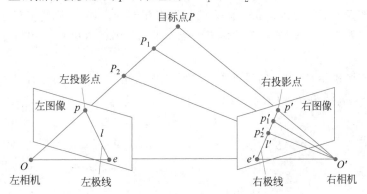

图 8.5 对极约束

为了确定到底是直射线 OP 上的哪个点,需要另外一个相机从另一个角度拍摄目标点 P,从而确定 P 在空间中的实际位置。如图 8.5 所示,将右相机放置于 O' 处,P 点投影到右图像上的 p' 位置。假设两相机的内、外参数已知(参见第 3 章),根据 p 和 p' 分别在左、右图像中的位置可以估算出目标点 P 的空间位置。

观察图 8.5 可以发现,射线 OP 上的所有点在右图像上的投影点都处在由 e' 和 p' 构成的一条直线 l' 上。这条直线称为右相机相对于左相机的极线(右极线),其中 e' 为相机 O' 和相机 O 之间的连线(基线)与右图像的交点。当已知目标点 P 的左投影点 p 时,只需要在极线 l' 上搜索目标点 P 的右投影点 p' 即可,这比在整个右图像上搜索计算量小得多。与之相对应的,在左图像上也存在一条由基线与左图像的交点 e 和目标点 P 在左图像上的投影 p 构成的直线 l,也就是左极线。

求极线最直接的想法是先求出平面 OPO',则极线就是平面 OPO' 和图像平面的交线。由于仅已知两个相机的内、外参数,以及两个投影点的图像坐标,按照上述方法计算会包含大量的坐标轴转换过程,较为烦琐。接下来将以求左极线 l 为例推导对极约束方程,从而计算出 l 的直线方程。

由于 Op、OO'、$O'p'$ 三线共面,其向量混合积为 0:

$$\boldsymbol{Op} \cdot (\boldsymbol{OO'} \times \boldsymbol{O'p'}) = 0 \tag{8.1}$$

式中:$\boldsymbol{OO'} \times \boldsymbol{O'p'}$ 表示同时垂直于直线 OO' 和直线 $O'p'$ 的向量,即平面 $OO'p'$ 的法向量。

这样就可以用直线 Op 与平面 $OO'p'$ 的法向量内积为 0 表示直线 Op 在平面 $OO'p'$ 内,从而得到式(8.1)。

式(8.1)中的向量都是用世界坐标系中的三维点表示的。将其改为以 O 为原点的左相机坐标系表示,可以得到

$$\boldsymbol{p} \cdot (\boldsymbol{t} \times \boldsymbol{R}\boldsymbol{p}') = 0 \tag{8.2}$$

式中:$\boldsymbol{t}$、$\boldsymbol{R}$ 分别为右相机相对于左相机的平移向量和旋转矩阵。

从式(8.1)到式(8.2)有以下三个变化:

（1）由于原点换成 O，因此原本的 $\boldsymbol{Op}$ 被化简成了左相机坐标系下 p 的坐标。

（2）原本的 $\boldsymbol{OO'}$ 实际上就是两相机间的平移向量 $\boldsymbol{t}$。

（3）原本的 $\boldsymbol{O'p'}$ 代表的是世界坐标系下射线 $O'p'$ 的方向。式(8.2)中的 $\boldsymbol{p'}$ 是指 p' 点在右相机坐标系下的方向向量。假设两相机有相同的内参数，则将其转换到左相机坐标系下只需左乘两相机坐标系间的旋转变换矩阵 $\boldsymbol{R}$，因此 $\boldsymbol{Rp'}$ 是左相机坐标系下射线 $O'p'$ 的方向。

现在需要将式(8.1)中的向量外积(叉乘)化简为矩阵乘法。对于任意两个三维列向量 $\boldsymbol{a}=(a_1,a_2,a_3)^{\mathrm{T}}$ 和 $\boldsymbol{b}=(b_1,b_2,b_3)^{\mathrm{T}}$ 有

$$\boldsymbol{a}\times\boldsymbol{b}=\begin{vmatrix} \boldsymbol{i} & \boldsymbol{j} & \boldsymbol{k} \\ a_1 & a_2 & a_3 \\ b_1 & b_2 & b_3 \end{vmatrix}=\begin{bmatrix} a_2b_3-a_3b_2 \\ a_3b_1-a_1b_3 \\ a_1b_2-a_2b_1 \end{bmatrix}$$

$$=\begin{bmatrix} 0 & -a_3 & a_2 \\ a_3 & 0 & -a_1 \\ -a_2 & a_1 & 0 \end{bmatrix}\begin{bmatrix} b_1 \\ b_2 \\ b_3 \end{bmatrix}=\boldsymbol{a}^{\times}\boldsymbol{b} \tag{8.3}$$

可以发现，$\boldsymbol{a}$ 与 $\boldsymbol{b}$ 求外积相当于将 $\boldsymbol{b}$ 左乘反对称矩阵 $\boldsymbol{a}^{\times}$（$\boldsymbol{a}^{\times}$ 为向量 $\boldsymbol{a}$ 对应的反对称矩阵）。将式(8.2)中 $\boldsymbol{Rp'}$ 与 $\boldsymbol{t}$ 的外积也替换成左乘反对称矩阵 $\boldsymbol{t}^{\times}$，可以得到

$$\boldsymbol{t}\times(\boldsymbol{Rp'})=\boldsymbol{t}^{\times}(\boldsymbol{Rp'})=(\boldsymbol{t}^{\times}\boldsymbol{R})\boldsymbol{p'} \tag{8.4}$$

式中：$\boldsymbol{t}^{\times}\boldsymbol{R}$ 为该双相机系统的本质矩阵，记为 $\boldsymbol{E}$。

因此，用式(8.4)右端替换式(8.2)中的外积可以得到

$$\boldsymbol{p}\cdot(\boldsymbol{t}^{\times}\boldsymbol{R})\boldsymbol{p'}=0, \quad \boldsymbol{p}^{\mathrm{T}}\boldsymbol{E}\boldsymbol{p'}=0 \tag{8.5}$$

这就是对极约束方程。其中 $\boldsymbol{t}$ 和 $\boldsymbol{R}$ 可以通过相机标定获得，而 p' 是右图像中已知的点，因此解线性方程(8.5)即可得到左极线 l 上所有可能的点 p 的坐标。

8.2.2 双目矫正

利用对极约束可以将匹配时的二维平面搜索空间简化成一维的直线搜索空间，从而大大降低匹配时的计算开销，随后便可以通过对应的匹配特征在左右图像中的坐标以及左右相机之间的基线距离利用三角测量的方法得出该特征点的深度信息。具体计算过程在本节的最后会详细介绍。

在实际拍摄中，双目相机的左右摄像头的方向往往并不是垂直于它们光心的连线(基线)并朝向同一个方向的，如图 8.6(a)所示。这种情况下得到的极线在图像中往往是一条相对倾斜(而非垂直或水平)的线，如图 8.6(b)所示。其导致每次移动都需要通过倾角来计算下一个点的坐标，这增大了搜索极线的开销。通常情况下希望搜索时的下次移动是水平或垂直的，这样可以轻松地得到下一个检索点的坐标(横坐标或纵坐标+1)，从而节省不必要的计算开销。为此提出了矫正方法。

如图 8.6 所示，对于左右相机拍摄得到的图像，各自之间都有着不同的倾斜幅度，例如右相机可能沿光轴逆时针偏转了 5°，而左相机则是沿光轴顺时针偏转了 3°。这样一来

图 8.6　双目相机矫正前位姿和实际拍摄的图像对及其极线关系

就不能用相同的旋转角对它们同时进行矫正,而是需要针对不同相机的外参数对其所拍摄的图像进行独立的矫正操作。具体有以下三个步骤:

(1) 使光轴垂直于这两台相机中心的连线(基线),如图 8.7(b)所示。由于倾斜具有一定的自由度和周期性,为了减少矫正时的开销,应该选择最小的旋转尺度进行矫正。

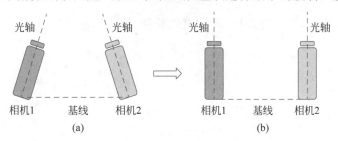

图 8.7　相机矫正之光轴与基线垂直

(2) 确保两台相机的成像坐标系一致,还需将相机绕光轴旋转,使各自相机坐标系中的竖直向量(也就是相机坐标系中 y 轴)和这两台相机之间的基线垂直(图 8.8),这样对应的极线对是水平的。

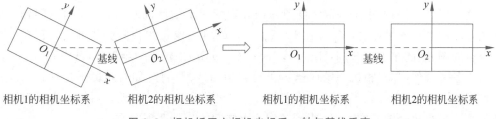

图 8.8　相机矫正之相机坐标系 y 轴与基线垂直

(3) 若两台相机的焦距不同,则需重新缩放图像以考虑不同的焦距长度,放大较小的图像以避免变形[2]。

通过上面所说的三步矫正操作,对图 8.6 中双目相机实际拍摄的图像对进行相应的处理,可以得到图 8.9 所示的矫正后的图像对。可以看到,通过矫正,原本有着一定倾斜角的极线变成水平极线,这样一来在后续立体视觉匹配的过程中便可以十分简便地得到下一个扫描点的位置,进而加速匹配的过程。

通过对左右相机进行矫正,之前构建的对极几何关系图便转换成了如图 8.10 所示的标准几何关系。其中,P 点在左右图像上的成像点分别为 P_L 和 P_R,它们在各自图像

(a)   (b)

图 8.9   双目相机矫正后位姿和得到的图像对及其极线关系

坐标系下的坐标分别为(X_L,Y_L)和(X_R,Y_R)。定义点 P 在左右相机的视差 $d=X_L-X_R$，这样一来就可以根据相似关系得到 3D 深度 z 和视差 d 之间的关系：

$$z=f\frac{B}{d} \tag{8.6}$$

式中：f 为焦距长度，单位为像素；B 为基线长度，即两相机中心 O_L 和 O_R 的距离。

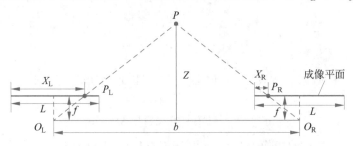

图 8.10   标准矫正几何下的三角测量

左右图像对应像素间坐标的关系为

$$X_L=X_R+d, \quad Y_L=Y_R \tag{8.7}$$

这时，从一对图像集中提取深度图的任务就变成了估计视差图 $d(x,y)$ 的问题。估计视差图的第一步是比对(X_L,Y_L)和(X_R,Y_R)处对应像素的相似度并将其保存在一个视差空间图像(Disparity Space Image，DSI)$C(x,y,d)$中供进一步处理，其中 $C(x,y,d)$ 的值为参考图像(如左相机图像)(x,y)处像素值与匹配图像(如右相机图像)$(x+d,y)$处像素值差的平方，代表了以 d 为视差时(x,y)处像素匹配的误差。后续可以通过双目匹配算法最小化全图像的 C 值，得到各像素点之间的最佳匹配关系。

8.3 双目匹配

如果通过左右相机所拍到的图像还原出真实的 3D 场景，就需要求出图像中每个像素点在真实场景中的深度，也就是相机拍摄时该像素点对应三维空间中的目标点与相机之间的距离，这就需要针对左图中的每个像素点 x_L，找到其在右图中的对应点 x_R，这样就可以获得它们之间的距离(即视差)d，从而根据式(8.6)计算出该点的深度 z。将图中的所有像素替换为对应的深度 z 后的结果图称为深度图。若替换为对应的视差 d，则称为视差图。由于深度和视差成反比，这两种图的视觉效果是相似的。双目匹配算法的结果通常为视差图。图 8.11 是利用块匹配(BM)算法得到的视差图,其中黑色部分是匹配失败的像素点,其余像素点的亮度颜色代表了视差。越接近白色的像素点对应的视差值越大,也就表明它距离相机越近。可以看出,鼎的颜色比背景更亮,从而可以区分出前景和背景。

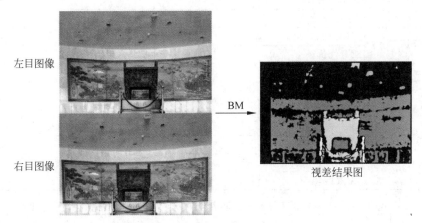

图 8.11　BM 算法得到的视差图

那么如何通过左右相机得到的图像计算出视差图呢?如图 8.12 所示,由于双相机系统已经过极线校正,右图中的对应点 x_R 与 x_L 在同一条水平线上(右相机相对于左相机的极线),因此只需要在这条线上搜索与左图中 x_L 所在位置最相似的点即可。然而,考虑到单一像素点涵盖的特征信息较少容易造成误匹配的问题,在实际匹配中往往是基于相邻像素间的相关性理论选用周边区域块进行相似性匹配。此外,对于 3D 场景中任何一点,其在右图像中的位置只可能比在左图像中的位置更靠左,也就是说 x_R 一定在 x_L 左侧,因此只需要在图中从 x_L 开始向左搜索 x_R。

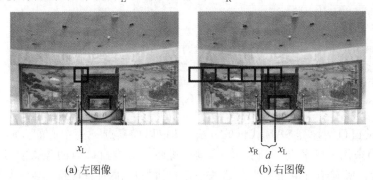

(a) 左图像　　　　　　　　(b) 右图像

图 8.12　在右图中寻找与左图中像素点 x_L 匹配的像素点 x_R

使用双目匹配算法进行深度估计的核心任务是在两幅图像里寻找每一对相互匹配点的像素点。不同的匹配算法会采用不同的搜索策略。经典的三种传统方法是块匹配、半全局块匹配(Semi-Global Block Matching,SGBM)和半全局匹配(Semi-Global Matching,SGM)。其中 BM 是 OpenCV 库提供的一种较为简单快速的算法[13]。SGM[4] 效果通常比 BM 更好,但需要的处理时间也更长。SGBM 是 OpenCV 对 SGM 算法稍做修改形成的算法。三种经典算法的处理流程见表8.1。

表 8.1　三种经典算法的处理流程

阶　段	步　骤	BM	SGBM	SGM
预处理	Sobel 滤波	√	√	
	Census 变换			√
代价计算	SAD 代价	√		√
	BT 代价		√	
代价聚合	代价聚合		√	√
后处理	代价曲线插值		√	√
	左右一致性检查		√	√
	唯一性检查	√	√	√
	小连通区剔除			√
	弱纹理区剔除	√	√	
	无效区填充			可选

从表8.1可见,双目匹配的传统方法通常分为预处理、代价计算、代价聚合和后处理四个阶段。其中代价计算阶段就是针对图8.12(a)中每个像素 x_L 及每个可能的视差 d,计算 $x_L - d$ 是正确匹配点 x_R 的可能性。只不过通常是反过来衡量"可能性"的,即通过某种指标计算图8.12(a)和(b)中对应小区域"不相似"的程度(可称为代价或差距),这样从图8.12(b)中选出匹配代价最小的点即为最佳匹配点。这种选取代价最小的作为结果的方案也称为"赢家通吃"(Winner Takes All,WTA)算法。

通过简单的代价计算得出的视差图通常有许多误匹配的点,因此后面的代价聚合阶段和后处理阶段都是在优化代价计算阶段的结果。本节主要参考表8.1所列的BM、SGBM、SGM经典的传统算法讲解双目匹配的各个步骤。

8.3.1　预处理与代价计算

为衡量两个小区域之间的差异,一个很简单的方案就是先计算出两个小区域中各个像素对的灰度差的绝对值,以此代表两个像素的差异,再将所有结果加起来代表小区域整体的差异。这个方案称为 SAD 代价。

1. SAD 代价

使用滑动窗口法计算 SAD 代价的方法:选取以像素点 x 为中心的方形窗口(大小通常设为 5×5)来代表像素点 x 所在的小区域,将两个对应窗口内的像素灰度值求差并取绝对值,最后将所有绝对值求和得到这两个窗口进行匹配的总代价。由于匹配点在同一水平线上,每次只需将右图中的窗口向左滑动一格。对左图所有像素点,选出与之匹配时 SAD 代价最小的右图像素点作为匹配结果,得到的视差图如图8.13所示。

SAD 代价下的匹配算法计算速度很快,但结果中有许多噪点。单就代价计算阶段,在 SAD 的基础上有以下三个改进策略:

(1) 在计算像素点对的差距时使用亚像素插值,即使用 BT 代价。

(2) 使用 Sobel 滤波对两幅图像做预处理,提取梯度信息。

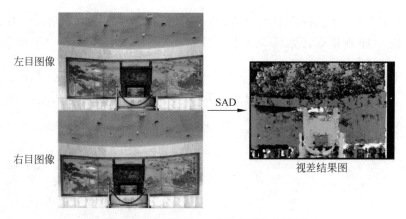

左目图像

右目图像

SAD

视差结果图

图 8.13　仅使用 SAD 代价得到的视差图

（3）比较窗口中的相对灰度而不是绝对灰度，即使用 Census 变换计算代价。

第一个策略可以抑制不连续匹配处代价值的剧烈波动，后两个策略可以减少两幅图像整体亮度不同造成的影响。接下来介绍这三个改进策略。

2. BT 代价

BT 代价由 Birchfield 和 Tomasi[13] 在 1997 年提出。考虑图 8.14 中的物体，其 a、c、e 段所在平面与视线垂直，左右相机所看到的图案大小近似相同，因此左右图中对应部分可以完美匹配，具有很小的代价值。而 b 和 d 段有一定坡度，由于视角问题，左相机只能看到 b 段而看不到 d 段（或所成的像很窄），右相机只能看到 d 段而看不到 b 段。这就造成 b、d 段上的 SAD 代价极大，如果使用 SAD 代价直接计算深度图，针对左图中的 b 段很可能会在右图中选取 SAD 代价更小的右图中的非 b 段的位置当作最佳匹配，从而得到错误的视差结果。因此，需要更加鲁棒的代价计算方式，使 b、d 段的匹配代价也很小，这样才能让深度图上 b、d 段位置呈现真实的灰度值。

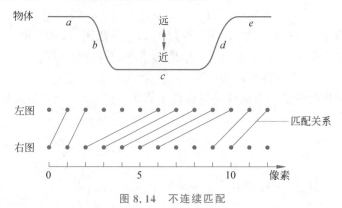

图 8.14　不连续匹配

BT 代价实际上是对两幅图像做了亚像素精化，左图中的像素点不再只允许和右图中的整数位置的像素点进行匹配，而可以与小数位置的像素点进行匹配。实际上图片中只有整数位置的灰度数据，因此要对两幅图像上的灰度值做插值来求出小数位置的像素灰度值。

如图 8.15 所示，使用 BT 代价计算图（a）中像素 x_i 和右图中像素 y_i 的匹配代价，还需要考虑 y_i 两侧相邻像素的灰度值。实际上 x_i 的最佳对应点很可能是图（b）中 $y_i - \frac{1}{2}$ 到 $y_i + \frac{1}{2}$ 范围内小数位置的某一点，但只知道整数点 $y_i - 1$、y_i 和 $y_i + 1$ 处的灰度值，因此通常将图（b）中三个数据点间连上线段来逼近真实的灰度值曲线，从而得到任何位置的灰度值。

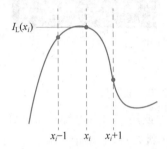 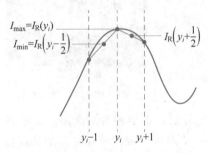

(a) 左图中相邻3个像素附近的灰度值曲线　　　(b) 右图中相邻3个像素附近的灰度值曲线

图 8.15　BT 代价计算方法

BT 代价衡量 x_i 灰度值与 y_i 附近灰度值的差异，其定义式为

$$d(x_i, y_i) = \min_{y_i - \frac{1}{2} \leqslant y \leqslant y_i + \frac{1}{2}} |I_{\mathrm{L}}(x_i) - I_{\mathrm{R}}(y)| \tag{8.8}$$

式中：I_{L} 和 I_{R} 分别为左图像和右图像的灰度函数；$I_{\mathrm{L}}(x_i)$ 为左图像在 x_i 位置处的灰度值。

由于灰度函数是连续的，式（8.8）所示的最小化问题可以化简为

$$d(x_i, y_i) = \begin{cases} I_{\min} - I_{\mathrm{L}}(x_i), & I_{\mathrm{L}}(x_i) < I_{\min} \\ 0, & I_{\min} \leqslant I_{\mathrm{L}}(x_i) \leqslant I_{\max} \\ I_{\mathrm{L}}(x_i) - I_{\max}, & I_{\mathrm{L}}(x_i) > I_{\max} \end{cases}$$

$$= \max\{0, I_{\min} - I_{\mathrm{L}}(x_i), I_{\mathrm{L}}(x_i) - I_{\max}\} \tag{8.9}$$

即如果左图中像素 x_i 的灰度值 $I_{\mathrm{L}}(x_i)$ 在 $[I_{\min}, I_{\max}]$ 范围内，那么可认为其与右图 y_i 附近的某点可以完全匹配，代价值为 0；如果 $I_{\mathrm{L}}(x_i)$ 不在 $[I_{\min}, I_{\max}]$ 范围内，那么代价可定为 $I_{\mathrm{L}}(x_i)$ 超出这个范围的距离。

由于已经使用线性插值对曲线的走势做了简化，可以用三个点的灰度值来近似 $I_{\min}$ 和 $I_{\max}$：

$$\begin{cases} I_{\min} = \min\left\{ I_{\mathrm{R}}\left(y_i - \frac{1}{2}\right), I_{\mathrm{R}}(y_i), I_{\mathrm{R}}\left(y_i + \frac{1}{2}\right) \right\} \\ I_{\max} = \max\left\{ I_{\mathrm{R}}\left(y_i - \frac{1}{2}\right), I_{\mathrm{R}}(y_i), I_{\mathrm{R}}\left(y_i + \frac{1}{2}\right) \right\} \end{cases} \tag{8.10}$$

用式（8.9）和式（8.10）可以计算出以左图为样板时的 BT 代价 $d(x_i, y_i)$，类似地也可以计算出以右图为样板时的 BT 代价 $d(y_i, x_i)$。左右图总的 BT 代价定义为两个代价的最小值：

$$\bar{d}(x_i, y_i) = \min\{d(x_i, y_i), d(y_i, x_i)\} \tag{8.11}$$

BT 代价仅仅是将 SAD 代价中求左右图像窗口内对应点绝对灰度差的步骤替换为求亚像素的距离,因此使用式(8.11)之后仍然需要将一个方形窗口里的所有像素的 BT 代价相加,以表示图像中一个区域的 BT 代价。

3. Sobel 滤波

5.1.2 节对 Sobel 滤波进行了详细介绍,其计算图像中一个像素附近的梯度信息,而与该像素本身的灰度值无关,因此可以用来比较两个亮度不均匀的图像之间的相似度,而不受局部光照变化的影响。双目匹配过程中滑动窗口在一幅图像中左右移动,因此需要使用计算水平方向梯度信息的水平 Sobel 滤波,如图 8.16 所示。

在 OpenCV 的库函数实现中,BM 和 SGBM 这两个双目匹配算法在预处理阶段均用到了 Sobel 滤波,其先对原图像进行 Sobel 滤波,再将经过滤波与未经过滤波的两对图像分别进行 SAD 或 BT 代价计算,最后将两代价加和作为最终代价。该方案既考虑了梯度信息,也考虑了原图像的绝对灰度值信息。

-1	0	1
-2	0	2
-1	0	1

图 8.16　水平 Sobel 滤波模板

除了可以排除光照不均匀的影响外,使用 Sobel 滤波做预处理还可以帮助识别弱纹理区域。若一个窗口内各处的梯度都接近 0,则认为该区域的纹理信息不足,无法进行匹配。此时,应该将此像素点处的视差值设为特殊值(如 0)表示匹配无效。

为避免梯度过大而超出表示范围或受噪声干扰,BM 和 SGBM 算法会对 Sobel 滤波的结果进行截断处理,即若梯度值的绝对值大于某阈值,则将其设为此阈值。OpenCV 中 SGBM 算法的测试例程将此截断阈值设为 63,即当像素点处的 Sobel 滤波结果的绝对值超过 63 时,将其设为 63 而不取更大的值。

此外,窗口大小的选取十分重要。使用不同窗口尺寸得到的 BM 算法结果如图 8.17 所示。

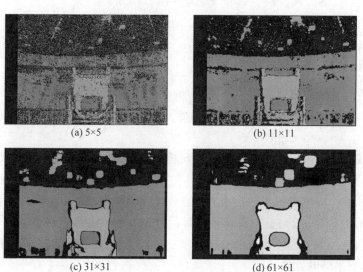

(a) 5×5

(b) 11×11

(c) 31×31

(d) 61×61

图 8.17　BM 算法使用不同窗口尺寸得到的视差图效果

可以看出,窗口尺寸越大,噪点会越少,但物体轮廓会变得不清晰。8.3.2 节将介绍的代价聚合步骤可以在保证轮廓清晰的同时去除噪点。

4. Census 变换

Census 变换是除 Sobel 滤波之外的一种仅关注像素相对灰度大小的图像变换,它能够较好地检测出图像中的局部结构特征,如边缘和角点等,从而可以用于衡量图像中两个小区域的结构相似度。

Census 变换以方形窗口中心的数值为参考对象,窗口内任意一个数如果小于或等于窗口中心的数,该位置就变为 0;如果大于窗口中心的数,该位置就变为 1。最终整个窗口会变成布尔矩阵,即每个位置上不是 0 就是 1。

如图 8.18 所示,分别对两窗口做 Census 变换之后将矩阵中的数字排列成一串二进制码,两串二进制码的汉明距离(数字不同的位数)即为两窗口的匹配代价。程序中可以先计算出两个图片中各个像素点位置处的二进制码,并存储到二维数组中,匹配时直接调取对应位置的二进制码进行比较。如图 8.18 所示情况下海明距离为 1,表示两区域的结构十分相似,很有可能是最佳匹配位置。

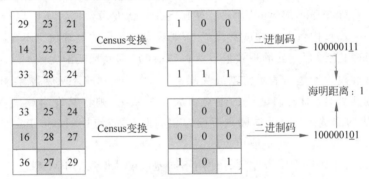

图 8.18　使用 Census 变换与海明距离求两窗口的匹配代价

SGM 算法中计算匹配代价使用的就是 Census 变换和海明距离。

8.3.2　代价聚合

经过代价计算阶段可以获得如图 8.19 所示的代价立方体。其 (x,y,d) 坐标位置的数值 $C(x,y,d)$ 表示左图中 (x,y) 位置像素点与右图中 $(x-d,y)$ 位置像素点的匹配代价。

如果直接将此代价立方体作为最终匹配代价,针对图像中每一像素选取对应代价最小的视差作为最优视差绘制视差图,得到的结果通常有较大噪声,而直接对其去噪会使物体的边缘轮廓模糊不清。考虑使用像素点 (x,y) 四周相邻像素的代价对像素点 (x,y) 的代价做平滑处理,可达到不失真降噪的目的。该方法称为代价聚合。例如,在图 8.19 中将标记为灰色的像素的代价值部分地累加到标记为黑色的像素上,使得相邻像素互相影响,从而达到平滑的效果。

代价聚合可选取 4 方向、8 方向和 16 方向聚合等,下面以从左向右聚合为例讲解代

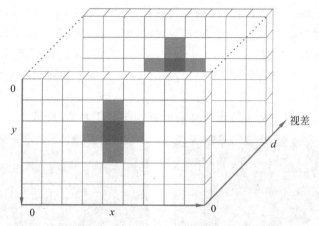

图 8.19 双目匹配算法代价计算阶段得到的代价立方体

价聚合的具体操作方法。

左图中像素点(x,y)的代价值$L(x,y,d)$受其左侧像素点代价值$L(x-1,y,d)$的影响，其计算式为

$$L(x,y,d)=C(x,y,d)+\min\begin{Bmatrix}L(x-1,y,d)\\L(x-1,y,d-1)+P_1\\L(x-1,y,d+1)+P_1\\\min_i L(x-1,y,i)+P_2\end{Bmatrix}-\min_i L(x-1,y,i)$$

$$(8.12)$$

式中：L 函数表示经过聚合处理后的代价值。式(8.12)等号右侧第 1 项是其原始代价值；第 2 项是从其左侧相邻像素处累加来的代价值；第 3 项是修正项，保证代价从左向右聚合到最后一个像素的过程中，代价值不会越加越大而超出表示范围。

关注式(8.12)等号右侧第 2 项，它是左侧像素点在 4 种不同视差下的代价的最小值，其中下 3 行分别有一个惩罚项（P_1 和 P_2）。惩罚项越大说明与其相关的可能性越低，因此要通过加大它来减小其被选为最小值的可能性。其中第 1 行是左侧像素在视差为 d 时的代价，最有可能与当前计算的代价（视差也是 d）相关，因此不设置惩罚项；第 2、3 行与当前视差相差 1，与当前计算的代价有一定可能相关，因此设置一个较小的惩罚项 P_1；第 4 行是任意视差下代价的最小值，与当前计算的代价相关度最低，因此设置一个较大的惩罚项 P_2。

可以发现，式(8.12)最右端减去的修正项$\min_i L(x-1,y,i)$一定小于第 2 项中的任意一行，因此可以保证聚合增量的非负性。

假设图像宽度为 w，针对图像中的每一行及每一视差 d，先令最左侧像素的聚合代价 $L(1,y,d)$ 等于其原始代价 $C(1,y,d)$，再从左向右按式(8.12)依次计算 $L(2,y,d)$ 至 $L(w,y,d)$。该过程即为从左向右方向上的一次代价聚合。类似地，可以从右向左、从上往下、从下往上，或者沿其他倾斜的方向依次进行代价聚合，此时只需修改式(8.12)中

代价值 $L(\cdot)$ 的前两项参数即可。例如,从右往左时对应 $L(x+1,y,i)$,此时代价计算按式(8.12)依次计算 $L(w,y,d)$ 至 $L(1,y,d)$ 的值;从上往下时对应 $L(x,y-1,i)$,此时根据式(8.12)依次计算 $L(x,1,d)$ 至 $L(x,w,d)$ 的值,最终得到经过代价聚合的代价立方体。使用该立方体进行后续计算可以在不改变图像中物体的轮廓清晰度的情况下减少视差图中的噪声。

不聚合及选用不同方向进行聚合得到的视差图如图 8.20 所示。

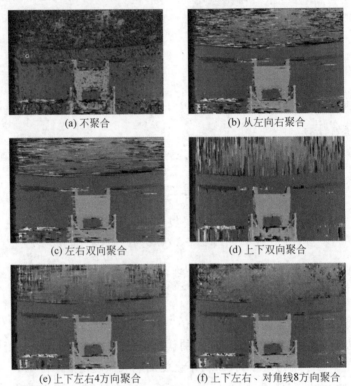

(a) 不聚合

(b) 从左向右聚合

(c) 左右双向聚合

(d) 上下双向聚合

(e) 上下左右4方向聚合

(f) 上下左右、对角线8方向聚合

图 8.20 SGM 算法不聚合及选用不同方向进行聚合得到的视差图

可以看出,在哪个方向上进行聚合,就会在对应方向上表现出平滑的效果。选取更多的聚合方向可以得到更平滑的效果,但会增加计算量。通常会根据运算时间的要求选取 4 个方向、8 个方向或 16 个方向聚合。

8.3.3 后处理

后处理的一个作用是将视差图结果进一步优化,剔除误匹配的点,例如将其视差设为 0,在视差图上表现为黑色,记为无效区;另一个作用是将无效区填充上最有可能的颜色,使视差图显得更加完整。

1. 代价曲线插值

经过代价计算和代价聚合,在视差立方体的视差轴向上选取代价的最小值点作为该像素点的最优视差,实际上视差通常是连续变化的,只考虑整数点对应的视差是不合理的。

图 8.21 为某像素点处代价随视差变化的情况,其中两条曲线是真实的视差变化曲线,而由于代价计算阶段只能整数点匹配,因此目前只知道整数点(图中圆点)处的代价值。现实中最小代价应该在左侧的低谷处取到,而如果使用在整数点中取最小值的方法,会误认为右侧的 d_2 点处为最佳匹配点。因此,考虑用二次曲线插值方法对整数点数据插值,将二次函数最小值点作为真实曲线最小值点的估计。

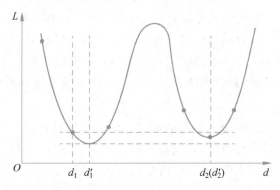

图 8.21 视差-代价曲线

图 8.21 中经过代价曲线插值得到更为精确的代价最小值点 d_1' 和 d_2',由于 $L(d_1')<L(d_2')$,可以正确选出最佳匹配点为 d_1'。在代价曲线插值的过程中视差值均保留若干位小数,最终确定视差图的染色精度(灰阶数量)后再做取整处理。

2. 唯一性检查

在得到代价的最小值点后,还需检查其是否是全局唯一的最小值点。若其他点处的代价值过于接近它(差距在某阈值范围内),则认为它并不是可信的匹配点,而是有一定概率是误选的,因此需要将其标记为 0,表示匹配失败的点。

例如,图 8.21 中 d_1' 和 d_2' 处的代价值十分接近,它们都很可能是最佳匹配点,但无法确定哪个是最佳匹配点。此时认为该像素位置无法确定最佳视差,将视差图上该点位置处设为 0。

可以使用以下相对比例公式衡量最小值 $L_{\min}$ 与次最小值 $L_{\min2}$ 的差异:

$$\frac{L_{\min2}}{L_{\min}} < \frac{100}{100-r} \tag{8.13}$$

式中: r 为可以调节的参数。

当式(8.13)成立时,认为次最小值与最小值过于接近,该最小值点无效。r 越大,对这个差距的要求就越严格。OpenCV 中 SGBM 算法的测试例中将 r 选取为 10,即当最小值与次最小值的差距小于次最小值的 10% 时认为最小值点无效。

3. 左右一致性检查

以上匹配过程均是以左图为模板,滑动窗口在右图上移动进行匹配,这样得到的视差图称为左视差图。如果将左右两图角色互换,即以右图为模板,在左图中寻找与之匹配的区域,同样可以得到一个视差图,称为右视差图。

理想情况下,左右两个视差图应该具有一致性,即若左视差图中点(x,y)的视差为d,则右视差图中点$(x-d,y)$的视差也约等于d。也就是说,左视差图中的点(x,y)与右视差图中的点$(x-d,y)$对应现实三维空间的同一个点,它距离相机应该是一样的。

若左视差图中某像素点(x,y)不满足上述条件,则认为该点是误匹配点,将其视差值标记为0。

4. 小连通区剔除

在以上两步检查后仍可能存在一些小区域上的匹配错误,因此当视差图中一个连通的色块的像素数量小于一定阈值时可认为是噪声,需要剔除,并将其上所有像素的视差值均标记为0,表示无效。具体操作时可以依次将视差图中的每一像素点作为起点,用广度优先遍历求其连通区域,若包含像素数量小于阈值,则将整个区域剔除。

5. 无效区填充

无效区填充的目的是将无法匹配的像素点的视差值设置成与周围类似的值。该操作填补出的视差值不具备可靠性,仅仅是对真实情况的估计。因此,在有严格精度要求的工程应用中通常不进行无效区填充,而保留其黑色值,以表明该位置无法计算出确定的值。

对于较小的无效区,可以使用中值滤波填补,其将无效区填上周围有效视差值的中位数(类似于去噪,见4.3.1节)。而对于范围较大的无效区,可将其归为如下两类:

(1) 遮挡区,即由于前景遮挡而在左图上可见但在右图上不可见的像素区域。若左图中像素点p同时满足以下两个条件,则可以认为其在遮挡区:

① 像素p是在左右一致性检查过程中被判定为无效像素的点。

② 假设点q为点p在右图中的匹配点,两点之间的视差为d,存在左图上的一点p'(与p不同),p'在右图上的匹配点也为q,且p'和q之间的视差大于d。

遮挡区的深度应该与背景相同,而背景相对于前景具有深度较大、视差较小的特点,因此对遮挡区的填补可使用其周围有效像素的次最小视差值。这里选取"次最小"而不是"最小"是为了避免使用错误的代价值(噪点值)。由于前景与后景中均包含多个像素点,因此"次最小"的位置仍处于后景区。

(2) 误匹配区,即不在遮挡区的错误匹配像素。该部位处于某物体表面,其真实深度近似等于周围像素深度的中值,因此对误匹配区的填补可使用其周围有效像素视差值的中位数。

在左右一致性检查时,可以将遮挡区像素点和误匹配像素点分别记录到两个表中;在唯一性检查和小连通区域剔除时,也可以记录相应的误匹配像素点到对应的表中;最后,将两个表中的像素按遮挡区、误匹配区两类进行填充,搜索附近的有效视差时可以采用广度优先搜索法或沿8个方向探测。

本节介绍的四个后处理步骤的效果如图8.22所示。其中小连通区剔除使用的阈值为50,即小于50个像素则认为是小连通区;无效区填充使用的是8方向探测法,即从待填充点出发沿8个方向分别寻找第一个有效像素点,在这些有效像素点中选取次最小值或中值对待填充点进行填充。

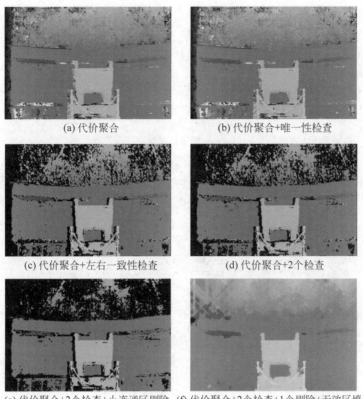

(a) 代价聚合 (b) 代价聚合+唯一性检查

(c) 代价聚合+左右一致性检查 (d) 代价聚合+2个检查

(e) 代价聚合+2个检查+小连通区剔除 (f) 代价聚合+2个检查+1个剔除+无效区填充

图 8.22 半全局匹配算法中各种后处理的效果

在不进行无效区填充的情况下,视差图中的两类位置匹配效果较差:

(1) 低纹理区。例如,图 8.22 中的天花板区域全部是白色而没有明显特征,因此无法确定合理的匹配位置。

(2) 强反光区。例如,图 8.22 中的地板区域有较强反光,会倒映出其他无关物体的特征造成干扰,因此无法准确匹配。

人在观察低纹理区与强反光区时也是根据经验脑补出物体形状的,此时人脑其实也是在做无效区填充。

8.3.4 双目匹配实践

目前 OpenCV 库提供 BM 和 SGBM 两种双目匹配算法,只需要设置各种参数即可调用相应函数,根据左右眼看到的图像生成视差图。本节展示如何使用 Python 语言调用 OpenCV 里的 BM 和 SGBM 算法进行双目匹配和深度估计。

使用 Python 调用 OpenCV 中 BM 算法的完整程序:

```python
import numpy as np
import cv2
```

```
# 读取左右图像(形状必须一样)
imgL = cv2.imread("D:/calib/l.png")
imgR = cv2.imread("D:/calib/r.png")

# 将彩色图片转为灰度图
imgL = cv2.cvtColor(imgL, cv2.COLOR_BGR2GRAY)
imgR = cv2.cvtColor(imgR, cv2.COLOR_BGR2GRAY)

# 定义双目匹配算法对象
stereo = cv2.StereoBM_create(
    numDisparities = 16 * 5,                # 灰度级数量,必须是 16 的倍数
    blockSize = 5                           # 方形窗口的边长,必须是 5~255 范围内的奇数
)

disparity = stereo.compute(imgL, imgR)      # 计算视差

# 把视差图中的灰度值规范化到 0~255,便于观察
disp = cv2.normalize(disparity, disparity, alpha = 0, beta = 255,
                     norm_type = cv2.NORM_MINMAX, dtype = cv2.CV_8U)

# 显示左右图和视差图
cv2.imshow("left", imgL)
cv2.imshow("right", imgR)
cv2.imshow("disparity", disp)
cv2.waitKey()                               # 按任意键关闭窗口,否则停留
```

若要使用 SGBM 算法,只需将上面程序里定义 BM 匹配算法对象 stereo 的语句替换为下面的代码:

```
# 定义双目匹配算法对象
stereo = cv2.StereoSGBM_create(
    minDisparity = 0,          # 最小的可能视差值,通常设为 0
    numDisparities = 160,      # 灰度级数量,必须是 16 的倍数
    blockSize = 5,             # 方形匹配窗口的边长,必须是奇数
    P1 = 8 * 5 ** 2,           # 惩罚项 P1,通常设为窗口面积的 8 倍
    P2 = 32 * 5 ** 2,          # 惩罚项 P2,通常设为窗口面积的 32 倍
    disp12MaxDiff = 1,         # 左右一致性检验的最大差距阈值,设为 0 表示不检查
    preFilterCap = 63,         # Sobel 滤波的截断位置
    uniquenessRatio = 15,      # 唯一性检查的严格程度,为百分比的形式,设为 0 表示不检查
    speckleWindowSize = 50,    # 小连通区剔除的面积最大值,设为 0 表示不剔除
    speckleRange = 2,          # 连通区内部像素灰度值的最大差距
)
```

OpenCV 没有提供实现 SGM 算法的函数,读者可以参考 8.3 节的内容尝试编程实现。

8.4 平面扫描

除了 8.3 节介绍的各种双目匹配算法以外,还有一种无须矫正便可以得到视差结果图的方法——平面扫描。如图 8.23 所示,针对现实世界中的某一物体,可以采用两台甚

至多台相机从不同角度对其进行拍摄成像,获得一组不同视角的图片。而平面扫描法的核心正是在一系列假设平面的基础上,利用这组不同视角的图片向假设平面进行映射,根据映射结果的相似度进行深度估计。具体步骤如下:

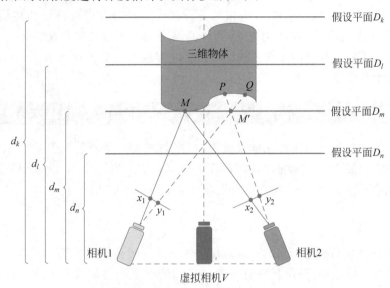

图 8.23　基础的平面扫描算法示意

(1) 确定假设平面。针对图 8.23 的双相机情况,通常在两台相机光心连线的中点处假定一个虚拟相机 V,其光轴方向与两相机光心连线垂直,这样一来沿虚拟相机 V 光轴方向便可得到一个个假设成像平面 D_m、D_n、D_l 等,其中假设平面所在深度即为对应平面与两相机光心连线的距离,对于 D_m、D_n、D_l 而言分别为 d_m、d_n、d_l。

(2) 平面映射。对于相机 1 和相机 2 拍摄的图像,可以通过平面映射的方式得到该图像在任意假设平面(如平面 D_m)的映射图像。如图 8.23 所示,通过映射,相机 1 所得图像中的点 x_1、y_1 分别被映射到了平面 D_m 上的点 M 和 M' 处,相应地,相机 2 所得图像中的点 x_2、y_2 也分别被映射到了平面 D_m 上的点 M 和 M' 处。

(3) 相似度测量与深度估计。对于假设平面上的任意一点,都可以通过平面映射的方法找到其在不同相机图像上对应的真实像素点。如果平面上的某个点是三维物体上真实存在的点(如 M),那么其在相机 1 和相机 2 所成图像中对应的真实像素点 x_1、x_2 的相似度应当极高,因为它们成像的都是三维物体上的同一位置;如果这个点并不是三维物体上真实存在的点(例如 M'),那么其在相机 1 和相机 2 所成图像中对应的真实像素点 y_1、y_2 的相似度应当较低,因为它们实际得到的是三维物体上不同位置的像。通过遍历所有的假设平面以及假设平面上的各个点,记录相机 1 和相机 2 图像中各个点对应相似度最高的假设平面的深度,便可以得到这组图像对应的深度图信息。

在整个算法的计算过程中,不同假设平面下的计算之间其实并不干扰,因此这一算法具有不错的并行性,被广泛应用于实时的三维重建任务中。图 8.23 展示的仅仅是基础的平面扫描算法的处理流程和原理,由于这种方法在匹配过程中采用的是基于小窗口的匹配方法,窗口内的像素和中心像素实际上可能并不属于相同的平面,因此通过这种方法进行匹配得到的结果会存在一定的误差。针对这一问题,有许多学者提出了相应的改进策略,例如将平面的法向量用球坐标表示,同时把图像间的像素映射关系用单应性矩阵表示,并在新的角度引入更多的相机进行深度信息融合以获得更加精确的深度图等[14]。这些大多是在三维重建中根据具体的应用场景而做出的特性优化,感兴趣的读者可以查找相关的三维重建文献进行学习,例如《多视角三维重建技术》[16]和《单目立体三维重建技术及应用》[17]等。

8.5 立体视觉应用

前面四节分别介绍了人类立体视觉原理、立体视觉中涉及的几何基础知识,以及双目匹配和平面扫描两种不同的视差图计算方法。本节从实际出发,以 SLAM、深度估计及视觉导航三个场景为例,展现立体视觉在日常生活中的应用。

8.5.1 SLAM

SLAM 的目标是实现同步的位置定位以及周边环境地图的构建。具体来说,它是指搭载特定传感器的主体,在没有环境先验信息的情况下于运动过程中建立环境的模型,同时估计自己的运动[6]。根据目标主体所搭载的传感器类型,SLAM 一般分为激光SLAM(lidar SLAM,LSLAM)和视觉 SLAM(vision SLAM,VSLAM)两大类。前者主要使用激光雷达作为其构建地图和定位时获取环境深度信息的工具,仅依靠飞行时间(Time of Flight,ToF)测量或者三角测量等便可以直接从环境中获取到相应的深度信息。后者则主要使用相机这一类视觉传感器作为其获取环境深度信息的工具,而根据所使用的相机类型的不同,又主要分为单目、双目以及 RGB-D 三种视觉 SLAM 方案,通俗点来说就是只有一个镜头的单目相机、有两个镜头的双目相机以及带有深度传感器的彩色相机。其中,RGB-D 在搭载视觉传感器的同时还配置有深度传感器,与激光雷达类似,能直接从环境中获取相应的深度信息;而由于单目和双目相机不具备直接获取深度信息的能力,因此利用这类传感器在进行环境地图构建和定位工作时还需要借助一些额外的算法获取环境的深度信息,也就是本章所讲述的立体视觉。由于单目相机缺乏同时拍摄的成对图像用于进行匹配,因此其通常借助透视、焦距差异、多视觉成像、覆盖、阴影以及运动视差等信息恢复物体深度信息,详细的单目 SLAM 算法可以参见文献[6]。由于本节的主要聚焦点是立体视觉的应用,因此仅介绍 VSLAM 领域的一些主流方案和最新进展,激光 SLAM 相关知识可参考深蓝学院的《激光 SLAM 理论与实践》课程。

在介绍 VSLAM 的主流方法之前,首先介绍其工作流程框架。如图 8.24 所示,经典VSLAM 的流程主要包括如下步骤[6]。

(1) 传感器信息读取。在 VSLAM 中主要是指相机图像信息的读取和预处理(包括图像特征点提取、图像矫正等)工作,但对于一些具体的应用如扫地机器人而言,在这一步中还包括对惯性传感器(IMU)、码盘等信息的读取和同步。

(2) 前端视觉里程计测量。估算相邻图像间相机的运动以及最近数帧图像所对应的

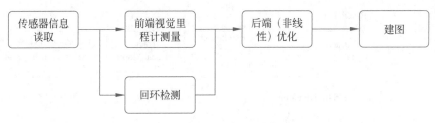

图 8.24 VSLAM 的经典框架

三维环境点云图。

（3）后端（非线性）优化。用于接收不同时刻视觉里程计测量的相机位姿以及回环检测的信息,并对其进行优化以获得全局一致的轨迹和地图。

（4）回环检测。顾名思义,其目标是检测当前相机运行的轨迹中是否出现闭合的回路,一旦出现,则可以通过将对应的回路信息传递给后端优化模块,进行地图和运动轨迹的误差纠正。

（5）建图。根据估计得到的相机运动轨迹和周围环境中关键点及其深度信息完成相应的地图构建工作,即得到当前环境的三维点云图或者八叉树地图等。

通过上述流程,利用相机在当前环境下运动时所拍摄的图像信息,可以得到当前环境的一个地图,有了这个地图之后,当相机下一次达到这个环境时,便可以根据已经构建好的地图,借助立体视觉相应的匹配手段,快速得到目前相机在这个地图中的位置,实现定位功能。得益于 SLAM 的实时性和定位、建图的精度,其对机器人、虚拟现实以及导航等领域都起着极为关键的作用。接下来通过经典 VSLAM 算法 ORB-SLAM[20] 来简单介绍 VSLAM 的处理流程。

ORB-SLAM 是 Mur-Artal、Montiel 和 Tardos 于 2015 年提出的一个 VSLAM 系统,采用 ORB 特征作为算法的核心特征,实现稀疏环境点云图的构建和相机设备的定位工作。ORB-SLAM 作为 VSLAM 的代表性工作之一,其系统框架巧妙地沿用了图 8.24 所示的 VSLAM 经典框架。如图 8.25 所示,ORB-SLAM 系统主要由跟踪、局部建图和回环检测三个模块构成,在代码实现中也是用三个不同的线程分别执行这三个模块,通过一些全局数据结构实现三个线程之间的信息交互。

对于传感器信息的读取,ORB-SLAM 以视频作为输入,通过对视频的每一帧进行图像去畸变处理,获得去畸变后的视频帧送入跟踪线程进行处理。ORB-SLAM 中的跟踪线程对应了图 8.24 中前端视觉里程计部分。跟踪线程从每一帧快速地提取 FAST 角点[21],并采用 ORB 描述子描述角点周围特征形成 ORB 特征点,如图 8.26 所示,图中的框形标记处就是系统提取到的 ORB 特征。

在相邻帧之间匹配 ORB 特征点之后,就可以通过对极约束的方式得到特征点在三维空间的位置（称为路标点）,并以此估计相机的运动。跟踪线程除了定位特征点和估计相机运动之外,还会不断选择关键帧,将这些关键帧对应的相机位姿及其观测到的路标点送入局部建图线程进行优化。

局部建图线程对应了图 8.24 中的后端,其维护由最近几个关键帧以及它们观测到

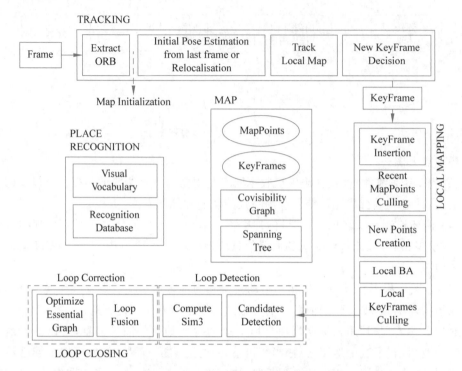

图 8.25 ORB-SLAM 系统框架[20]

图 8.26 ORB-SLAM 前端特征点提取示意图

的路标点组成的局部地图,并通过非线性优化的方式求解状态估计问题,从而得到局部地图中关键帧相机位姿和路标点的更准确估计。

回环检测线程利用词袋模型(见 6.2.2 节)建立了 ORB 特征的字典,根据此字典可以快速查找匹配 ORB 特征点从而高效地检测回环。在检测到回环之后,此线程会进行回环矫正,即在全局地图上进行优化,从而消除长时间跟踪导致的累积漂移问题。ORB-

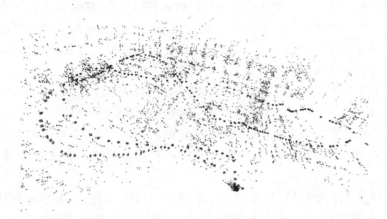

SLAM 建立的是由三维路标点组成的稀疏点云地图,如图 8.27 所示,其在跟踪线程和局部建图线程中不断建立并优化。

图 8.27   ORB-SLAM 建立的稀疏点云地图

注:方框表示关键帧,其轨迹表示相机的运动轨迹;点表示地图中的三维路标。

ORB-SLAM 作为一个经典的 VSLAM 算法,其在 PC 设备上运行的精度和速度都十分理想,在其基础上也衍生出了 ORB-SLAM2[22]、ORB-SLAM3[23] 等一系列优秀的 VSLAM 系统。但由于算法的运行依托三个并行的线程进行实现,相应的运算资源开销也较大,即使是对当今的移动设备处理器而言,依旧难以实现较好的性能(地图构建的帧数通常只有 5～10 帧)。近年来,随着移动设备处理器的高速迭代,移动设备的算力已经有了很大提升,加之目前手机、平板等移动设备中往往集成了惯性传感器、陀螺仪等器件用于获得设备移动的加速度和方向等信息,以辅助算法更加精确地估计设备的当前位姿,使得"视觉+惯性导航 SLAM"(VIO)一度成为热门研究方向,尤其得益于近几年增强现实(AR)技术的快速发展,各种 AR 应用例如 AR 导航和 AR 换装的诞生,更是促进了这一方向的研究。

此外,随着现有 SLAM 技术的逐步完善,人们开始探索将 SLAM 技术与其他视觉任务相结合的新领域,其中比较热门的一个就是将图像语义分割与 SLAM 相结合而诞生的语义 SLAM 系统。得益于深度学习强大的性能,近年来大部分任务中的最佳方法都是基于神经网络实现的,需要使用大量的标注数据进行训练,然而数据本身的获取就是一个烦琐的过程,数据标注更是进一步加重了这一个过程的烦琐程度。带物体标注的真实世界图片无论是在目标检测、图像分类,还是图像分割等领域都是极为重要的训练数据,然而这些数据一般的获取方式大多是先通过相机采集大量的真实世界图片,再通过人力为主、工具为辅的方式对采集到的数据进行标注,整个过程的人力和时间成本都是相当庞大的。为节省费用和时间的开销,有学者提出将语义信息融入 SLAM 中,提出语义 SLAM,让其在建图的同时标注地图中各个物体的语义信息,这样一来就可以在运行 SLAM 的同时获得该环境下一系列标注好的图像数据,为其他视觉任务提供丰富的数据支撑;同时,环境的语义信息还可以用于帮助 SLAM 生成带有标签的地图,为回环检测等步骤提供更多的便利信息。

8.5.2 深度估计

深度估计是计算机视觉领域中的一个经典问题,目前主流的解决方案分为单目深度估计和双目深度估计两种。单目深度估计主要是根据相邻时刻的图像序列或视频序列中的帧间运动以及匹配点位置的变化,估计相机的位姿变化和物体的深度信息;双目深度估计是通过双目相机模仿人类双眼感知世界,重建场景三维结构。在双目立体视觉系统的应用下,机器人、自动驾驶、物体识别、场景理解、3D 建模和动画、增强现实、工业控制以及医疗诊断等一系列领域更是吸引了大批研究者。至今,深度估计这一问题已被广泛研究了数十年,而在这么多年的研究方法中,立体匹配作为一种与人类双目有着紧密联系的方法,无论是在过去还是现在依旧是深度估计中最常用的方法。

第一代基于立体视觉的深度估计方法通常是在精准校准过的相机拍摄的多张图片上,依赖像素匹配的方式,寻找最优的匹配结果,从而获得匹配得到的视差图或者深度图像。8.3 节中介绍的双目匹配算法都可以划分为这一类。尽管这类方法可以取得不错的效果,但是它们在很多方面会受到限制。比如,它们不能处理遮挡、特征缺少或者具有重复图案的复杂纹理区域。但是作为人类而言,我们很善于利用先验知识解决此类不适定的逆问题,比如推断物体的大概尺寸、它们的相对位置甚至是它们到眼睛的相对距离。之所以可以做到这些,是因为所有以前见过的物体和场景能够给我们带来先验知识,并且建立关于三维世界的认知。基于这一原理,第二代的深度估计方法尝试将问题转换为学习任务,使用马尔可夫随机场(MRF)或条件随机场(CRF)等传统机器学习模型来对深度关系进行建模,在最大后验概率框架下,利用这些先验知识来求解模型中的未知参数,帮助算法模型推理深度信息。随着计算机视觉中深度学习技术的出现以及大型数据集的日益普及,已经带来了能够恢复丢失维度(深度维度)的第三代方法[3]——基于深度学习的深度估计算法。其中,根据训练方式的不同,基于深度学习的深度估计算法又一般分为有监督、无监督和半监督三种。有监督的深度估计算法通常是接收单目或双目图像作为网络输入直接输出预测的深度图像,并将其与真实深度图像进行损失函数约束以帮助网络学习场景的深度知识,常见的有 L2 损失和生成对抗损失;无监督的算法则是通过在单目或者双目图像序列相邻帧之间建立几何约束,将无监督的深度估计问题转换为一个有监督的图像重建或视角合成任务进行学习,例如从前一帧图像上得到预测深度图,再用预测深度图结合前后帧的几何变换关系重建后一帧的图像,并用重建图像与真实图像的相似性作约束网络进行学习;作为前两者的结合,半监督的算法大多利用生成对抗网络(GAN)的思想,通过使用少量的有标签图像和大量无标签图像训练多组判别器网络和一个深度图生成网络,减少网络训练过程中对标签数据的依赖。尽管这些方法最近才出现,但是它们已经在与计算机视觉和图形学相关的各种任务上取得了十分优异的结果。表 8.2 列举了部分近几年基于深度学习的端到端视差估计方法,其中 D1-est、D1-fg 分别表示在所有估计像素和前景像素上的 D1 误差(视差误差大于 3 个像素的像素百分比)。

表 8.2 一些基于深度学习的端到端视差估计方法[3]

方　　法	年　　份	效　　果	
		D1-est($\downarrow$)	D1-fg($\downarrow$)
DispNetC[8]	2016	4.34	4.32
Pan et al.[9]	2017	2.67	3.59
Yang et al.[10]	2018	2.25	4.07
Yin et al.[11]	2019	**2.02**	3.63
Duggal et al.[12]	2019	2.35	**3.43**

深度估计的一个重要应用是自动驾驶。作为自动驾驶任务中的一个核心组件,它在很大程度上决定了一个自动驾驶方案的优劣。自动驾驶任务的目的是使用计算机技术对多种环境感知传感器获取的数据进行处理,进行场景理解,由算法完成对车辆的控制并实现车辆在复杂场景中自主驾驶的功能。传统的自动驾驶解决方案中通常使用激光雷达感知场景深度,并基于雷达信息进行障碍物、车辆和行人等目标的测距及避障。然而激光雷达高昂的成本使得基于它的自动驾驶方案难以大规模部署;此外,激光雷达的测距结果是稀疏的,即只有少数位置可获得深度信息反馈,难以恢复整个场景的三维结构。随着计算机视觉技术的飞速发展,通过成本较低的双目相机捕获的图像进行深度估计,便可以有效地理解并感知整个车辆周围的环境,快速高效地完成整个场景的三维重建,从而规划需要避障的路线。图 8.28 为自动驾驶系统中利用双目立体视觉系统进行深度估计得到的深度图。

图 8.28 自动驾驶系统中利用双目立体视觉得到的深度图[3]

8.5.3 双目视觉导航

立体视觉除了用于深度估计之外,其在导航领域的应用也不容小视。借助双目立体匹配算法,可以从左右两台相机拍摄到的图像中得到对应场景的视差图。根据式(8.6),

通过这个视差图便可以估计得到场景的深度。有了深度信息,再借助相机的内参和外参信息,又可以建立一个绝对的世界坐标系,并计算出场景中各个点在这个世界坐标系下的坐标,这样一来就可以得到一幅当前环境的地图。有了这份地图,再借助双目匹配算法,当相机再次出现在这个场景下时,就可以根据当前相机视角中的图像与之前构建的地图进行匹配,从而获得相机当前所处的位置。有了这个位置,就可以实现相机在这个场景下的导航。随着计算机视觉技术的快速发展,双目视觉导航系统已经发展得相对成熟,其中常见的一个应用案例就是扫地机器人。

目前,扫地机器人市场的核心竞争力主要体现在清洁能力、导航避障和智能交互上。随着扫拖一体和拥有自动集尘功能的扫地机器人出现,清洁能力不再是难题,然而导航避障依然是市场痛点,智能交互则仍处于较初始阶段。近年来,随着 SLAM 技术的兴起和快速发展,再加上深度学习的浪潮,涌现了许多新式的视觉导航方案,这些方案的出现也进一步推动了扫地机器人市场的进步。为解决导航避障和智能交互(如动态规避行人、与人保持一定距离等)问题,越来越多的扫地机器人公司尝试将 VSLAM(视觉 SLAM)算法融入其中。VSLAM 建图成本低、效率快和误差小的优势为当下扫地机器人的导航与避障问题带来了更加有效的解决方案。通过在扫地机器人的前方安装双目甚至三目摄像头,借助立体视觉恢复左右目拍摄的 2D 环境图像中各点的深度信息,结合 VSLAM 算法还原环境的三维空间结构,构建出当前环境下的稠密点云图,随后通过降维处理将其输出为二维栅格占用地图保存下来,如图 8.29 所示。在这之后搭配上各种路径规划算法,便可以实现到目标点的精确移动。

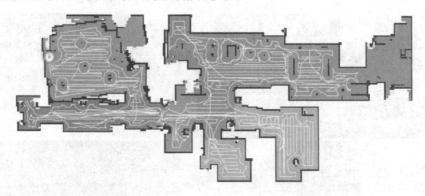

图 8.29　通过 VSLAM 算法处理得到的室内二维栅格占用地图

除了上面提到的扫地机器人应用外,一些餐厅的送餐机器人、引路机器人乃至一些地质勘探机器车等,都多多少少集成了相应的视觉导航功能。再如,自动驾驶也是在日常生活中可见的双目视觉导航应用实例。

本章小结

本章以人类立体视觉为引导,8.1 节介绍了人眼实现立体视觉的过程和相关原理。随后,根据人眼实现立体视觉的机制,介绍了如何让计算机从两幅图像中获取场景深度信息。其中主要涉及立体视觉中的极线几何学以及几种常用的传统双目匹配算法。

关于利用双目匹配算法实现深度估计,首先在 8.2 节介绍了对极约束与双目矫正,其中对极约束原理大大降低了双目匹配算法的复杂度,只需要在右图中的一条直线(极线)上搜索与左图匹配的点,而不需要在整张右图上搜索。而双目矫正又将极线从任意方向限制到了水平方向,这样只需横向移动窗口,遍历右图中的一行像素,即可找到与左图对应点匹配的点。

8.3 节以 BM、SGBM 和 SGM 三种经典双目匹配算法的组成部分为例,依次介绍了传统双目匹配算法的三个阶段,即预处理与代价计算、代价聚合和后处理。8.3.1 节介绍了预处理与代价计算阶段,包括 SAD 代价及其改进后的 BT 代价,还有 Sobel 滤波与 Census 变换两种预处理操作。BT 代价、Sobel 滤波和 Census 变换均可以使得计算出的代价更不容易受到局部光照变化和噪声的影响。预处理与代价计算阶段可以计算出两幅图片各组对应点的匹配代价,从而选取最小代价的点作为最佳匹配点。仅进行代价计算的双目匹配算法(如 BM)得到的视差图通常包含许多噪点,因此一些更加先进的双目匹配算法(如 SGBM 和 SGM)均在代价计算的基础上增加了代价聚合步骤以减少噪点。8.3.2 节讲解了 SGM 算法中使用的代价聚合算法,其他算法中的代价聚合步骤也是类似的。最后,还可以对代价聚合后得到的视差图进行一系列后处理,例如 8.3.3 节中所讲的代价曲线插值、唯一性检查、左右一致性检查、小连通区剔除和无效区填充。其中代价曲线插值可以让视差图具有更高的精度;唯一性检查、左右一致性检查和小连通区剔除算法可以进一步去除错误匹配的点;无效区填充算法可以将视差图中的无效区填充为较为合理的估计值,使视差图看起来更加完整。

随着深度学习技术的发展,近些年提出的一系列基于深度学习的深度估计算法逐渐占据榜首(如 8.5.2 节所述),对于这些方法[3,8-12],读者可以在学习第 9 章与第 10 章了解卷积神经网络及其应用之后查阅相关论文继续探索。

借助深度估计算法可以很快地得到场景的深度信息,有了这些信息就可以对场景进行三维重建,从而得到现实世界中物体的三维模型,让机器人和自动驾驶汽车根据场景的三维模型自动规划行驶路线。8.5 节简单介绍了立体视觉算法在 SLAM 同时定位与建图、深度估计以及双目视觉导航上的应用。此外,立体视觉在自动 3D 建模、增强现实、遥感和摄影测量等领域也有举足轻重的地位,并且还在不断发展出新的应用领域。

习题

1. 参考图 8.10 证明:对于矫正过的图像对,在第一个相机的归一化坐标系内,P 点深度可以表示为 $Z = f \dfrac{b}{d}$,其中,b 为基线长度,d 为视差($d = X_L - X_R$)。

2. 在双目匹配代价计算过程中,SGBM 对 SAD 代价的计算进行了优化(使用了 BT 代价),根据 8.3 节所讲内容,给出 BT 代价相较于原始 SAD 代价的好处。

3. 在后处理过程中,对于无效区的处理方式有多种,参考 8.3.3 节,给出不同处理方式下的好处以及存在的弊端。

4. 参考 8.3.4 节的双目匹配算法代码,尝试不同的参数设置,根据不同参数下的结果,给出各个参数的含义以及其对视差结果图的影响。

5. 拓展阅读:除了 8.3 节介绍的 BM、SGBM 和 SGM 算法外,还有许多经典的双目匹配算法,请查阅相关资料,调研其他双目匹配算法。

参考文献

第9章

9

章

卷积神经网络基础

卷积神经网络凭借着强大的映射表达能力与特征提取能力,已在计算机视觉领域得到了广泛应用。例如,在人脸识别、自动驾驶和图像处理等领域,卷积神经网络都取得了显著的成果。本章将介绍卷积神经网络的相关基础内容,9.1 节介绍卷积神经网络的基本组成,9.2 节阐述卷积神经网络的训练方法,9.3 节讨论一些经典的基于卷积神经网络的图像分类模型,9.4 节展示如何搭建一个分类网络。

9.1　卷积神经网络的基本组成

本节将探讨卷积神经网络的组成,介绍每种结构的功能、计算过程、参数量和计算量等。

9.1.1　卷积

卷积层通常作为网络最基础的单元,用于提取图片的特征信息。其计算过程与 Sobel 算子类似,不同的是,卷积层使用的卷积核的参数不是人工设定的,而是通过训练得到的,其更加灵活,具有强大的特征提取能力,可以适应性地应对不同任务的要求。

1. 计算过程

本节先介绍输入为单通道图像的卷积计算过程。首先,在输入的左上角框选出卷积核大小的区域(通常为正方形),将该区域内的值与卷积核对应位置的权值相乘,再把求得的乘积相加作为输出通道的左上角位置的值。之后,将卷积核向右、向下平移依次遍历整个输入图像的各个位置,在每个位置重复上述计算过程,分别得到单通道输出图像的每个像素值。为了增强卷积层的表达能力,卷积层还可以增设偏置,此时需要将计算结果再加上偏置。简单来说,没有偏置的卷积相当于没有截距的直线,其只能拟合过原点的一次函数;有了偏置,直线可以上下移动,从而可以拟合任意的一次函数。

图 9.1 为单通道卷积计算过程示例。图 9.1(a)表示从图片的左上角开始计算,将结果 76 写入结果的左上角。之后,按图 9.1(b)将卷积核向右平移,重复计算。遍历整张图片得到图 9.1(c)所示的结果。最后,如果卷积层带有偏置,那么还需要将偏置加到输出上得到图 9.1(d)所示的结果。(为了简化描述,后续的计算过程默认不使用偏置)。至此,完成了一次完整的单通道卷积计算。

接下来介绍输入为多通道图像时的卷积操作。如图 9.2 所示,卷积核通道数和输入图片通道数保持一致,当输入 RGB 格式的 3 通道图片时,卷积核也需要有与之对应的 3 个通道,在对应的通道做单通道卷积,再将 3 个通道的结果求和,得到了最终结果。

对照图 9.2 可以发现,经过一个 3 通道的卷积核处理后,输入通道数由 3 缩减至 1,可见有几个卷积核,结果就有几个通道。如果设置多个卷积核,每个卷积核都按上述过程进行计算,则可以得到多个单通道结果,再将这些结果按通道方向拼接,即可组成一个

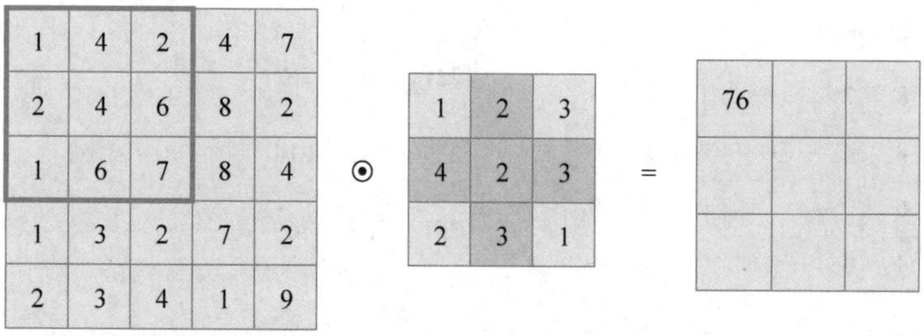

$1\times1+4\times2+2\times3+2\times4+4\times2+6\times3+1\times2+6\times3+7\times1=76$

(a) 从左上角开始第一次计算

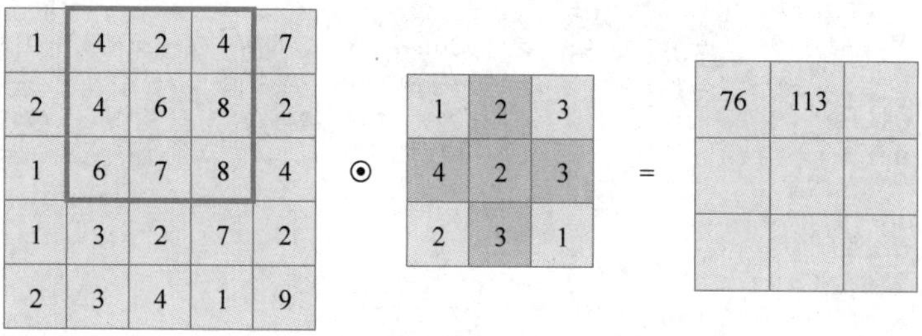

$4\times1+2\times2+4\times3+4\times4+6\times2+8\times3+6\times2+7\times3+8\times1=113$

(b) 卷积核向右平移1个像素

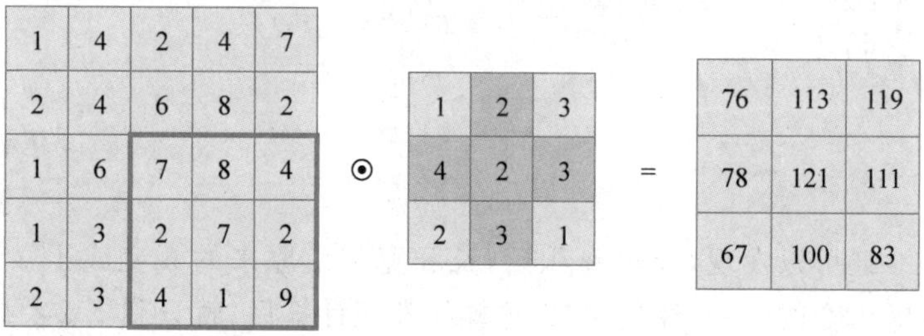

$7\times1+8\times2+4\times3+2\times4+7\times2+2\times3+4\times2+1\times3+9\times1=83$

(c) 不使用偏置的计算结果

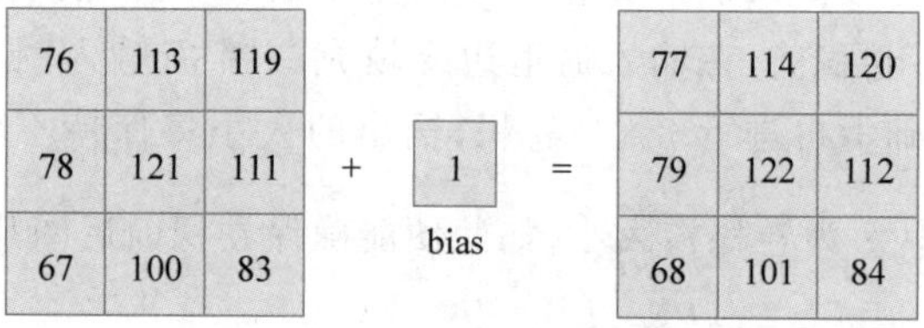

(d) 使用偏置的计算结果

图 9.1　卷积计算过程示例

多通道的输出特征图。所以，可以通过控制卷积核的数量指定输出结果的通道数，每个卷积核用于提取一种特征，输出图的通道数量就是提取到特征的数量。

图 9.3 是输出多个通道的示例。4 个 3 通道卷积核分别对同一个输入提取特征，得到 4 个单通道结果，再将这 4 个结果按通道数拼接，得到 4 个通道的输出。这些操作整体称为一个卷积层。由于图像中的特征是多种多样的，卷积网络使用的每个卷积层通常包含许多通道（许多卷积核），如可以设为 64 个。

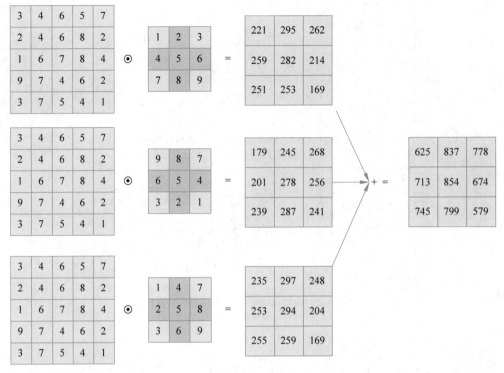

图 9.2　多通道卷积计算结果图

2. 填充

对照图 9.3 还可以发现，经过卷积后，长和宽都由原来的 5 变成了 3。如果不做处理，那么一张 32×32 的图片，经过 15 次这样的卷积计算后，就只剩下 2×2 的大小，无法继续做 3×3 的卷积。为了解决该问题，可以进行填充操作，即在卷积开始前，在图片的外边缘加上一定宽度的数值来抵消卷积造成的减小效应。常见的操作是在外边缘添 0。如图 9.4 所示，在进行卷积前，在输入通道边缘填充一圈 0，输入图片的长和宽分别增大了 2 个像素。在此基础上再进行 3×3 卷积，输出的大小将保持不变。通常设置通道的填充大小为 $\dfrac{k-1}{2}$，其中 k 为卷积核大小，如此便能确保卷积前后图片大小不变，方便后续的参数计算。

3. 步长

步长是指卷积核在图片上滑动一次的距离。上面介绍的都是步长为 1 的卷积，即卷积核每次移动一个像素。如果将步长设置为 2，表示每次计算后移动 2 个像素，那么卷积结果的大小就近似为输入大小的四分之一，可以有效地减小计算所占用的存储空间和计算量。图 9.5 描述一次步长为 2 的卷积过程，大幅缩小了结果占用的空间。

4. 学习参数量

假设输入图片通道数为 $in_{channel}$，输出结果通道数为 $out_{channel}$，卷积核的高和宽分别

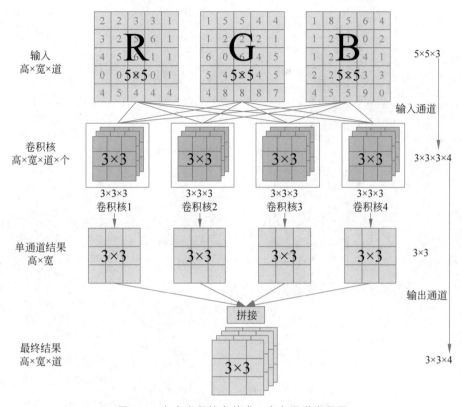

图 9.3　多个卷积核合并成一个多通道卷积层

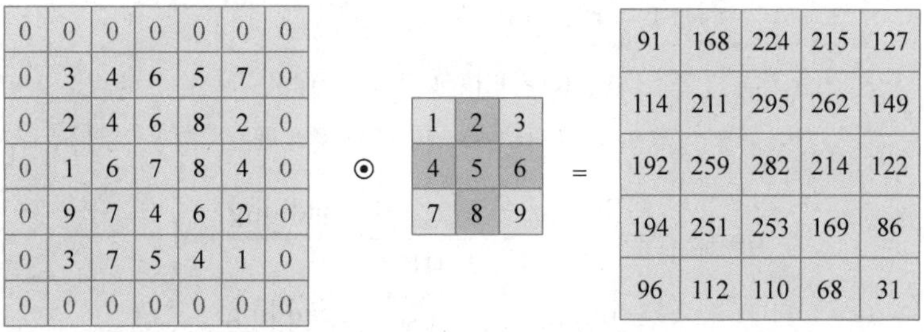

图 9.4　填充后卷积示例

为 k_{height} 和 k_{width}。 要使得输出通道数为 $out_{channel}$，需要有 $out_{channel}$ 个卷积核，每个卷积核的参数量为 $k_{height} \times k_{width} \times in_{channel}$。 最后，如果卷积层使用偏置，还需要加上 $out_{channel}$。 根据上面描述的计算过程，可以推导出卷积层需要学习的参数量为

$$k_{height} \times k_{width} \times in_{channel} \times out_{channel}(+ out_{channel}) \tag{9.1}$$

5. 计算量

因为乘法运算耗时远超加法运算，所以这里只考虑乘法运算量。假定输入图片的高和宽分别为 in_{height} 和 in_{width}，填充的宽度为 padding，步长为 stride。按照上面描述的计算过程，可以先求得输出的图片的高和宽：

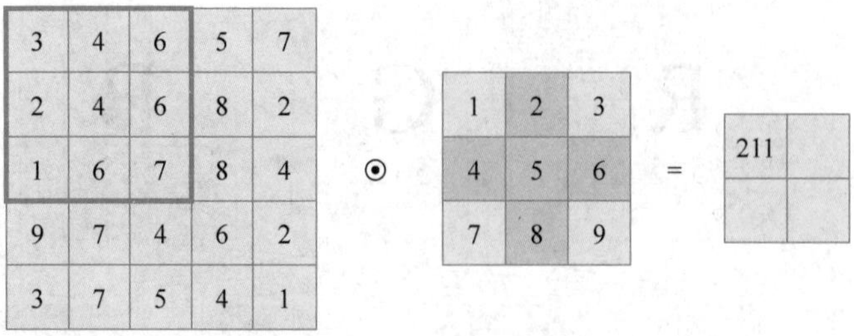

(a) 从左上角开始第一次计算

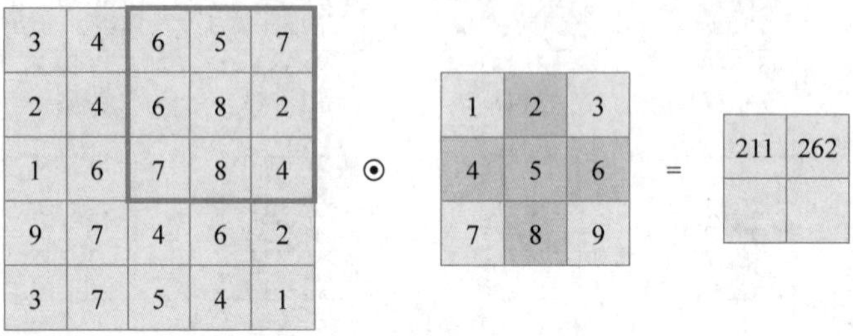

(b) 卷积核向右移动2个像素

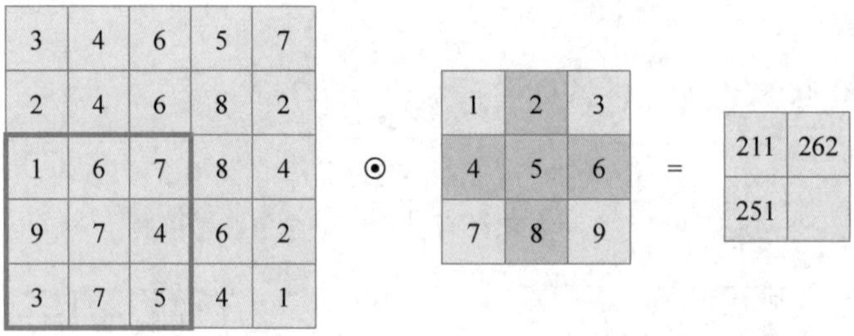

(c) 卷积核向下移动2个像素

图 9.5　步长为 2 的卷积计算过程

$$\text{out}_{\text{height}} = \frac{\text{in}_{\text{height}} - k_{\text{height}} + 2\text{padding}}{\text{stride}} + 1 \tag{9.2}$$

$$\text{out}_{\text{width}} = \frac{\text{in}_{\text{weight}} - k_{\text{weight}} + 2\text{padding}}{\text{stride}} + 1 \tag{9.3}$$

生成一个位置的结果需要进行 $\text{in}_{\text{channel}} \times k_{\text{height}} \times k_{\text{width}}$ 次乘法,而一共有 $\text{out}_{\text{channel}} \times \text{out}_{\text{height}} \times \text{out}_{\text{width}}$ 个位置需要处理,将两者相乘就得到总计算量:

$$\text{in}_{\text{channel}} \times k_{\text{height}} \times k_{\text{width}} \times \text{out}_{\text{channel}} \times \text{out}_{\text{height}} \times \text{out}_{\text{width}} \tag{9.4}$$

6. 感受野

感受野是指卷积输出的特征图上某个点能看到的输入图像区域,感受野大小即特征图上的点是由输入图像中多大的区域计算得到。对于一个 3×3 卷积,其计算结果的一点来自输入中一个 3×3 区域,这个 3×3 区域就是该卷积层的感受野。

对于单个卷积层,感受野大小有限。为了获取更广阔的感受野,提取更大的特征,可以将多个卷积层堆叠起来。如图 9.6 所示,两个 3×3 卷积堆叠,其等效的感受野为 5×5。

如果继续增加卷积层,其感受野就随之扩大,网络能提取的特征也增大。

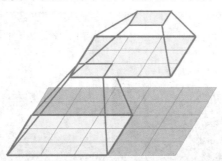

图 9.6　两个 3×3 感受野的卷积层堆叠成 5×5 感受野的特征提取器

以上介绍的卷积层是卷积神经网络的核心,是卷积网络具有提取特征能力的关键,掌握好卷积的计算方式,理解其运行机理是学习本章内容的基础。

9.1.2　池化

池化是指使用某一区域的统计值代替该区域。池化层常用于卷积层之间,起到压缩数据、引入平移不变性和扩大感受野等作用。本节将讨论池化层的运行方式,并解释其内部机理。

1. 计算过程

从区域左上角起,根据给定的池化大小选定范围,再依据池化规则对范围内的值进行统计,将统计值作为结果输出。随后,移动选定范围,重复上述步骤,直到完成整张图片的池化操作。常见的池化操作有最大值池化和平均池化。它们分别选取一个区域内的最大值和平均值作为这个区域的输出结果。图 9.7 是最大池化的示意图。

图 9.7　范围为 2 的最大池化层的计算过程

2. 运行机理

池化操作最直观的作用是压缩数据。例如,对一张高像素的图片间隔采样(下采样)来压缩图片。而池化层用一个区域内的最值或均值代替该区域,同样可以起到压缩数据的作用。图 9.8 是利用 4×4 的最大池化层来压缩特征的一个例子,图(b)的大小仅为图(a)的 1/16,但图(b)依旧保留了较多的信息。

同时,池化层还具有平移不变性。与普通的均匀采样不同的是,池化用这个统计区域内的最值或均值来代表一个区域,而非固定位置的值。由于最值出现位置的不确定性,适当改变最大值的位置,并不会引起池化结果的改变。这使得全局池化技术具有较强的平移不变性,该性质适用于某些希望降低物体位置对结果影响的任务。如图 9.9 所示的分类任务,通过池化层可以减轻目标出现位置对识别结果的影响。

图 9.8　原始图片和 $8×8$ 最大池化后的图片

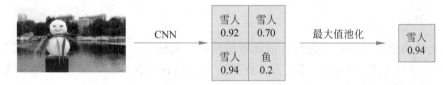

图 9.9　分类任务平移不变性示例

此外,池化操作还可以增大感受野。这需要将池化层结合其相邻的卷积层来理解,假如只有一个 $3×3$ 卷积层,那么其感受野为 $3×3$。如果在该卷积层前边加上一个 $2×2$ 池化层,那么其总的感受野就扩增成 $6×6$,可以获取更大区域的特征。

3. 学习参数量

上面介绍的池化过程并没有出现任何需要学习的参数,所以池化层需要学习参数量为 0。

4. 计算量

只需要根据指定规则做统计,一般忽略其计算量。

5. 其他池化方式

除了上面提到的步长等于池化范围的一般池化层,还有步长小于池化范围的重叠池化层,通过减小移动步长保留更多的特征信息,一般而言可以提升一定的准确率,但引入额外的计算以及存储开销。图 9.10 是重叠池化的一个例子,池化的范围为 $3×3$,而移动的步长只有 1,可以保留更多的特征。

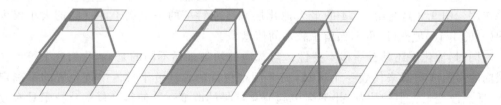

图 9.10　重叠池化示意图(范围为 $3×3$,步长为 1)

此外,还有输出大小固定的自适应池化层。由输入图片大小和给定的输出大小来动态调整池化范围,使得池化后的大小满足要求。当输入图片大小不定,但希望输出大小为固定值时,可以使用自适应池化层。

9.1.3 全连接层

全连接层在卷积神经网络中常作为分类器使用,并放在所有卷积层之后。如图 9.11所示,全连接层相邻两层的各个点之间都有边相连。

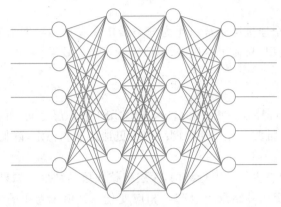

图 9.11 全连接层(3 层)示意图

不同于卷积层和池化层,全连接层的输入和输出都是一维向量,输入向量的每个值和输出向量的每个值都有联系。因此,全连接层可以完整地利用输入信息,具有较强的拟合能力。相应地,其运算量很大,适合在模型的最末端使用,来整合卷积层提取出的各类特征,综合判断图像属于什么类别。

1. 计算过程

记全连接层的参数为 W(一个 $\text{out}_{\text{channel}} \times \text{in}_{\text{channel}}$ 的矩阵),输入的特征向量为 x,偏置为 b,则全连接层的计算过程为

$$f(x) = Wx + b \tag{9.5}$$

式(9.5)对原特征向量做一个映射,使得由原来的 $\text{in}_{\text{channel}}$ 维映射到 $\text{out}_{\text{channel}}$ 维。当处理分类问题时,全连接层的输入是卷积层提取的二维特征矩阵向量化的结果,其输出维度则对应着分类的数目,输出值代表输入特征属于各个类别的可能性。

2. 学习参数量

根据矩阵的运算法则,可以推知参数矩阵 W 的参数量为 $\text{in}_{\text{channel}} \times \text{out}_{\text{channel}}$,而与输出维度对应的偏置的大小为 $\text{out}_{\text{channel}}$,两部分相加就是所有的参数量:

$$\text{in}_{\text{channel}} \times \text{out}_{\text{channel}} + \text{out}_{\text{channel}} \tag{9.6}$$

3. 计算量

因为乘法运算耗时远超加法运算,所以这里仅考虑乘法运算。这样可以得到全连接层的计算量为

$$in_{channel} \times out_{channel} \tag{9.7}$$

这正是完成矩阵乘法需要的运算量。全连接层存储开销和计算开销非常大。如果将一张 $3 \times 224 \times 224$ 的图片展平成列向量,再利用全连接层提取特征,如果保持输入向量大小不变,代入式(9.7)可求得此时全连接层的参数量为 $(3 \times 224 \times 224) \times (3 \times 224 \times 224) + (3 \times 224 \times 224) = 22658829312$,由式(9.8)求得一次运算需要做 $(3 \times 224 \times 224) \times (3 \times 224 \times 224) = 22658678784$ 次乘法。如果采用 16bit 存储一个参数,那么需要 42.2GB 的存储开销;而如果用 CPU 进行计算,假设其每秒可以进行 10^9 次乘法,则需要 22.7s 才能得到结果。

为了减少开销,全连接层通常只作为分类器用在卷积神经网络的最后几层,甚至某些网络不使用全连接层,只使用卷积层,也取得了不错的效果。

9.1.4 批归一化

批归一化层(Batch Normalization,BN)通常用于卷积层之间,可以加速收敛、降低对参数初始化的依赖。批归一化层使得网络训练更加快速和稳定,降低了训练深度神经网络的难度。

深度卷积神经网络主体呈串行结构,深层依赖浅层的结果。如果浅层网络参数在训练过程中发生变化,那么其结果也会产生相应变化。又由于卷积的乘法性质,即使是微小的改变,经过层层传递放大,最终输入深层的数据分布发生巨变,以至于深层原先学习到的参数不匹配,需要额外训练以适应新的分布,导致模型训练变得极为缓慢。而批归一化通过调整数据分布,减小了数据变化带来的影响,降低了深层对浅层的依赖,有利于加速整个神经网络的学习速度。同时,由于批归一化层优化了数据分布,训练更加容易,大大降低了对网络初始化参数选取的要求。

1. 计算过程

以批归一化处理一维数据为例,记第 i 个输入向量为 $\boldsymbol{x}_i$,B 表示一次训练含有的样本数。首先,计算样本的均值、方差:

$$\boldsymbol{\mu}_b = \frac{1}{B} \sum_{i=1}^{B} \boldsymbol{x}_i \tag{9.8}$$

$$\boldsymbol{\sigma}_b^2 = \frac{1}{B} \sum_{i=1}^{B} (\boldsymbol{x}_i - \boldsymbol{\mu}_b)^2 \tag{9.9}$$

然后进行归一化操作,使得向量均值为 0、方差为 1:

$$\hat{\boldsymbol{x}}_i = \frac{\boldsymbol{x}_i - \boldsymbol{\mu}_b}{\sqrt{\boldsymbol{\sigma}_b^2 + \varepsilon}} \tag{9.10}$$

式中:ε 为极小的数,为了让除数不为零。

批归一化层在此基础上引入 γ 和 β 两个可学习参数来修正分布,使得最终的结果变为

$$\boldsymbol{y}_i = \gamma \hat{\boldsymbol{x}}_i + \beta \tag{9.11}$$

以上是训练的计算过程。考虑到网络预测时输入的数据量往往不足,难于计算准确的均

值和方差,所以预测时省略了求均值、方差的步骤,直接做归一化和修正:

$$\hat{\boldsymbol{x}}_i = \frac{\boldsymbol{x}_i - \boldsymbol{\mu}_{\text{total}}}{\sqrt{\boldsymbol{\sigma}_{\text{total}}^2 + \varepsilon}} \tag{9.12}$$

$$\boldsymbol{y}_i = \gamma\, \hat{\boldsymbol{x}}_i + \beta \tag{9.13}$$

式中:$\boldsymbol{\mu}_{\text{total}}$ 和 $\boldsymbol{\sigma}_{\text{total}}^2$ 为训练过程中统计得到的均值和方差,由动量 m 来控制更新的幅度,常见的计算方式为

$$\boldsymbol{\mu}_{\text{total}} = (1 - m) \times \boldsymbol{\mu}_{\text{total}} + m \times \boldsymbol{\mu}_{\text{b}} \tag{9.14}$$

$$\boldsymbol{\sigma}_{\text{total}}^2 = (1 - m) \times \boldsymbol{\sigma}_{\text{total}}^2 + m \times \boldsymbol{\sigma}_{\text{b}}^2 \tag{9.15}$$

以上就是批归一化层的所有计算过程。因为批归一化有减均值的操作,所以当卷积层后面紧接批归一化层时,卷积的偏置效果会被抵消,此时该卷积层通常不使用偏置以降低计算和存储开销。

2. 学习参数量

批归一化求得的均值、方差的大小为输入通道数,相应的 γ、β 为长度等于输入通道数的列向量,所以其需要学习的参数量为

$$2 \times \text{in}_{\text{channel}} \tag{9.16}$$

与之前介绍的卷积层不同的是,除了可学习的参数外,批归一化层还需要记录训练得到的均值和方差供预测时使用。

3. 计算量

设一次输入的训练数据数量为 batch,输入图片的通道数为 $\text{in}_{\text{channel}}$,输入图片的高和宽分别为 H 和 W。求均值的过程主要使用加法运算,耗时较低,不参与计算量的统计。考虑方差计算中耗时较长的平方运算,其计算量为

$$\text{batch} \times \text{in}_{\text{channel}} \times H \times W \tag{9.17}$$

求得均值、方差后,需要进行归一化操作,考虑耗时长且次数多的除法运算,其计算量为

$$\text{batch} \times \text{in}_{\text{channel}} \times H \times W \tag{9.18}$$

最后,还需要对每个位置的数值进行修正,其计算量为

$$\text{batch} \times \text{in}_{\text{channel}} \times H \times W \tag{9.19}$$

将上述各部分的计算量相加,就得到了总的计算量:

$$3 \times \text{batch} \times \text{in}_{\text{channel}} \times H \times W \tag{9.20}$$

值得注意的是,批归一化层训练和预测的计算量并不相同。因为预测时省略了求均值和方差的过程,所以预测时的计算量比训练时小,通常可忽略。

4. 其他归一化层

由于批归一化层求得的均值和方差的准确性与输入的样本数目有极大关系,样本数过小时会导致求得的均值和方差不准确,甚至会起到反效果。训练时如果显存允许,可以尝试适当增大批大小 B 以取得更好的效果。然而对于某些显存开销大的任务,难以一次训练多个样本,这时批归一化层就基本失效,可以尝试使用其他归一化层。其主要区

别是求取均值、方差的部分不同。

通过选取不同区域求取均值和方差可达到不同的目的。如图 9.12 所示,层归一化[7]在每个样本内求取均值、方差,常用于循环神经网络[10];实例归一化[8]的范围比层归一化更小,在同一样本的同一通道内做归一化,常用于图像的风格迁移;而分组归一化[9]则是先对通道分组,再在组内统计均值、方差,做归一化,适用于图像分割。

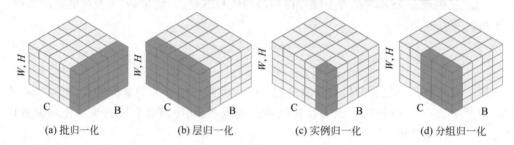

(a) 批归一化   (b) 层归一化   (c) 实例归一化   (d) 分组归一化

图 9.12　各类归一化层(C 表示通道方向,B 表示 batch 方向)[6]

9.1.5　随机失活

随机失活层[5]常用于全连接层之间对抗过拟合。其出发点是用相同的训练数据去训练多个不同的神经网络,可以得到多个不同的结果。如果通过取均值或者多数取胜的投票策略集成这些结果,通常可以得到比单个网络预测更为鲁棒的结果。例如,在手写数字分类任务中训练了 5 个网络,假定对于某一输入,3 个网络正确预测为 9,另外 2 个网络预测错误。如果采用多数取胜的投票策略,那么可修正错误预测。

随机失活层正是基于上述思想产生的。如图 9.13 所示,在训练时随机失活一些节点,相当于每次训练一个小的网络。而预测时关闭随机失活层,使用整个网络进行预测,等价于将各个小网络的结果汇总起来,多个网络投票得到最优结果。

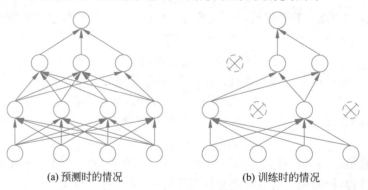

(a) 预测时的情况   (b) 训练时的情况

图 9.13　随机失活示例图

1. 计算过程

设前一层的输出为 x,失活率为 P。以失活率 P 随机清零 x 中的某些位,模拟随机失活节点,得到 $\hat{x}$。为了保证输出的均值不变,还需要进行修正,输出结果变为

$$\frac{\hat{x}}{1-P} \qquad (9.21)$$

注意预测时需要关闭随机失活层,使用所有的节点,使得网络的预测结果更加准确。

2. 学习参数

按上述随机失活过程,随机失活层只有一个指定的失活率 P,并没有出现任何需要学习的参数,所以随机失活层的可学习参数为 0。

3. 计算量

只需对输出的每个位置做随机判断,一般不考虑其计算量。

9.2 卷积神经网络求导

9.1 节介绍了卷积神经网络的主要组成结构及其功能,本节介绍卷积神经网络的训练方法,即反向传播算法。

9.2.1 全连接网络求导

当使用全连接的神经网络接收输入并产生输出时,信息通过网络向前流动。输入提供初始信息,然后传播到每一层的隐藏单元,最终产生输出。这个过程称为前向传播。在训练过程中,前向传播可以持续向前,直到它产生一个标量代价函数 C。反向传播算法允许来自代价函数的信息通过网络向后流动,以便于计算梯度,更新网络中所有可学习参数。下面以 3 层全连接网络为例演示神经网络的训练方法。图 9.14 是一个 3 层的全连接神经网络,第 0~2 层分别是输入层、隐藏层和输出层。

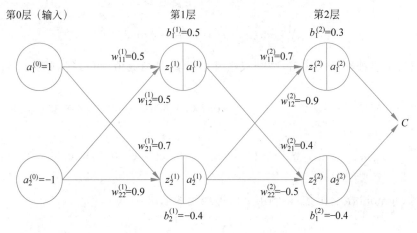

图 9.14 三层的全连接网络

变量定义如下:

$w_{jk}^{(l)}$ 表示第 $(l-1)$ 层的第 k 个神经元连接到第 l 层的第 j 个神经元的权重。

$b_j^{(l)}$ 表示第 l 层的第 j 个神经元的偏置。

$z_j^{(l)}$ 表示第 l 层的第 j 个神经元的输入,即

$$z_j^{(l)} = \sum_k w_{jk}^{(l)} a_k^{(l-1)} + b_j^{(l)} \tag{9.22}$$

$a_j^{(l)}$ 表示第 l 层的第 j 个神经元的输出,即

$$a_j^{(l)} = \sigma\left(\sum_k w_{jk}^{(l)} a_k^{(l-1)} + b_j^{(l)}\right) \tag{9.23}$$

式中:σ 为激活函数,这里使用的是 Sigmoid 函数,即

$$\sigma(x) = \frac{1}{1 + e^{-x}} \tag{9.24}$$

Sigmoid 函数有一个很好的性质,它的导数可以用自身表示

$$\sigma'(x) = \frac{e^{-x}}{(1 + e^{-x})^2} = \sigma(x)(1 - \sigma(x)) \tag{9.25}$$

根据 L 层的输出 $\boldsymbol{a}^{(L)}$ 可以得到损失函数为

$$C = \frac{1}{2} \| \boldsymbol{y} - \boldsymbol{a}^{(L)} \|^2 = \frac{1}{2} \sum_j (y_j - a_j^{(L)})^2 \tag{9.26}$$

图 9.14 中三层网络的具体计算过程如下:

根据第 0 层神经元的输出,结合权重参数和偏置参数值,可以得到第 1 层神经元的输入:

$$z_1^{(1)} = w_{11}^{(1)} a_1^{(0)} + w_{12}^{(1)} a_2^{(0)} + b_1^{(1)} = 0.5 \times 1 + 0.5 \times (-1) + 0.5 = 0.5$$

$$z_2^{(1)} = w_{21}^{(1)} a_1^{(0)} + w_{22}^{(1)} a_2^{(0)} + b_2^{(1)} = 0.7 \times 1 + 0.9 \times (-1) + (-0.4) = -0.6$$

使用 Sigmoid 激活函数,得到第 1 层神经元的输出:

$$a_1^{(1)} = \sigma(z_1^{(1)}) = \frac{1}{1 + e^{-0.5}} = 0.62$$

$$a_2^{(1)} = \sigma(z_2^{(1)}) = \frac{1}{1 + e^{0.6}} = 0.35$$

根据第 1 层神经元的输出,结合权重参数和偏置参数值,可以得到第 2 层神经元的输入:

$$z_1^{(2)} = w_{11}^{(2)} a_1^{(1)} + w_{12}^{(2)} a_2^{(1)} + b_1^{(2)} = 0.7 \times 0.62 + (-0.9) \times 0.35 + 0.3$$
$$= 0.42$$

$$z_2^{(2)} = w_{21}^{(2)} a_1^{(1)} + w_{22}^{(2)} a_2^{(1)} + b_2^{(2)} = 0.4 \times 0.62 + (-0.5) \times 0.35 + (-0.4)$$
$$= -0.33$$

使用 Sigmoid 激活函数,得到第 2 层神经元的输出:

$$a_1^{(2)} = \sigma(z_1^{(2)}) = \frac{1}{1 + e^{-0.42}} = 0.6$$

$$a_2^{(2)} = \sigma(z_2^{(2)}) = \frac{1}{1 + e^{0.33}} = 0.42$$

根据第 2 层神经元的输出和真实标签值,可以得到代价函数:

$$C = \frac{1}{2}(y_1 - a_1^{(2)})^2 + \frac{1}{2}(y_2 - a_2^{(2)})^2$$

微积分中用链式法则计算复合函数的导数,设 x 是实数,f 和 g 是从实数映射到实数的函数。假设 $y=g(x)$ 并且 $z=f(g(x))=f(y)$,那么用链式法则可以得到

$$\frac{\partial z}{\partial x}=\frac{\partial z}{\partial y}\frac{\partial y}{\partial x} \tag{9.27}$$

整个神经网络(包括代价计算部分)可以看成一个十分复杂的多元复合函数,其输入是向量的各个分量,输出是一个代价值 C,相邻两层间的关系是后一层函数套住前一层的函数。因此可以用链式法则逐层求导,先求后层的梯度再逐步向前传播,即反向传播。

假设本次训练的标签 $y_1=1,y_2=0$,根据损失函数公式,可以通过下列计算来得到所有参数的导数。

为了计算第 2 层权重参数和偏置参数的导数,需要先计算得到第 2 层神经元输出的导数:

$$\frac{\partial C}{\partial a_1^{(2)}}=-(y_1-a_1^{(2)})=-(1-0.6)=-0.4$$

$$\frac{\partial C}{\partial a_2^{(2)}}=-(y_2-a_2^{(2)})=-(0-0.42)=0.42$$

根据链式法则和 Sigmoid 函数的性质,可以得到第 2 层神经元输入的导数:

$$\frac{\partial C}{\partial z_1^{(2)}}=\frac{\partial C}{\partial a_1^{(2)}}\cdot\frac{\partial a_1^{(2)}}{\partial z_1^{(2)}}=-0.4\times a_1^{(2)}(1-a_1^{(2)})$$

$$=-0.4\times 0.6\times(1-0.6)=-0.096$$

$$\frac{\partial C}{\partial z_2^{(2)}}=\frac{\partial C}{\partial a_2^{(2)}}\cdot\frac{\partial a_2^{(2)}}{\partial z_2^{(2)}}=0.42\times a_2^{(2)}(1-a_2^{(2)})$$

$$=0.42\times 0.42\times(1-0.42)=0.102$$

此时,可以计算第 2 层权重参数和偏置参数的导数:

$$\frac{\partial C}{\partial w_{11}^{(2)}}=\frac{\partial C}{\partial z_1^{(2)}}\cdot\frac{\partial z_1^{(2)}}{\partial w_{11}^{(2)}}=-0.096\times a_1^{(1)}=-0.096\times 0.62=-0.060$$

$$\frac{\partial C}{\partial w_{12}^{(2)}}=\frac{\partial C}{\partial z_1^{(2)}}\cdot\frac{\partial z_1^{(2)}}{\partial w_{12}^{(2)}}=-0.096\times a_2^{(1)}=-0.096\times 0.35=-0.034$$

$$\frac{\partial C}{\partial w_{21}^{(2)}}=\frac{\partial C}{\partial z_2^{(2)}}\cdot\frac{\partial z_2^{(2)}}{\partial w_{21}^{(2)}}=0.102\times a_1^{(1)}=0.102\times 0.62=0.063$$

$$\frac{\partial C}{\partial w_{22}^{(2)}}=\frac{\partial C}{\partial z_2^{(2)}}\cdot\frac{\partial z_2^{(2)}}{\partial w_{22}^{(2)}}=0.102\times a_2^{(1)}=0.102\times 0.35=0.036$$

$$\frac{\partial C}{\partial b_1^{(2)}}=\frac{\partial C}{\partial z_1^{(2)}}\cdot\frac{\partial z_1^{(2)}}{\partial b_1^{(2)}}=-0.096\times 1=-0.096$$

$$\frac{\partial C}{\partial b_2^{(2)}}=\frac{\partial C}{\partial z_2^{(2)}}\cdot\frac{\partial z_2^{(2)}}{\partial b_2^{(2)}}=0.102\times 1=0.102$$

同理,为了得到第 1 层权重参数和偏置参数的导数,需要依次对第 1 层神经元的输出和输入求导。需要注意的是,由于第 1 层神经元的输出参与了第 2 层所有神经元输入的计算,因此它的导数需要考虑所有路径:

$$\frac{\partial C}{\partial a_1^{(1)}} = \frac{\partial C}{\partial z_1^{(2)}} \cdot \frac{\partial z_1^{(2)}}{\partial a_1^{(1)}} + \frac{\partial C}{\partial z_2^{(2)}} \cdot \frac{\partial z_2^{(2)}}{\partial a_1^{(1)}} = -0.096 \times w_{11}^{(2)} + 0.102 \times w_{21}^{(2)}$$

$$= -0.096 \times 0.7 + 0.102 \times 0.4 = -0.026$$

$$\frac{\partial C}{\partial a_2^{(1)}} = \frac{\partial C}{\partial z_1^{(2)}} \cdot \frac{\partial z_1^{(2)}}{\partial a_2^{(1)}} + \frac{\partial C}{\partial z_2^{(2)}} \cdot \frac{\partial z_2^{(2)}}{\partial a_2^{(1)}} = -0.096 \times w_{12}^{(2)} + 0.102 \times w_{22}^{(2)}$$

$$= -0.096 \times (-0.9) + 0.102 \times (-0.5) = 0.035$$

$$\frac{\partial C}{\partial z_1^{(1)}} = \frac{\partial C}{\partial a_1^{(1)}} \cdot \frac{\partial a_1^{(1)}}{\partial z_1^{(1)}} = -0.026 \times a_1^{(1)}(1 - a_1^{(1)})$$

$$= -0.026 \times 0.62 \times (1 - 0.62) = -0.006$$

$$\frac{\partial C}{\partial z_2^{(1)}} = \frac{\partial C}{\partial a_2^{(1)}} \cdot \frac{\partial a_2^{(1)}}{\partial z_2^{(1)}} = 0.035 \times a_2^{(1)}(1 - a_2^{(1)})$$

$$= 0.035 \times 0.35 \times (1 - 0.35) = 0.008$$

在得到第 1 层神经元的输入后,可以类似地计算出第 1 层权重参数和偏置参数的导数:

$$\frac{\partial C}{\partial w_{11}^{(1)}} = \frac{\partial C}{\partial z_1^{(1)}} \cdot \frac{\partial z_1^{(1)}}{\partial w_{11}^{(1)}} = -0.006 \times a_1^{(0)} = -0.006 \times 1 = -0.006$$

$$\frac{\partial C}{\partial w_{12}^{(1)}} = \frac{\partial C}{\partial z_1^{(1)}} \cdot \frac{\partial z_1^{(1)}}{\partial w_{12}^{(1)}} = -0.006 \times a_2^{(0)} = -0.006 \times (-1) = 0.006$$

$$\frac{\partial C}{\partial w_{21}^{(1)}} = \frac{\partial C}{\partial z_2^{(1)}} \cdot \frac{\partial z_2^{(1)}}{\partial w_{21}^{(1)}} = 0.008 \times a_1^{(0)} = 0.008 \times 1 = 0.008$$

$$\frac{\partial C}{\partial w_{22}^{(1)}} = \frac{\partial C}{\partial z_2^{(1)}} \cdot \frac{\partial z_2^{(1)}}{\partial w_{21}^{(1)}} = 0.008 \times a_2^{(0)} = 0.008 \times (-1) = -0.008$$

$$\frac{\partial C}{\partial b_1^{(1)}} = \frac{\partial C}{\partial z_1^{(1)}} \cdot \frac{\partial z_1^{(1)}}{\partial b_1^{(1)}} = -0.006 \times 1 = -0.006$$

$$\frac{\partial C}{\partial b_2^{(1)}} = \frac{\partial C}{\partial z_2^{(1)}} \cdot \frac{\partial z_2^{(1)}}{\partial b_2^{(1)}} = 0.008 \times 1 = 0.008$$

在学习率 $\eta = 0.1$ 时,根据求得的导数,可以使用梯度下降法更新网络中的参数。

第 2 层权重参数更新:

$$w_{11}^{(2)'} = w_{11}^{(2)} - \eta \cdot \frac{\partial C}{\partial w_{11}^{(2)}} = 0.7 - 0.1 \times (-0.060) = 0.706$$

$$w_{12}^{(2)'} = w_{12}^{(2)} - \eta \cdot \frac{\partial C}{\partial w_{12}^{(2)}} = (-0.9) - 0.1 \times (-0.034) = -0.897 w_{21}^{(2)'}$$

$$= w_{21}^{(2)} - \eta \cdot \frac{\partial C}{\partial w_{21}^{(2)}} = 0.4 - 0.1 \times 0.063 = 0.394$$

$$w_{22}^{(2)'} = w_{22}^{(2)} - \eta \cdot \frac{\partial C}{\partial w_{22}^{(2)}} = (-0.5) - 0.1 \times 0.036 \approx -0.504$$

第 2 层偏置参数更新：

$$b_1^{(2)'} = b_1^{(2)} - \eta \cdot \frac{\partial C}{\partial b_1^{(2)}} = 0.3 - 0.1 \times (-0.096) = 0.310$$

$$b_2^{(2')} = b_2^{(2)} - \eta \cdot \frac{\partial C}{\partial b_2^{(2)}} = (-0.4) - 0.1 \times 0.102 = -0.410$$

第 1 层权重参数更新：

$$w_{11}^{(1)'} = w_{11}^{(1)} - \eta \cdot \frac{\partial C}{\partial w_{11}^{(1)}} = 0.5 - 0.1 \times (-0.006) = 0.501$$

$$w_{12}^{(1)'} = w_{12}^{(1)} - \eta \cdot \frac{\partial C}{\partial w_{12}^{(1)}} = 0.5 - 0.1 \times 0.006 = 0.499$$

$$w_{21}^{(1)'} = w_{21}^{(1)} - \eta \cdot \frac{\partial C}{\partial w_{21}^{(1)}} = 0.7 - 0.1 \times 0.008 = 0.699$$

$$w_{22}^{(1)'} = w_{22}^{(1)} - \eta \cdot \frac{\partial C}{\partial w_{22}^{(1)}} = 0.9 - 0.1 \times 0.008 = 0.899$$

第 1 层偏置参数更新：

$$b_1^{(1)'} = b_1^{(1)} - \eta \cdot \frac{\partial C}{\partial b_1^{(1)}} = 0.5 - 0.1 \times (-0.006) = 0.501$$

$$b_2^{(1)'} = b_2^{(1)} - \eta \cdot \frac{\partial C}{\partial b_2^{(1)}} = (-0.4) - 0.1 \times 0.008 = -0.401$$

经过多轮迭代，参数不断更新，使代价函数 C 逐渐降低，最终达到收敛，得到较为满意的解。

9.2.2 卷积层求导

本节介绍卷积层的求导方法并举例说明。为了简化流程，这里以单通道卷积为例给出求导方法，多层卷积可用类似方法求导。

如图 9.15 所示，$a_{ij}^{(l)}$ 为位于第 l 层 (i,j) 处的值，(i,j) 为第 i 行第 j 列，w_{pq} 为卷积层中对应 (p,q) 处的值。在经过该层卷积后，还有后续若干层（如全连接层）继续处理求得代价 C。为方便展示求导方法，假设已经通过链式法则求得第 2 层的导数值，在此条件下对 $a_{ij}^{(l)}$ 和 w_{pq} 求导。

求卷积层的导数时，先找出有关的项：

图 9.15　单通道卷积求导

$$a_{00}^{(2)} = w_{00}a_{00}^{(1)} + w_{01}a_{01}^{(1)} + w_{02}a_{02}^{(1)} + w_{10}a_{10}^{(1)} + w_{11}a_{11}^{(1)} + w_{12}a_{12}^{(1)} +$$
$$w_{20}a_{20}^{(1)} + w_{21}a_{21}^{(1)} + w_{22}a_{22}^{(1)}$$

$$a_{01}^{(2)} = w_{00}a_{01}^{(1)} + w_{01}a_{02}^{(1)} + \cdots + w_{22}a_{23}^{(1)}$$

$$a_{10}^{(2)} = w_{00}a_{10}^{(1)} + w_{01}a_{11}^{(1)} + \cdots + w_{22}a_{32}^{(1)}$$

$$a_{11}^{(2)} = w_{00}a_{11}^{(1)} + w_{01}a_{12}^{(1)} + \cdots + w_{22}a_{33}^{(1)}$$

由上述各个项求出 w_{00} 的导数：

$$\frac{\partial C}{\partial w_{00}} = \frac{\partial C}{\partial a_{00}^{(2)}} \cdot \frac{\partial a_{00}^{(2)}}{\partial w_{00}} + \frac{\partial C}{\partial a_{01}^{(2)}} \cdot \frac{\partial a_{01}^{(2)}}{\partial w_{00}} + \frac{\partial C}{\partial a_{10}^{(2)}} \cdot \frac{\partial a_{10}^{(2)}}{\partial w_{00}} + \frac{\partial C}{\partial a_{11}^{(2)}} \cdot \frac{\partial a_{11}^{(2)}}{\partial w_{00}}$$

$$= 1 \times a_{00}^{(1)} + (-1) \times a_{01}^{(1)} + 1 \times a_{10}^{(1)} + 0 \times a_{11}^{(1)}$$

$$= 1 \times 1 + (-1) \times 2 + 1 \times 2 + 0 \times 1 = 1$$

同理，可以求得

$$\frac{\partial C}{\partial w_{01}} = \frac{\partial C}{\partial a_{00}^{(2)}} \cdot \frac{\partial a_{00}^{(2)}}{\partial w_{01}} + \frac{\partial C}{\partial a_{01}^{(2)}} \cdot \frac{\partial a_{01}^{(2)}}{\partial w_{01}} + \frac{\partial C}{\partial a_{10}^{(2)}} \cdot \frac{\partial a_{10}^{(2)}}{\partial w_{01}} + \frac{\partial C}{\partial a_{11}^{(2)}} \cdot \frac{\partial a_{11}^{(2)}}{\partial w_{01}}$$

$$= 1 \times a_{01}^{(1)} + (-1) \times a_{02}^{(1)} + 1 \times a_{11}^{(1)} + 0 \times a_{12}^{(1)}$$

$$= 1 \times 2 + (-1) \times 3 + 1 \times 1 + 0 \times 1 = 0$$

$$\frac{\partial C}{\partial w_{02}} = \frac{\partial C}{\partial a_{00}^{(2)}} \cdot \frac{\partial a_{00}^{(2)}}{\partial w_{02}} + \frac{\partial C}{\partial a_{01}^{(2)}} \cdot \frac{\partial a_{01}^{(2)}}{\partial w_{02}} + \frac{\partial C}{\partial a_{10}^{(2)}} \cdot \frac{\partial a_{10}^{(2)}}{\partial w_{02}} + \frac{\partial C}{\partial a_{11}^{(2)}} \cdot \frac{\partial a_{11}^{(2)}}{\partial w_{02}}$$

$$= 1 \times a_{02}^{(1)} + (-1) \times a_{03}^{(1)} + 1 \times a_{12}^{(1)} + 0 \times a_{13}^{(1)}$$

$$= 1 \times 3 + (-1) \times 1 + 1 \times 1 + 0 \times 2 = 3$$

$$\frac{\partial C}{\partial w_{10}} = \frac{\partial C}{\partial a_{00}^{(2)}} \cdot \frac{\partial a_{00}^{(2)}}{\partial w_{10}} + \frac{\partial C}{\partial a_{01}^{(2)}} \cdot \frac{\partial a_{01}^{(2)}}{\partial w_{10}} + \frac{\partial C}{\partial a_{10}^{(2)}} \cdot \frac{\partial a_{10}^{(2)}}{\partial w_{10}} + \frac{\partial C}{\partial a_{11}^{(2)}} \cdot \frac{\partial a_{11}^{(2)}}{\partial w_{10}}$$

$$= 1 \times a_{10}^{(1)} + (-1) \times a_{11}^{(1)} + 1 \times a_{20}^{(1)} + 0 \times a_{21}^{(1)}$$

$$= 1 \times 2 + (-1) \times 1 + 1 \times 1 + 0 \times 1 = 2$$

剩余 w_{pq} 导数可用相同方法得到。对 a_{ij} 的求导也应先找出对应项:

$$a_{00}^{(2)} = w_{00}a_{00}^{(1)} + w_{01}a_{01}^{(1)} + w_{02}a_{02}^{(1)} + w_{10}a_{10}^{(1)} + w_{11}a_{11}^{(1)} + w_{12}a_{12}^{(1)} +$$

$$w_{20}a_{20}^{(1)} + w_{21}a_{21}^{(1)} + w_{22}a_{22}^{(1)}$$

再计算求导结果:

$$\frac{\partial C}{\partial a_{00}^{(1)}} = \frac{\partial C}{\partial a_{00}^{(2)}} \cdot \frac{\partial a_{00}^{(2)}}{\partial a_{00}^{(1)}} = 1 \times w_{00} = 1 \times 1 = 1$$

同理,可以求得

$$\frac{\partial C}{\partial a_{01}^{(1)}} = \frac{\partial C}{\partial a_{00}^{(2)}} \cdot \frac{\partial a_{00}^{(2)}}{\partial a_{01}^{(1)}} + \frac{\partial C}{\partial a_{01}^{(2)}} \cdot \frac{\partial a_{01}^{(2)}}{\partial a_{01}^{(1)}} = 1 \times w_{01} + (-1) \times w_{00}$$

$$= 1 \times 2 + (-1) \times 1 = 1$$

$$\frac{\partial C}{\partial a_{02}^{(1)}} = \frac{\partial C}{\partial a_{00}^{(2)}} \cdot \frac{\partial a_{00}^{(2)}}{\partial a_{02}^{(1)}} + \frac{\partial C}{\partial a_{01}^{(2)}} \cdot \frac{\partial a_{01}^{(2)}}{\partial a_{02}^{(1)}} = 1 \times w_{02} + (-1) \times w_{01}$$

$$= 1 \times (-1) + (-1) \times 2 = -3$$

$$\frac{\partial C}{\partial a_{03}^{(1)}} = \frac{\partial C}{\partial a_{01}^{(2)}} \cdot \frac{\partial a_{01}^{(2)}}{\partial a_{03}^{(1)}} = 1 \times w_{02} = 1 \times (-1) = -1$$

剩余 $a_{ij}^{(1)}$ 导数可用相同方法得到。

9.2.3 池化层求导

以图 9.16 所示的步长为 2 的最大池化层为例,假设已通过链式法则求得第 2 层的导数,在此基础上介绍池化层求导方法。因为池化层没有参数,所以只对 $a_{ij}^{(l)}$ 求导即可。回顾最大池化层的计算过程,发现只有部分值能传递到下一层,在第 1 层左上角蓝色区域内,只有数值 9 传递到了第 2 层,因此这 4 个数(4、6、9、1)中也只有 9 处的导数值不为 0。按上述步骤,依据池化顺序逐个处理各个 2×2 区域,即可求得所有导数。

先处理第一个左上角块,最大值为 9,则

$$a_{00}^{(2)} = a_{10}^{(1)}$$

因此

$$\frac{\partial C}{\partial a_{00}^{(1)}} = 0$$

$$\frac{\partial C}{\partial a_{01}^{(1)}} = 0$$

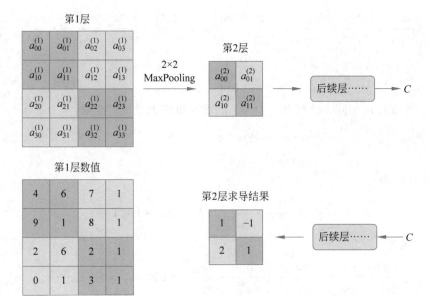

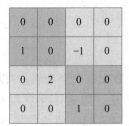

图 9.16　最大池化层求导

$$\frac{\partial C}{\partial a_{10}^{(1)}} = \frac{\partial C}{\partial a_{00}^{(2)}} \cdot \frac{\partial a_{00}^{(2)}}{\partial a_{10}^{(1)}} = 1 \times \frac{\partial a_{00}^{(2)}}{\partial a_{10}^{(1)}} = 1 \times 1 = 1$$

$$\frac{\partial C}{\partial a_{11}^{(1)}} = 0$$

依次处理剩下的 2×2 区域,可得到图 9.17 所示的结果。

第1层求导结果

图 9.17　最大池化层求导结果

若使用平均池化,则池化结果与所有输入均有关,可类似地得到平均池化层的求导公式。

9.3　典型的分类模型

在 LeNet[12] 提出后,卷积神经网络在计算机视觉领域有了一定的影响力,但受限于数据集和算力的不足,在 2012 年之前卷积神经网络往往被传统方法超越。直到 2012 年 AlexNet[1] 横空出世,在 ImageNet[11] 竞赛中以超出第二名 10.9% 的成绩夺得冠军,才一举打破了计算机视觉研究的现状。本节将深入讨论典型的分类模型,学习经典网络架构。

9.3.1　AlexNet

AlexNet 是由 Hinton 和他的学生 Alex Krizhevsky 设计的,由 5 个卷积层和 3 个全连接层组成,以巨大优势赢得了 2012 年 ImageNet 比赛的冠军。AlexNet 与 LeNet[12] 设计理念相似,但又有明显的不同:AlexNet 层数更多,且改用 ReLU 作为激活函数。下面将展示 AlexNet 的细节。

1. 网络结构

如图 9.18 所示,由于输入图像较大,AlexNet 的第一层使用了 11×11 卷积层获取较大的感受野,同时设置其步长为 4 以压缩特征图。随后使用了重叠池化技术,利用步长小于窗口的池化层保留更多的信息。在特征图压缩后,后续的卷积层窗口尺寸缩减为 5×5 和 3×3。

图 9.18　LeNet 和 AlexNet

注:虚线框的层不计入层数统计。括号内的数字为输入图像的尺寸、卷积层的通道数和全连接层的节点数。

在网络最后是 3 个全连接层,用于汇聚特征信息,而由于全连接层参数量过大,原版 AlexNet 采用了双 GPU 结构。幸运的是,现在 GPU 显存相对充裕,很少需要跨 GPU 分解模型,因此图 9.18 描述的结构与原版稍有不同。

2. 对抗过拟合

AlexNet 为对抗过拟合在前两个全连接层后加入了随机失活层,增强了模型的泛化能力。为进一步扩充数据,AlexNet 在训练时加入了大量图像增强技术,如翻转、裁剪和变色等,使得模型更加健壮。我们将在 9.4.1 节详细讨论数据增强技术。

3. 激活函数

AlexNet 使用更为简单的 ReLU 激活函数替换 Sigmoid 激活函数。如式(9.28)所示,相较于 Sigmoid 复杂的幂运算,ReLU 的计算显得更加简单。同时,ReLU 可以使训练更加容易。

$$f(x) = \max(0, x) \tag{9.28}$$

4. 总结

AlexNet 是比较早期的网络,利用简单的串行结构提取特征取得了不错的效果。它的设计理念也在很大程度上影响了后续的神经网络。

9.3.2 VGG

VGG[2] 于 2014 年由牛津大学科学工程系 Visual Geometry Group 提出,在 2014 年 ImageNet 比赛中取得了排名第 5(错误率 7.3%)的成绩。VGG 探索了网络深度与性能之间的关系,证明了增加网络的深度能够在一定程度上提升最终的性能,这也引发了研究人员对网络深度和宽度的大范围研究。

1. 网络结构

如图 9.19 所示,VGG 用 3×3 卷积堆叠的形式代替 AlexNet 中单个的大卷积层,相同感受野下,其参数更少,层数更多,配合 ReLU 激活函数,可以赋予网络更多的非线性表示能力。同时,由于 VGG 的层数更深,其采用了更规整的结构构建网络:先利用数个 3×3 卷积层和一个 2×2 最大池化构成 VGG 块,再根据需要由 VGG 块构成网络骨干,最后同 AlexNet 一样,用 3 个全连接层整合信息收尾。

2. 预训练机制

由于 9.1.4 节提到的模型各层相互依赖的问题,深层神经网络训练较为困难。VGG 采用了一种预训练的方式,即先训练一部分小网络,确保这部分网络稳定之后,再在此基础上逐渐加深网络深度。表 9.1 给出了 VGG 的多种配置方式,在训练时,首先训练深度较浅的 VGG11,待网络收敛后再用其参数初始化 VGG13,再用 VGG13 的参数初始化 VGG16,最后训练由 VGG16 初始化的 VGG19。

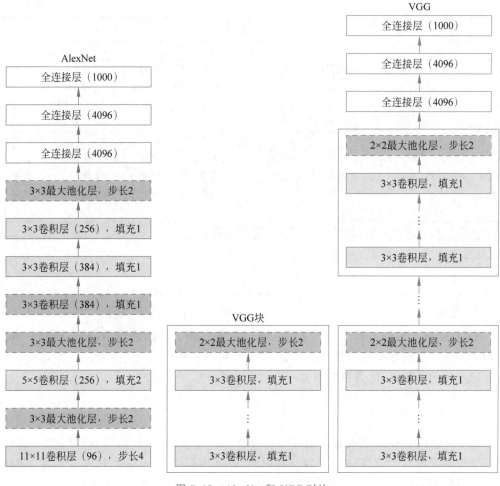

图 9.19 AlexNet 和 VGG 对比

表 9.1 VGG 参数配置

网 络 结 构			
11 层	13 层	16 层	19 层
3×3 卷积(64),填充 1	3×3 卷积(64),填充 1 3×3 卷积(64),填充 1	3×3 卷积(64),填充 1 3×3 卷积(64),填充 1	3×3 卷积(64),填充 1 3×3 卷积(64),填充 1
2×2 最大池化层			
3×3 卷积(128),填充 1	3×3 卷积(128),填充 1 3×3 卷积(128),填充 1	3×3 卷积(128),填充 1 3×3 卷积(128),填充 1	3×3 卷积(128),填充 1 3×3 卷积(128),填充 1
2×2 最大池化层			
3×3 卷积(256),填充 1 3×3 卷积(256),填充 1	3×3 卷积(256),填充 1 3×3 卷积(256),填充 1	3×3 卷积(256),填充 1 3×3 卷积(256),填充 1 3×3 卷积(256),填充 1	3×3 卷积(256),填充 1 3×3 卷积(256),填充 1 3×3 卷积(256),填充 1 3×3 卷积(256),填充 1
2×2 最大池化层			

网 络 结 构			
11 层	13 层	16 层	19 层
3×3 卷积(512),填充 1 3×3 卷积(512),填充 1	3×3 卷积(512),填充 1 3×3 卷积(512),填充 1	3×3 卷积(512),填充 1 3×3 卷积(512),填充 1 3×3 卷积(512),填充 1	3×3 卷积(512),填充 1 3×3 卷积(512),填充 1 3×3 卷积(512),填充 1 3×3 卷积(512),填充 1
2×2 最大池化层			
3×3 卷积(512),填充 1 3×3 卷积(512),填充 1	3×3 卷积(512),填充 1 3×3 卷积(512),填充 1	3×3 卷积(512),填充 1 3×3 卷积(512),填充 1 3×3 卷积(512),填充 1	3×3 卷积(512),填充 1 3×3 卷积(512),填充 1 3×3 卷积(512),填充 1 3×3 卷积(512),填充 1
2×2 最大池化层			
全连接层(4096)			
全连接层(4096)			
全连接层(1000)			

3. 总结

VGG 验证了通过不断加深网络结构可以提升性能。其网络结构简洁,整个网络都使用了同样大小的卷积核和最大池化层,易于理解和实现;但由于最后三个全连接层的存在,VGG 的参数量、计算量都很大。

9.3.3 GoogLeNet

在 2014 年的 ImageNet 挑战赛中,GoogLeNet[13] 大放异彩,为增强网络能力,其分别在宽度和深度两个维度进行扩展。利用图 9.20 中的 Inception 结构实现宽度上的扩展,由不同的卷积层组合并行提取特征。再将 Inception 结构堆叠,实现深度上的扩展。下面详细探讨 GoogLeNet 的细节。

1. Inception 结构

为解决何种尺度的卷积核大小最合适的问题,GoogLeNet 提出了 Inception 结构。如图 9.20(a)所示,该结构由多条并行路径组成,各路径采用不同的卷积层组合,以获取不同的感受野。将选择合适尺度的问题交给训练,依据不同任务和不同的数据集,在训练中调整各支路参数,从而实现动态选择卷积尺度。

Inception 结构中的 1×1 卷积主要作用是降低输入的通道数,从而缩小网络的参数量和计算量。

2. 网络结构

如图 9.20(b)所示,GoogLeNet 开始几层类似于 AlexNet,而后续则通过堆叠 Inception 结构实现对不同尺度特征的提取,其中还使用了最大池化层来压缩特征图。在输入全连接层前,利用自适应池化层对特征图做全局池化。最后为减少计算量,只使用了一个全连接层分类。

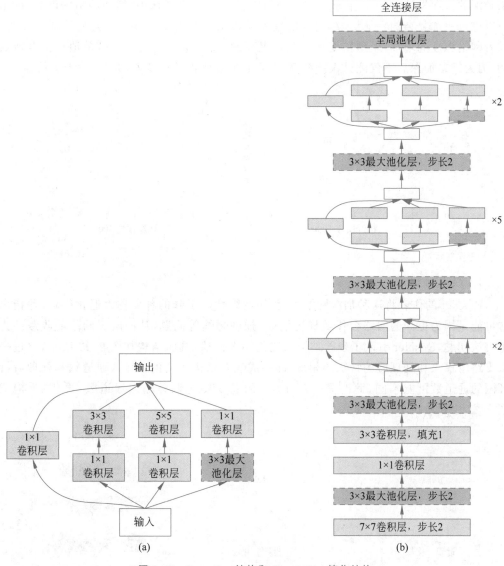

图 9.20　Inception 结构和 GoogLeNet 简化结构

3. 总结

GoogLeNet 通过 Inception 结构以较低的计算量达到了较高的精度,其设计理念影响了后续许多的高效模块和高效网络的设计。

9.3.4　ResNet

何恺明等 2015 年提出的 ResNet[3] 在 ImageNet 比赛上夺魁。因为它简单且实用,其后许多目标检测和图像分类任务都是在 ResNet 的基础上完成的,ResNet 也是计算机视觉领域重要的基础网络。

自从神经网络在 ImageNet 大放异彩之后,后来问世的神经网络就朝着网络层数越来越深的方向发展。VGG 相较于 AlexNet 的成功让研究者认为,增加网络深度后,网络可以进行更加复杂的特征提取,更深的模型可以取得更好的结果。但是后续研究发现,随着网络深度的增加,模型精度并不总是提高的,而且这个问题不是简单地过拟合造成的,因为网络加深后不仅测试误差变高,而且它的训练误差也变高,如图 9.21 所示。

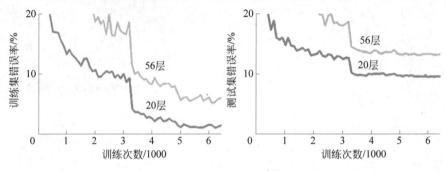

图 9.21　误差对比[3]

1. 残差结构

ResNet 的作者将这种加深网络深度,但网络性能下降的现象称为退化问题,并指出这可能是因为更深的网络会伴随梯度消失、梯度爆炸等问题,从而阻碍网络的收敛。为解决该问题,ResNet 引入了残差结构来优化梯度传播,具体结构如图 9.22 所示,通过一条支路将输入和处理后的特征图相加,即构成残差结构。又由于输入通道数和处理后特征图的通道数可能不同,此时需要用 1×1 的卷积层先调整输入通道数,再相加,构成图 9.22 中残差块 B 的结构。

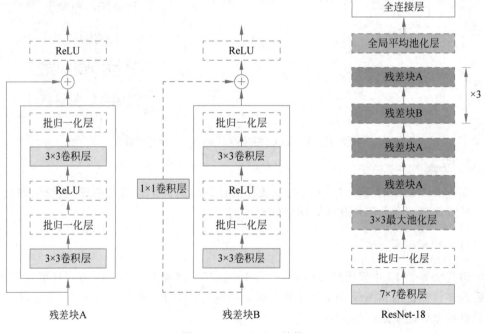

图 9.22　ResNet-18 结构

2. 网络结构

ResNet-18 和 ResNet-34 的结构和 VGG 很相似,只是在连接这些结构时稍有不同,由简单的单线性结构变成了残差结构,凭借该结构,ResNet 的性能超过了 VGG。

对于较深的 ResNet-50、ResNet-101、ResNet-152,为了减少参数和计算量,ResNet 借鉴了 GoogLeNet 的形式,使用了 1×1、3×3 和 1×1 卷积组合的结构,先通过 1×1 卷积,减少输入的通道数目,再送入 3×3 卷积层提取特征,最后由 1×1 卷积层再提升通道数。通过这些结构,ResNet-50 的计算量与 ResNet-34 的相当,但 ResNet-50 的特征抽取能力远高于 ResNet-34。在设计网络时,可以借鉴该结构减少计算量。ResNet 参数配置如表 9.2 所示。

3. 总结

ResNet 是当前计算机视觉领域的基础网络结构,其提出的残差结构使得训练深度网络成为可能。后续的各类深度网络都离不开残差结构。

9.3.5 SENet

SENet[4]（squeeze-and-excitation networks）是由自动驾驶公司 Momenta 在 2017 年提出的一种全新的网络图像识别结构,如图 9.23 所示,它通过对特征通道间的相关性进行建模,对重要特征进行强化以提升准确率。该网络结构获得了 2017 ImageNet 竞赛的冠军,错误率从排名第 5 降低到了 2.251%。

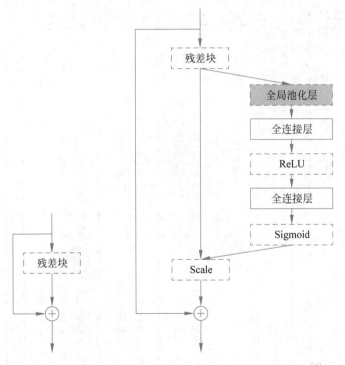

图 9.23 原 ResNet 残差结构（左）到 SENet 残差结构（右）[4]

表 9.2 ResNet 参数配置

18层	34层	50层	101层	152层
conv7-64，stride 2				
3×3 最大池化层，步长 2				
$\begin{bmatrix}3×3 卷积(64)\\3×3 卷积(64)\end{bmatrix}×2$	$\begin{bmatrix}3×3 卷积(64)\\3×3 卷积(64)\end{bmatrix}×3$	$\begin{bmatrix}1×1 卷积层(64)\\3×3 卷积层(64)\\1×1 卷积层(256)\end{bmatrix}×3$	$\begin{bmatrix}1×1 卷积层(64)\\3×3 卷积层(64)\\1×1 卷积层(256)\end{bmatrix}×3$	$\begin{bmatrix}1×1 卷积层(64)\\3×3 卷积层(64)\\1×1 卷积层(256)\end{bmatrix}×3$
$\begin{bmatrix}3×3 卷积(128)\\3×3 卷积(128)\end{bmatrix}×2$	$\begin{bmatrix}3×3 卷积(128)\\3×3 卷积(128)\end{bmatrix}×4$	$\begin{bmatrix}1×1 卷积层(128)\\3×3 卷积层(128)\\1×1 卷积层(512)\end{bmatrix}×4$	$\begin{bmatrix}1×1 卷积层(128)\\3×3 卷积层(128)\\1×1 卷积层(512)\end{bmatrix}×4$	$\begin{bmatrix}1×1 卷积层(128)\\3×3 卷积层(128)\\1×1 卷积层(512)\end{bmatrix}×8$
$\begin{bmatrix}3×3 卷积(256)\\3×3 卷积(256)\end{bmatrix}×2$	$\begin{bmatrix}3×3 卷积(256)\\3×3 卷积(256)\end{bmatrix}×6$	$\begin{bmatrix}1×1 卷积层(256)\\3×3 卷积层(256)\\1×1 卷积层(1024)\end{bmatrix}×6$	$\begin{bmatrix}1×1 卷积层(256)\\3×3 卷积层(256)\\1×1 卷积层(1024)\end{bmatrix}×23$	$\begin{bmatrix}1×1 卷积层(256)\\3×3 卷积层(256)\\1×1 卷积层(1024)\end{bmatrix}×36$
$\begin{bmatrix}3×3 卷积(512)\\3×3 卷积(512)\end{bmatrix}×2$	$\begin{bmatrix}3×3 卷积(512)\\3×3 卷积(512)\end{bmatrix}×3$	$\begin{bmatrix}1×1 卷积层(512)\\3×3 卷积层(512)\\1×1 卷积层(2048)\end{bmatrix}×3$	$\begin{bmatrix}1×1 卷积层(512)\\3×3 卷积层(512)\\1×1 卷积层(2048)\end{bmatrix}×3$	$\begin{bmatrix}1×1 卷积层(512)\\3×3 卷积层(512)\\1×1 卷积层(2048)\end{bmatrix}×3$
全局平均池化层				
全连接层（1000）				

1. squeeze-and-excitation 结构

当特征图经过一个残差块后,首先对其结果做最大值全局池化来会聚空间维信息;然后利用两个全连接层提取通道间的相关性信息;最后用 Sigmoid 函数激活,得到各个通道的权重,用该权重对原特征图加权。

2. 网络结构

SENet 没有提出整体的网络框架,而是作为网络的一个组成部分嵌入先前提到的各类网络以增强网络的能力。常见的是嵌入 ResNet,进一步增强网络的能力。

3. 总结

SENet 通过对各个通道计算重要性权重,可以更好地提取包含关键分类信息的通道,改善了模型的性能。后续很多网络都采用类似的机制提升模型的效果,让网络关注于更重要的部分信息,这种方法称为注意力机制,SENet 就是通道注意力机制的前身。

9.4 卷积神经网络实践

前几节介绍了卷积神经网络的基本组成,以及经典的卷积神经网络模型,本节将借助深度学习框架 PyTorch 动手实现一个完整卷积神经网络,用于图片分类问题。这个过程包括数据准备、网络搭建和训练代码三部分。

9.4.1 数据准备

CIFAR-10 是一个小型分类数据集,有 6 万张大小为 32×32 的 RGB 图像,共划分为 10 个类别,常用于方法测试。为了方便,本节将使用 CIFAR-10 作为训练集。

PyTorch 提供了一些常用的数据集,可以直接调用 PyTorch 提供的接口下载,参考代码如下:

```python
import torchvision

# 下载数据集到当前目录的 data 文件夹
train_dataset = torchvision.datasets.CIFAR10(
    './data',
    train = True,
    download = True
)
test_dataset = torchvision.datasets.CIFAR10(
    root = './data',
    train = False,
    download = True
)
```

严格的准确率检测需要有训练集、测试集和验证集,这 3 个集合不能有交集,常见的比例是 8:1:1。3 个集合的作用不相同:训练集用于训练参数;验证集用于观察网络是否过拟合,在适当时候终止训练;测试集用于验证模型准确率。一般来说,由于过拟合效应,训练集的准确率最高,验证集次之,测试集最低。为简单起见这里不做验证,只选用训练集和测试集。

为了对抗过拟合,增强模型泛化能力,可以增加适当的数据增强操作,参考代码如下:

```python
import torchvision
import torchvision.transforms as T

"""
训练集的数据增强:
    1. 随机水平翻转
    2. 随机裁剪
    3. 将图片转成 torch 的张量
    4. 归一化数据
"""
train_transform = T.Compose([
    T.RandomHorizontalFlip(),
    T.RandomCrop((32, 32), 4),
    T.ToTensor(),
    T.Normalize(
        mean = [0.4936, 0.4852, 0.4505],
        std = [0.2454, 0.2431, 0.2619]
    )
])

"""
测试集的数据增强:
    1. 将图片转成 torch 的张量
    2. 归一化数据
"""
test_transform = T.Compose([
    T.ToTensor(),
    T.Normalize(
        mean = [0.4936, 0.4852, 0.4505],
        std = [0.2454, 0.2431, 0.2619]
    )
])

# 下载训练集到当前目录的 data 文件夹
train_dataset = torchvision.datasets.CIFAR10(
    './data',
    train = True,
    transform = train_transform,
    download = True
)

# 下载测试集到当前目录的 data 文件夹
test_dataset = torchvision.datasets.CIFAR10(
    './data',
    train = False,
    transform = test_transform,
```

```
        download = True
    )
```

常见的数据增强方法有随机翻转和随机裁剪,可以结合数据集的物理意义挑选合适的增强方法。图 9.24 是水平翻转的结果,图 9.25 是随机裁剪的结果。

(a) 原图　　　　　　　　　　　(b) 水平翻转后图像

图 9.24　水平翻转

(a) 原图　　　　　　　　　　　(b) 随机裁剪后图像

图 9.25　随机裁剪

利用 DataLoader 来加载数据,需要指定每个批次的大小,在网络中使用了 BN 层时,适当地提高批次的大小,通常可以获得更好的效果。同时,可以通过参数 shuffle 指定是否交换数据集的顺序(类似于洗牌),通常指定训练集交换,而测试集不交换。

```
import torch

# 训练集数据加载器
train_loader = torch.utils.data.DataLoader(
    dataset = train_dataset,          # 需要加载的数据集
    batch_size = 128,                 # 批次大小
    shuffle = True                    # 随机交换次序
)

# 测试集数据加载器
test_loader = torch.utils.data.DataLoader(
    dataset = test_dataset,           # 需要加载的数据集
    batch_size = 128,                 # 批次大小
```

```
            shuffle = False                        # 随机交换次序
        )
```

9.4.2　网络搭建

至此已完成了数据准备的环节,接下来开始搭建网络。利用卷积层+ReLU+BN 的结构,搭建一个类似于 AlexNet 的网络。

```
import torch.nn as nn

class Net(nn.Module):
    def __init__(self):
        """ 指定网络的结构 """
        super().__init__()
        # 由[3×3卷积层,ReLU,BN,池化层]组成第 1 个块
        self.block1 = nn.Sequential(
            nn.Conv2d(3, 32, 3, padding = 1),
            nn.ReLU(True),
            nn.BatchNorm2d(32),
            nn.MaxPool2d(2))

        # 由[3×3卷积层,ReLU,BN]组成第 2 个块
        self.block2 = nn.Sequential(
            nn.Conv2d(32, 32, 3, padding = 1),
            nn.ReLU(True),
            nn.BatchNorm2d(32))

        # 由[3×3卷积层,ReLU,BN]组成第 3 个块
        self.block3 = nn.Sequential(
            nn.Conv2d(32, 32, 3, padding = 1),
            nn.ReLU(True),
            nn.BatchNorm2d(32))

        # 由[3×3卷积层,ReLU,BN,池化层]组成第 4 个块
        self.block4 = nn.Sequential(
            nn.Conv2d(32, 64, 3, padding = 1),
            nn.ReLU(True),
            nn.BatchNorm2d(64),
            nn.MaxPool2d(2))

        # 由[3×3卷积层,ReLU,BN,池化层]组成第 5 个块
        self.block5 = nn.Sequential(
            nn.Conv2d(64, 64, 3, padding = 1),
            nn.ReLU(True),
            nn.BatchNorm2d(64),
            nn.MaxPool2d(2)
        )

        # 最后是一个全连接层
```

```
        self.linear = nn.Linear(1024, 10)

    def forward(self, x):
        """ 指明各层间的连接情况 """
        x = self.block1(x)
        x = self.block2(x)
        x = self.block3(x)
        x = self.block4(x)
        x = self.block5(x)

        # 将二维特征图展平成向量
        batch = x.shape[0]
        x = x.view(batch, -1)
        x = self.linear(x)

        return x

# 创建模型并将其移动到 GPU
model = Net().to('cuda')
```

9.4.3　训练代码

首先需要选择一个优化器,优化器利用反向传播原理调整网络参数。这里使用基础的 SGD,如果想要取得更好的效果,可以使用 Adam 优化器;此外,还要指定一个损失计算函数,选择分类问题中最常见的交叉熵损失。

```
# 优化器
optimizer = torch.optim.SGD(
    model.parameters(),          # 需要优化的参数
    lr = 0.001                   # 学习率
)

# 损失函数
loss_fn = nn.CrossEntropyLoss()
```

完成上述步骤后,编写训练和测试代码。其过程是由 train_loader 取出数据,将数据送入模型预测输入图像属于各个类别的可能性,由预测值与标签比较计算损失,再由损失反向传播求得梯度,最后优化器使用梯度信息优化网络参数。注意,需要在训练前调用 model.train()指定模型进入训练模式,通知 BN 层开始统计数据。

```
def train():
    model.train()

    # 依次取出数据
    for step, (x, y) in enumerate(train_loader):
        # 将数据移动到 GPU
        x = x.to('cuda')
        y = y.to('cuda')
```

```
        pred_y = model(x)                        # 模型预测
        loss = loss_fn(pred_y, y)                # 计算损失
        optimizer.zero_grad()                    # 清空上一次梯度
        loss.backward()                          # 反向传播
        optimizer.step()                         # 由梯度更新参数

        if step % 50 == 49:
            print(f"{step:3d} loss: {loss.item():>.5f}")
def test():
    model.eval()
    count = 0
    total_count = 0
    # 测试时不需要保存梯度
    with torch.no_grad():
        # 依次取数据
        for x, y in test_loader:
            # 将数据送入 GPU
            x = x.to('cuda')
            y = y.to('cuda')

            pred_y = model(x)                    # 模型预测
            # 统计正确率
            count += y.eq(pred_y.max(dim = 1)[1]).sum()
            total_count += len(y)
    acc = count/total_count
    print(f"acc: {acc:>.4f}")
    return acc.item()

for epoch in range(200):
    train()
test()
```

至此,编写完成所有的代码,开始训练。如图 9.26 所示,经过 200 轮的训练后,该网络取得 0.81 左右的准确率。当然,这个网络还有很大的提升空间,可以参考 9.3 节提到的各种经典网络重新设计,取得更高的准确率。

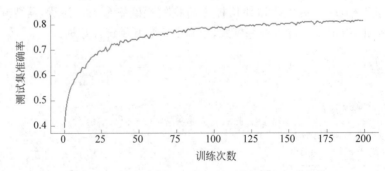

图 9.26   简单分类网络训练过程的准确率上升曲线

本章小结

本章主要介绍了神经网络的基本组成、各层的求导方法和经典的卷积神经网络，并进行了神经网络实践。

9.1 节介绍了卷积神经网络的常见组成，依次介绍了各层的计算方式、参数量、计算量等内容。其中，卷积层是卷积神经网络的核心，其参数是通过训练得到的，不同的任务会训练出各自需要的卷积参数。因此，相比前几章所讲的人工设计的线性滤波器，卷积层更加灵活，能有效提取特定任务所需要特征。

9.2 节阐述了卷积神经网络的训练方法，即反向传播理论，并依次介绍了全连接层、卷积层和池化层的求导方式，其核心思想是找出相邻两层元素间的对应关系，再根据链式法则逆向依次求导。

9.3 节介绍了经典的卷积神经网络，包括 AlexNet、VGG、GoogLeNet、ResNet 和 SENet。在设计卷积神经网络时，可以参考这些经典结构。观察这几个网络，可以发现卷积神经网络朝着更深、更复杂的方向发展。

9.4 节利用 PyTorch 实现一个用于图像分类的简单卷积神经网络并进行训练和测试。依次介绍了数据准备、网络搭建和训练代码编写等内容。利用卷积神经网络处理某一问题时，首先要根据任务要求收集相应的数据集。其次，参考 9.3 节介绍的卷积神经网络结构，设计合理的骨干网络和模块细节。最后，基于 9.2 节介绍的反向传播理论进行训练。本章介绍的内容是学习后续章节的基础，第 10 章将利用这些基础层构建更为复杂的网络，完成目标检测、目标分割和其他一些常见的计算机视觉任务。

习题

1. 计算下图所示的卷积结果，不考虑填充。

1	3	2	4
4	4	2	8
1	2	7	2
3	1	2	7

(a) 输入图片

⊙

1	2	3
2	0	−1
2	1	1

(b) 卷积核

习题 1 图

2. 对于大小为 5×5 的卷积，需要进行多大的填充，才能保持输出图片大小不变？

3. 某网络结构依次为 2×2 的最大池化层和 5×5 卷积层。

(1) 求其感受野大小。

(2) 要取得更大的感受野，至少要堆叠多少个 3×3 卷积层？

4. 求输入通道数为 3、输出通道数为 32 的 5×5 卷积层(不使用 bias)的参数量。要保持卷积后图片大小不变,需要进行多大的填充?

    5. 求出 9.2.2 节中卷积层剩余的导数。

    6. 参照经典的分类网络实现一个自己的网络,在 CIFAR-10 上的准确率超过 0.85。

参考文献

第 10 章

基于卷积神经网络的视觉应用

近年来,卷积神经网络在诸多计算机视觉任务中得到了广泛应用,并显著提高了各个任务的处理能力,如目标检测和图像分割。第 9 章介绍了卷积神经网络的基本原理,本章将在此基础上介绍卷积神经网络在各类计算机视觉任务中的应用。10.1 节和 10.2 节将详细介绍卷积神经网络在目标检测与目标分割中的应用,展示检测与分割领域经典的卷积神经网络模型;10.3 节将分别介绍卷积神经网络在其他一些视觉任务(如图像超分、图像生成、光流估计和目标追踪)中的应用。

10.1 目标检测

目标检测是计算机视觉领域应用最为广泛的任务之一,除要识别图片中物体的类别,还要获得其在图像中的位置。本节首先介绍目标检测算法的基本流程,然后分别介绍两阶段检测和单阶段检测算法的异同。之后,介绍两阶段检测的经典算法 Faster RCNN,以及单阶段检测的经典算法 SSD 和 YOLO。

10.1.1 基本流程

分类任务关心的是图像整体内容描述,给出的是整张图片主要目标的类别;而目标检测则关注图像中局部区域内特定的物体,要求同时获得图像中所有感兴趣目标的类别信息和位置信息。如图 10.1 所示,对于输入图片中的几只大鹅,目标检测任务除了要正确预测其类别,还要标记出图片中每只大鹅的位置。

(a) (b)

图 10.1 目标检测输出结果示意

为实现上述检测任务,一种简单的做法是遍历图像所有区域,在每个区域分别用分类网络进行分类,这样做计算量巨大。假设图像的高和宽分别记为 H 和 W,那么这种方式生成的总候选区域数目约为 $W^2 H^2/4$。对于一个 100×100 的图片,候选框总数将达到 2.5×10^7 个,这会带来巨大的计算开销。减少候选区域的数量以降低计算开销,会导致候选框无法覆盖所有可能区域。因为这些候选框的位置和大小都是固定的,它们无法根据图像内容做进一步的细微调整。因此,在目标检测任务中,如何设计方法以产生合适候选区域及如何对候选区域进行调整是两个亟待解决的问题。

因此,近年来目标检测任务的主要研究也围绕这两个问题展开,研究人员基于卷积神经网络提出了多种目标检测算法。其中 R-CNN 的系列算法(包括 Fast RCNN 和

Faster RCNN)将目标检测任务分成两个阶段,第一阶段在图像上产生候选区域,第二阶段对候选区域进行分类并微调目标物体位置,所以通常称为两阶段检测算法。而 SSD 和 YOLO 系列算法是使用在一个阶段中同时产生候选区域并预测出目标的类别和位置,所以通常称为单阶段检测算法。基于卷积神经网络的目标检测算法的具体发展如下:

2013 年,卷积神经网络首次应用于目标检测任务[1]。该方法使用传统图像算法——选择性搜索算法产生候选区域,并用 CNN 模型对可能存在目标的区域(称为提议区域)使用不同的卷积层来预测目标类别和位置信息,从此开启了 CNN 模型主导目标检测的时代,这就是对目标检测领域影响深远的 R-CNN 模型。

2015 年,Girshick 对 R-CNN 进行了改进,提出了 Fast RCNN 模型[2]。Fast RCNN 对不同区域的目标使用共用的卷积层进行计算,大大缩减了计算量,提高了处理速度。同时,还引入对提议区域调整目标物体位置的回归方法,进一步提高了位置预测的准确性。

2015 年,Ren 等提出了 Faster RCNN 模型,奠定了两阶段检测算法的根基[3]。其最核心的改进是基于锚框通过 RPN 网络代替传统的选择性搜索算法产生物体的候选区域。通过这一方式,模型不再需要使用传统的选择性搜索算法产生候选区域,进一步提升了处理速度。

2016 年,Joseph Redmon 等首次提出了单阶段目标检测网络 YOLO[4]。YOLO 模型首先将图像分为 $S \times S$ 个图像块单元,如果一个目标的中心落入这个单元,这个单元就负责检测这个目标。不同于 Faster RCNN 系列模型的是,YOLO 不需要额外的候选框生成过程,从而大大提高了检测速度。

2016 年,Liu 等提出了 SSD 算法[5]。SSD 继承了 YOLO 单阶段的思路,一次完成目标定位与分类。同时,SSD 算法也使用了 Faster RCNN 中锚框的概念,并加入基于特征金字塔的检测方式,即在不同感受野的特征图上预测目标。通过这种方式,SSD 有效提高了对不同尺度物体的检测精度。

上述的两阶段检测和单阶段检测算法中,常用的一个思路是使用锚框提取候选目标框,如图 10.2 所示。锚框是预先设定好长宽比例的一组候选框集合,在图片上进行滑动就可以获取候选区域。由于这类算法都是使用锚框提取候选目标框,在特征图的每个点上对锚框进行分类和回归,所以这些算法也统称为基于锚框的算法。尽管 YOLO 并没有使用明确的锚框,但它的预测结果基于单元格的偏移量,因此也可以将 YOLO 中的单元格作为一种特殊的锚框。此外,也存在一些无须锚框的检测器[6,7]。根据是否使用锚框及单阶段或双阶段,经典的检测算法框架发展如图 10.3 所示。本节后续将首先介绍目标检测任务相关的一些基本概念。

1. 边界框

在检测任务中,模型需要同时预测目标的类别和位置,因此需要引入一些跟位置相关的概念。通常使用边界框(bounding box,bbox)表示物体的位置,边界框是正好能包含物体的矩形框,如图 10.1(b)所示。在检测任务中,训练数据集的标签里会给出目标物体真实边界框对应的 (x_1, y_1) 和 (x_2, y_2),这样的边界框也被称为真实框,其中 (x_1, y_1) 为左上角坐标,(x_2, y_2) 为右下角坐标。模型会对目标物体可能出现的位置进行预测,由

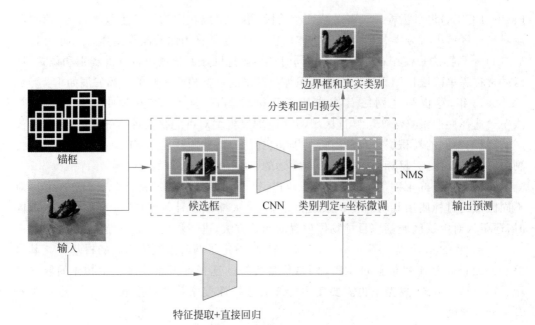

图 10.2　基于锚框的目标检测的基本流程

图 10.3　基于卷积神经网络的目标检测算法发展

模型预测出的边界框则称为预测框。

　　检测任务通常希望模型能够根据输入的图片输出预测的边界框及边界框中包含物体的类别和置信概率。最终输出的每个检测结果通常用$[L, P, x_1, y_1, x_2, y_2]$表示,其中$L$是预测出的类别标签,$P$是预测物体属于该类别的概率(通常称为置信度),之后的4个实数是框的位置坐标。一张输入图片可能存在多个目标,因此需要产生多个检测结果和对应的预测框。

2. 锚框

目标检测算法通常会在输入图像中采样大量的区域,然后判断这些区域中是否包含模型感兴趣的目标,并调整区域边界从而更准确地预测目标的真实框。常用的方法是以每个像素为中心,生成多个缩放比例和宽高比不同的边界框,这些边界框称为锚框。目标位置对应的真实框和以该位置为中心点的锚框如图 10.4 所示。

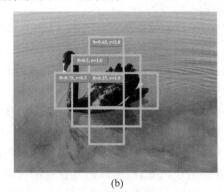

(a)   (b)

图 10.4   目标位置对应的真实框和以该位置为中心点的锚框

锚框的概念最早在 Faster RCNN 目标检测算法中提出,后来被 YOLOv2 等目标检测算法借鉴。对比早期目标检测算法中使用的滑动窗口或选择性搜索算法,使用锚框来提取候选区域大大减少了计算时间开销。而对比 YOLO 中直接回归坐标值来计算检测框的方法,使用锚框可以简化目标检测问题,使得网络仅仅学习锚框的位置偏移量即可预测出目标的精细坐标,从而使得网络模型更容易收敛。

假设输入图像的高度为 H、宽度为 W,模型以每个像素为中心生成不同形状的锚框。假设缩放比例 $s \in (0,1]$,宽高比 $r>0$,那么锚框的宽度和高度分别为 $W \times s \times r$ 和 $H \times s/r$。

3. 非极大值抑制

在实际运用目标检测的过程中,同一个真值框可能被多个锚框匹配,从而对同一个目标产生多个预测。因此需要消除重叠较大的冗余预测框。经典的处理方法是使用非极大值抑制(NMS)算法(图 10.5)。

(a)   (b)

图 10.5   目标检测中的非极大值抑制

NMS算法的基本思想是,如果有多个预测框都对应同一个物体,则只选出得分最高的预测框,丢弃剩下的预测框。具体来说,在筛选的过程中非极大值抑制首先选出某个置信度 P 最高的预测框,然后找出与其 IoU(见 6.1.3 节)大于阈值的剩余的预测框,并舍弃这些框。不断重复此过程,直至没有重叠的预测框。这里 IoU 的阈值是一个超参数,需要提前设置。NMS算法的具体流程如下。

(1) 根据置信度得分 S 对边界框进行排序为边界框列表 B,初始化输出列表 D 为空。

(2) 选择置信度最高的边界框,将其添加到输出列表 D,并将其从框列表 B 中删除。

(3) 计算所有边界框的面积。

(4) 计算置信度最高的边界框与其他候选框的 IoU。

(5) 删除 IoU 大于阈值 N_t 的边界框。

(6) 重复上述过程,直至边界框列表 B 为空。

(7) 列表 D 就是最后输出的结果。

图 10.6 中所示的例子直观地展示了非极大值抑制的流程。可以看到图中每只大鹅都有各自的预测框,每个框都有各自的预测结果$[L,P,x_1,y_1,x_2,y_2]$。首先按照置信度 P 对图片中所有边界框进行排序,找出置信度最大的边界框,这里找到的是置信度为 0.9 的框,将该框从原列表 B 中删除,加入列表 D 中;然后将置信度为 0.9 的框与剩余的边界框做 IoU 计算,得到的结果分别是 0、0.6、0.05 和 0,并且假设阈值为 0.5,可以看到此时与一个框的 IoU=0.6,大于阈值,那么就直接删除这个框,并将其置信度设置为

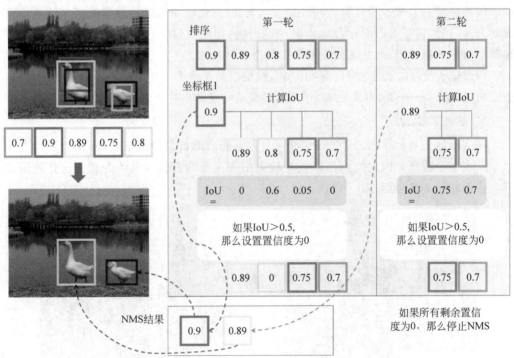

图 10.6 目标检测中的非极大值抑制的具体流程实例

0；再从剩余的框中继续选择置信度最大的边界框，这里找到置信度为 0.89 的框，将该框从列表 B 中删除，加入保留框列表 D，再将其与剩余的框做 IoU 计算，结果分别为 0.75 和 0.7，均大于阈值，直接删除；此时列表 B 为空，计算结束，可以看到最终列表 D 中得到两个边界框，分别对应两只大鹅。

了解目标检测的基本流程和相关概念后，下面分别介绍可以输出预测框的经典目标检测经典算法，包括两阶段检测的 Faster RCNN 算法及单阶段检测的 SSD 和 YOLO 算法。

10.1.2 Faster RCNN 算法

在 R-CNN 和 Fast RCNN 的基础上，Ren S 等 2016 年提出了新的两阶段检测算法 Faster RCNN。在结构上，Faster RCNN 已经将特征抽取、感兴趣区域提取、坐标回归和目标分类都整合在了一个卷积网络中，在目标检测任务方面的综合性能大幅提高，在检测速度方面尤为明显。如图 10.7 所示，Faster RCNN 主要可以分为四部分。

（1）卷积网络。作为一种 CNN 网络目标检测方法，Faster RCNN 首先使用一组基础的"卷积层＋ReLU 激活函数＋池化层"结构提取图片的特征。该特征被共享用于后续 RPN 层和全连接层。

（2）区域建议网络（RPN）。RPN 用于生成提议区域。该层通过 softmax 判断锚框属于正样本还是负样本，再利用坐标框回归修正锚框以获得精确的提议区域。

（3）ROI 池化。该层收集输入的特征层和不同尺寸的提议区域，综合这些信息后提取相同大小提议区域特征，送入后续全连接层判定目标类别。

（4）检测头。检测头利用提议区域特征计算提议区域中目标的类别，同时计算坐标框回归值，获得检测框最终的精确位置。

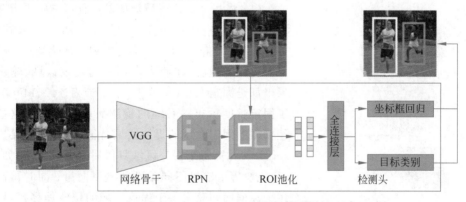

图 10.7 Faster RCNN 目标检测框架

1. RPN

RPN 对应目标检测框架中的候选框生成部分。经典的检测方法生成检测框都非常耗时，如：OpenCV AdaBoost 使用滑动窗口＋图像金字塔生成检测框；R-CNN 使用选择性搜索算法方法生成检测框；而 Faster RCNN 则抛弃了传统的滑动窗口和选择性搜索算法，直接基于锚框使用 RPN 网络生成检测框。这极大提升了 Faster RCNN 生成检测框的速度。

从图 10.8 可以看到,RPN 网络实际上有两条分支:一条通过全连接层获得正样本和负样本分类;另一条用于计算对于锚框的坐标框回归偏移量,以更新 k 个锚框获得精确的提议区域。这样就可以根据 RPN 的输出综合正样本锚框和对应坐标框回归偏移量获取提议区域,从而完成了相当于目标的初步定位的功能。

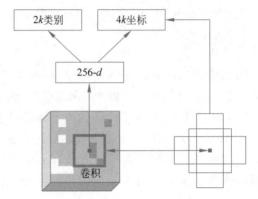

图 10.8　Faster RCNN 目标检测框架中的 RPN 结构(其中 k 为锚框数,d 为特征维数)

2. ROI 池化

由于提议区域的尺寸不一,而后续的回归和分类的全连接层要求固定大小的输入,因此提议区域的特征无法直接输入全连接层。为了解决这个问题,提出使用 ROI 池化将不同大小的 ROI 的特征池化成一个固定大小的特征池。如图 10.9 所示,ROI 池化的基本过程如下。

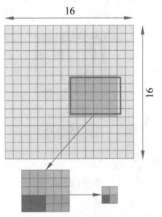

图 10.9　Faster RCNN 目标检测框架中的 ROI 池化结构

(1) 将每个提议区域对应的特征区域水平分为固定数目的网格。

(2) 对网格的每一份都进行最大池化处理。

这样处理后,即使大小不同的提议区域,输出结果也都是固定大小(一般为 7×7 或者 14×14),实现了固定长度输出。后续的检测头就可以利用这些已经获得的固定大小的提议区域特征,通过全连接层与 softmax 计算每个提议区域具体属于哪个类别(如人、车、飞机等),输出不同类别的概率向量;同时再次利用坐标框回归获得每个提议区域的位置偏移量,用于回归更加精确的目标检测框。

3. 损失函数

回顾 Faster RCNN 的两个阶段,RPN 与之后的分类网络,输出都是坐标回归数值与类别的概率向量,所以两个网络的损失函数都可以用下式表达:

$$L(\{\boldsymbol{p}_i\},\{t_i\}) = \frac{1}{N_{cls}}\sum_i L_{cls}(\boldsymbol{p}_i,p_i^*) + \lambda \frac{1}{N_{reg}}\sum_i p_i^* L_{reg}(t_i,t_i^*) \qquad (10.1)$$

式中：i 为锚框编号，$\boldsymbol{p}_i$ 为正样本经过 softmax 处理后输出的概率向量；p_i^* 为对应的 GT predict 概率（当第 i 个锚框与 GT 间 IoU>0.7 时，该锚框与真值框足够接近，将其看作正样本，$p_i^*=1$；IoU<0.3 时，该锚框与真值框相距较远，将其看作负样本，$p_i^*=0$；0.3<IoU<0.7 的锚框不参与训练）；t 代表预测出的边界框；t^* 代表对应正样本锚框对应的 GT box。

可以看到，整个损失函数被分为两部分。

（1）分类损失：在 RPN 中需要分类锚框为正样本与负样本，因此此时的分类损失需要采用正、负样本的二分类损失。

（2）回归损失：用于计算坐标框预测的回归值与真实值的差异。注意在该损失中乘了 p_i^*，相当于只关心正样本锚框的回归。

由于实际过程中两个损失数值差距过大，需用式(10.1)中的比例系数 λ 平衡二者。对回归损失做 $\text{smooth}_{\text{L1}}$ 平滑处理，其中 x 表示预测值与真实值之间的误差，计算公式如下：

$$\text{smooth}_{\text{L1}}(x)=\begin{cases}0.5x^2, & |x|<1 \\ |x|-0.5, & \text{其他}\end{cases} \quad (10.2)$$

并且假设 x_{a}、y_{a}、w_{a}、h_{a} 分别为锚框的中心点坐标和长宽，x^*、y^*、w^*、h^* 分别为真值框的中心点坐标和长宽，那么 RPN 网络的回归目标就可以写为

$$\begin{cases}t_x^*=(x^*-x_{\text{a}})/w_{\text{a}} \\ t_y^*=(y^*-y_{\text{a}})/h_{\text{a}} \\ t_w^*=\log(w^*/w_{\text{a}}) \\ t_h^*=\log(h^*/h_{\text{a}})\end{cases} \quad (10.3)$$

在训练 Faster RCNN 网络时，需要将分类损失由二分类损失换为多分类损失，并且将锚框替换为 RPN 提出的提议区域。

10.1.3　YOLO 算法

YOLO 算法作为单阶段目标检测算法的典型代表，其基于深度神经网络进行多目标检测，大大提高了推理速度，因此常用于实时系统。整体来看，YOLO 算法采用一个单独的 CNN 模型实现端到端的目标检测，整个系统如图 10.10 所示，首先将输入图片缩放为 448×448 大小，然后送入 CNN，最后处理网络预测结果得到检测的目标。相比 R-CNN 算法，YOLO 算法更像是一个统一的框架，速度更快，而且 YOLO 算法的训练过程也是端到端的。

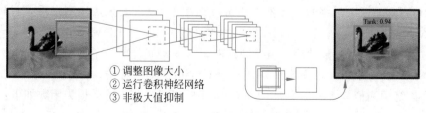

① 调整图像大小
② 运行卷积神经网络
③ 非极大值抑制

图 10.10　YOLO 算法目标检测系统

具体来说,YOLO 算法将输入图片分割为 $S\times S$ 个网格,然后每个单元格负责检测中心点落在该网格内的目标,如图 10.11 所示,可以看到左边这只大鹅目标的中心落在左下角一个单元格内,那么该单元格就负责预测这只大鹅。每个单元格会预测 B 个边界框及边界框的置信度。置信度其实包含两方面:一是这个边界框含有目标的可能性大小;二是这个边界框的准确度。前者记为 Pr(object),当该边界框是背景时(不包含目标)Pr(object)=0;而当该边界框包含目标时,Pr(object)=1。边界框的准确度可以用预测框与实际框的 IoU 表征,记为 IoU_{pred}^{truth}。因此置信度可以定义为 Pr(object)$\times IoU_{pred}^{truth}$。

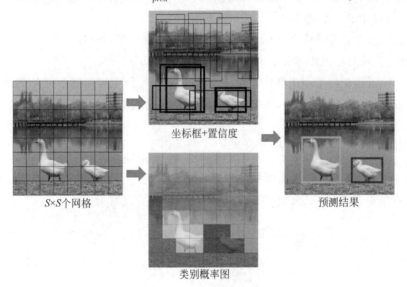

坐标框+置信度

$S\times S$个网格

预测结果

类别概率图

图 10.11　YOLO 算法流程图

对于目标定位问题,YOLO 算法中边界框的大小与位置可以用四元组(x、y、w、h)表征,其中 x、y 是边界框的中心坐标,而 w、h 是边界框的宽与高。其中,中心坐标的预测值 x、y 是相对于每个单元格左上角坐标点的偏移值,其中偏移值是与单元格大小的相对偏移量。而边界框的 w、h 预测值是相对于整个图片的宽与高的比例,因此理论上 4 个元素的大小应该在 [0,1] 范围。这样每个边界框的预测值实际上包含 x、y,w、h、c 5 个元素,其中前 4 个表征边界框的大小与位置,而最后一个值则是网格中存在目标中心的置信度 c。

对于目标分类问题,YOLO 算法对每个单元都给出了 C 个类别的概率值,代表了由该单元格负责预测的边界框的目标属于各个类别的概率。但这些概率值其实是在各个边界框置信度下的条件概率,即 Pr(class$_i$|object)。注意,不管一个单元格预测多少个边界框,YOLOV1 算法最终只会预测一组分类概率值,导致其无法检测出重叠目标,这是YOLOV1 算法的一个缺点。因此在后来的改进版本中,YOLOV2 算法中同一个单元格预测的每个边界框都单独预测一组类别概率。

总的来说,每个单元格需要预测 $B\times5+C$ 个值。如果将输入图片划分为 $S\times S$ 的网格,那么最终预测值为 $S\times S\times(B\times5+C)$ 大小的张量。其训练的损失函数如下:

$$L = \lambda_{\text{coord}} \sum_{i=0}^{S^2} \sum_{j=0}^{B} \mathbb{1}_{ij}^{\text{obj}} \left[(x_i - \hat{x}_i)^2 + (y_i - \hat{y}_i)^2 \right] +$$

$$\lambda_{\text{coord}} \sum_{i=0}^{S^2} \sum_{j=0}^{B} \mathbb{1}_{ij}^{\text{obj}} \left[(\sqrt{w_i} - \sqrt{\hat{w}_i})^2 + (\sqrt{h_i} - \sqrt{\hat{h}_i})^2 \right] +$$

$$\lambda_{\text{noobj}} \sum_{i=0}^{S^2} \sum_{j=0}^{B} \mathbb{1}_{ij}^{\text{noobj}} (C_i - \hat{C}_i)^2 + \sum_{i=0}^{S^2} \sum_{j=0}^{B} \mathbb{1}_{ij}^{\text{obj}} (C_i - \hat{C}_i)^2 +$$

$$\sum_{i=0}^{S^2} \mathbb{1}_i^{\text{obj}} \sum_{c \in \text{classes}} (\boldsymbol{p}_i(c) - \hat{\boldsymbol{p}}_i(c))^2 \tag{10.4}$$

式中：$\mathbb{1}_{ij}^{\text{obj}}$ 为指示函数，表示是否有目标落在对应的网格中，而 $\mathbb{1}_{ij}^{\text{noobj}}$ 正好与之相反。第一项是边界框中心坐标的误差项，第二项是边界框的高与宽的误差项，第三项是包含目标的边界框的置信度误差项，第四项是不包含目标的边界框的置信度误差项，最后一项是包含目标的单元格的分类误差项。

现在通过一个简单的例子详细讲解 YOLO 计算回归和分类目标的具体流程。假设输入图像大小为 448×448，并且 $S=3$，那么就可以将图像划分为 149×149 大小的 9 个网格（图 10.12）。

假设总共需要预测四类目标，图像中有一个目标框，其中心点坐标为（186,252），落到了中间的网格上，那么就让中间这个网格区负责预测该目标，即该网格的分类目标是鸭子类 [0,1,0,0]，而其他网格的分类目标都分配给背景类，不参与多分类损失的计算，也就不需要分配分类目标。

同时考虑中间网格左上角的坐标为（149,149），则可以计算需要预测的 x 和 y 的偏移量：

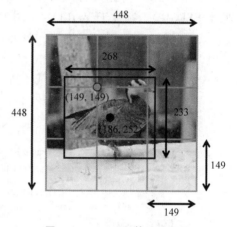

图 10.12　YOLO 算法流程图

$$x = (186 - 149)/149 = 0.2483$$
$$y = (252 - 149)/149 = 0.6913$$

同样，根据目标框的长度 w_t 和宽度 h_t，可以计算需要预测的偏移量：

$$w = 268/448 = 0.5982$$
$$h = 233/448 = 0.5201$$

之前将置信度定义为 $\text{Pr}(\text{object}) \times \text{IoU}_{\text{pred}}^{\text{truth}}$，计算置信度需要首先根据预测出的 x、y、w、h 计算预测框，当然预测框肯定会与真实框有些差距。假设预测出的 x'、y'、w'、h' 分别为 0.22、0.60、0.55 和 0.52，则预测框的中心点和长宽分别为

$$x_p = 149 + 149 \times 0.22 = 182$$
$$y_p = 149 + 149 \times 0.60 = 238$$
$$w_p = 448 \times 0.55 = 246$$

$$h_p = 448 \times 0.52 = 232$$

根据真值框和预测框坐标,首先分别计算其四角坐标(x_1, y_1, x_2, y_2)为$(52, 135.5, 320, 368.5)$和$(59, 122, 305, 354)$,然后计算目标置信度为

$$c = 1 \times \frac{(305-59) \times (354-135.5)}{268 \times 233 + 246 \times 232 - (305-59) \times (354-135.5)} = 0.8173$$

坐标框损失为

$$(x-x')^2 + (y-y')^2 = 0.1229$$

$$(\sqrt{w} - \sqrt{w'})^2 + (\sqrt{h} - \sqrt{h'})^2 = 0.001012$$

假设预测出的置信度$w' = 0.66$,类别概率$\boldsymbol{p}' = [0.1, 0.7, 0.15, 0.05]$,同样可以计算置信度损失和分类损失为

$$(c-c')^2 = (0.66 - 0.8173)^2 = 0.001012$$

$$\sum_i^4 (\boldsymbol{p}_i - \boldsymbol{p}'_i)^2 = 0.1^2 + (1-0.7)^2 + 0.15^2 + 0.05^2 = 0.125$$

10.1.4 SSD 算法

SSD 算法属于单阶段检测算法。由图 10.13 可以看到,SSD 算法在准确度和速度(除了 SSD512)上都优于 YOLO。从图 10.14 的对比可以看出,Faster RCNN 算法先通过 CNN 得到候选框,再进行分类与回归,而 YOLO 算法与 SSD 算法可以一步到位完成检测,从而大大提高检测速度;相比 YOLO 算法,SSD 算法采用 CNN 直接进行检测,而不是像 YOLO 算法那样在全连接层之后进行检测。

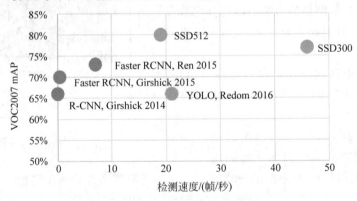

图 10.13 经典目标检测框架精度和速度对比

其实采用卷积直接进行检测只是 SSD 算法相比 YOLO 算法的其中一个不同点,另外还有两个重要的改变:一是 SSD 算法提取了不同尺度的特征图进行检测,大尺度特征图(较靠前的特征图)可用于检测小物体,而小尺度特征图(较靠后的特征图)用于检测大物体;二是 SSD 算法采用了不同尺度和长宽比的先验框(也相当于 Faster RCNN 算法中的锚框)。YOLO 算法的缺点是难以检测小目标,而且定位不准,但是这几点重要改进使 SSD 算法在一定程度上克服了这些缺点。下面详细讲解 SSD 算法的原理。

SSD 算法和 YOLO 算法一样都是采用一个 CNN 进行检测,但采用了多尺度的特征

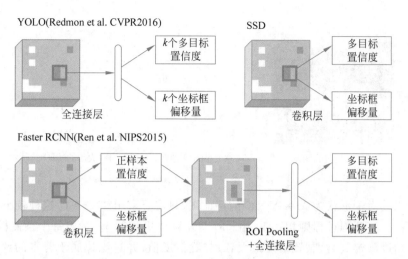

图 10.14　经典目标检测框架对比

图,并采用 VGG16 作为基础模型,然后在 VGG16 的基础上新增了卷积层获得更多的特征图以用于检测。其基本架构如图 10.15 所示,具有如下主要特点。

（1）从 YOLO 算法中继承了将检测转化为回归的思路,一次完成目标定位与分类。

（2）基于 Faster RCNN 算法中的锚框,提出了相似的先验框。

（3）加入基于特征金字塔的检测方式,即在不同感受野的特征层上预测目标。

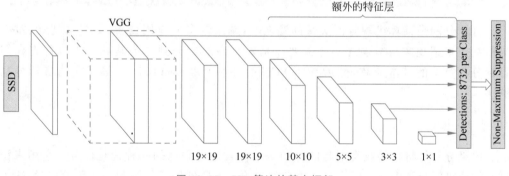

图 10.15　SSD 算法的基本框架

1. 采用多尺度特征图

"多尺度"就是采用大小不同的特征图进行检测,CNN 一般前面的特征图比较大,后面会逐渐采用步长为 2 的卷积或者池化层降低特征图大小。如图 10.16 所示,一个比较大的特征图和一个比较小的特征图都可以用于检测,这样做的好处是比较大的特征图用于检测相对较小的目标,而小的特征图负责检测大目标。例如,38×38 大小的特征图可以划分为更多的单元,而且每个单元的先验框尺度比较小,因此更容易匹配和检测小目标;而 5×5 大小的特征图划分的单元较少,但是先验框尺度较大,因此更适合大目标。

2. 采用全卷积预测

与 YOLO 算法最后采用全连接层不同,SSD 算法直接采用卷积对不同的特征图提

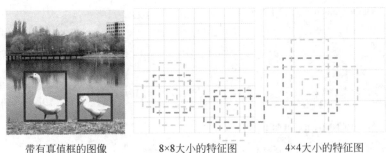

带有真值框的图像　　　　8×8大小的特征图　　　　4×4大小的特征图

图 10.16　SSD 算法在不同大小特征图上取不同尺度的锚框

取检测结果。对于形状为 $M×N×C$ 的特征图,只需要采用 $3×3×C$ 这种较小的卷积核得到检测值。而预测过程则相比 Faster RCNN 算法更加简单,对于每个预测框,首先根据类别置信度确定其类别(置信度最大者)与置信度值,并过滤掉属于背景的预测框;其次根据置信度阈值(如 0.5)过滤掉置信度较低的预测框;然后对留下的预测框进行解码,并根据先验框得到其真实位置参数(解码后一般还需进行数值裁剪,防止预测框位置超出图片),解码之后,一般需要根据置信度进行降序排列,仅保留 top-k(如置信度最高的 400)个预测框;最后通过 NMS 算法过滤掉重叠度较大的预测框,得到最终的检测结果。

10.2 目标分割

目标分割是计算机视觉的关键问题之一,越来越多的应用场景,如自动驾驶、室内导航甚至虚拟现实与增强现实等需要以精确且高效的分割作为基础。本节首先介绍目标分割算法的基本流程,然后介绍 FCNN、U-Net 和 DeepLab v3 等经典的目标分割算法。

10.2.1　基本流程

语义分割是将标签或类别与图片的每个像素建立联系的一种视觉任务。它用来识别和构成可区分类别的像素集合。语义分割的一个典型例子如图 10.17 所示,它给输入图片上的每个像素赋予一个正确的语义标签。

(a)　　　　　　　　　　　　　　　(b)

图 10.17　语义分割任务实例

对语义分割模型来说,通常用准确度来评价算法的效果。对于准确度,假定共有 $k+1$ 类(包括 k 个目标类和 1 个背景类),p_{ij} 表示本属于 i 类却预测为 j 类的像素点总数,具体地,p_{ii} 表示 TP 的像素数目,p_{ij} 表示 FP 的像素数目,p_{ji} 表示 FN 的像素数目。那么可以定义以下指标:

像素精度(Pixel Accuracy,PA):PA 是最简单的度量计算,其计算总的像素跟预测正确像素的比率,即

$$PA = \frac{\sum\limits_{i=0}^{k} p_{ii}}{\sum\limits_{i=0}^{k}\sum\limits_{j=0}^{k} p_{ij}} \tag{10.5}$$

平均像素精度(Mean Pixel Accuracy,MPA):基于每个类别正确的像素总数与每个类别总数比率求和得到的均值,即

$$MPA = \frac{1}{k+1}\sum\limits_{i=0}^{k} \frac{p_{ii}}{\sum\limits_{j=0}^{k} p_{ij}} \tag{10.6}$$

平均并交比(Mean Intersection over Union,MIoU):这是语义分割任务的一个标准的评价指标,它通过计算交并比度量分割结果的精度。这里交并比代指实际分割结果与预测分割结果之间的重叠程度,即 TP 与(TP + FN+FP)的比率。MIoU 是基于每个类别分别计算 IoU,然后再求均值:

$$MIoU = \frac{1}{k+1}\sum\limits_{i=0}^{k} \frac{p_{ii}}{\sum\limits_{j=0}^{k} p_{ij} + \sum\limits_{j=0}^{k} p_{ji} - p_{ii}} \tag{10.7}$$

随着卷积神经网络的发展,目前工业界常用的分割算法都是使用大数据驱动的深度学习模型。图 10.18 展示了深度学习时代分割模型的发展脉络。本节将着重介绍几个主流的基于深度学习的语义分割模型。

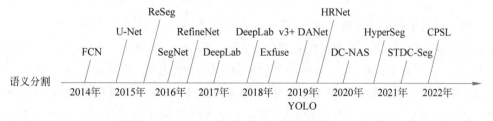

图 10.18　语义分割算法发展历程

10.2.2　FCN

2015 年,Jonathan Long[8] 提出的全卷积网络(FCN)可以接受任意尺寸的输入图像。其采用反卷积层对最后一个卷积层的特征层进行上采样,使其恢复到与输入图像相同的

尺寸,从而可以对每个像素产生预测,同时保留了原始输入图像中的空间信息,最后在上采样的特征图上进行逐像素分类,解决了语义分割的问题。FCN 主要有两个特点:一是将模型最末端的全连接层换成反卷积层;二是将来自不同尺度的特征层的信息进行融合。

如图 10.19 所示,FCN 语义分割模型与图像分类模型的主要区别在于,FCN 将图像分类模型最后的三层全连接层转换成三层反卷积层,输出一张密集预测的标签图,从而实现语义分割。以 AlexNet 分类模型为例,其结构是 224×224 大小的图片经过一系列卷积,得到大小为 7×7 的特征层,经过三层全连接层,得到最终的类别概率用于分类任务。而 FCN 将三层全连接层全都换成卷积,这样虽然去掉了全连接层,但是得到了另一种基于不同通道的分布式表示,即 Heatmap(热力图)。经过多次卷积和池化以后,得到的图像越来越小,分辨率越来越低,最终产生的 Heatmap 就是富含更多语义信息的高维特征图;得到 Heatmap 之后再通过反卷积进行上采样,将图像放大到原图像的大小,获得逐像素的标签预测。

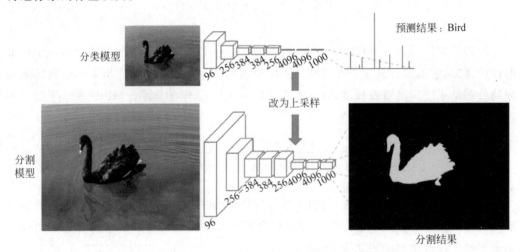

图 10.19　FCN 语义分割模型与图像分类模型比较

在卷积网络提取特征的过程中,随着池化操作的进行,虽然感受野不断增大,语义信息不断增强,但是也造成了像素位置信息的丢失。例如,1/32 大小的 Heatmap 上采样到原图之后,如果在 Heatmap 上偏移一个像素,原图就会偏移 32 个像素,这将给最终的分割结果带来巨大的误差。如图 10.20 所示,虽然浅层网络语义信息较少,但是其含有较多空间细节信息,因此需要融合 1/8、1/16 和 1/32 的三个层的输出。先将 1/32 的输出上采样到 1/16,与原来 1/16 分辨率的特征图逐像素相加,结果再上采样到 1/8,与原来 1/8 分辨率的输出各个元素相加,从而得到 1/8 分辨率大小的特征,最后上采样 8 倍,得到最终的分割结果。

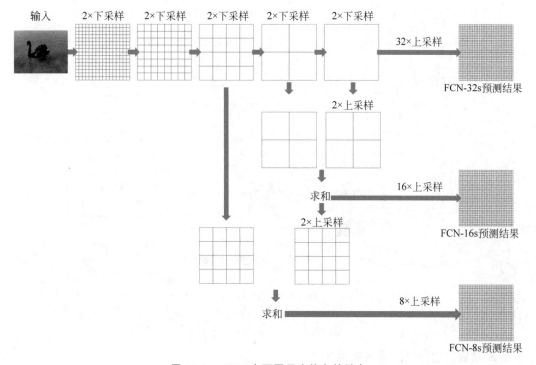

图 10.20 FCN 中不同尺度信息的融合

注：其中 FCN-32s、FCN-16s、FCN-8s 分别为从 1/32、1/16、1/8 分辨率上采样得到的结果。

10.2.3　U-Net

Ronneberger 等首次提出的 U-Net[9]也是较早使用全卷积网络进行语义分割的算法之一。其设计了一种包含压缩路径和扩展路径的对称 U 形结构，一定程度上影响了后续分割网络的设计。其中的实验基于 Data Science Bowl 比赛的 ISBI 网格追踪数据集，基于该数据集，U-Net 仅仅通过 30 张图片并辅以数据扩充策略便达到非常低的错误率，并获得 2018 年该比赛的冠军。

U-Net 的网络结构如图 10.21 所示。网络是一个经典的全卷积网络（网络中没有全连接操作）。网络的输入是一张 572×572 的图片，网络的左侧是由卷积层和最大池化层构成的一系列降采样操作，这一部分称为压缩路径。压缩路径由 4 个模块组成，每个模块使用 3 个有效卷积和 1 个最大池化层降采样，而且每次降采样之后特征图的通道数翻倍，因此有了图中所示的特征层尺寸的变化，最终得到 32×32 的特征图。

网络的右侧部分称为扩展路径。同样由 4 个模块组成，每个模块开始之前通过反卷积将特征图的尺寸扩大 2 倍，同时将其通道数减半（最后一层略有不同），然后与左侧对称的压缩路径的特征图进行拼接合并。考虑到左侧压缩路径和右侧扩展路径的特征图尺寸不一样，因此 U-Net 将压缩路径的特征图裁剪到与扩展路径的特征图相同的尺寸，再进行归一化操作。扩展路径的卷积操作依旧使用有效卷积操作，最终得到了尺寸与原图像一致的分割预测结果。由于图 10.22 所示的 U-Net 执行的是一个二分类任务，所以

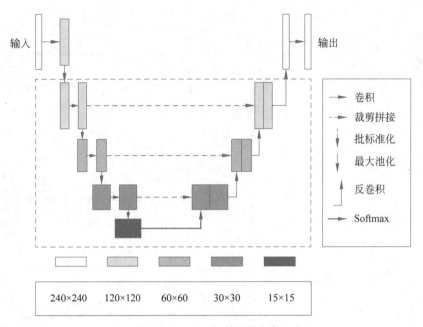

图 10.21　U-Net 的网络架构

网络最终输出的分割图通道数为 2。

　　为了更好地处理图像的边界像素，U-Net 使用镜像操作填充特征图边界。镜像操作即是给输入图像加入一个对称的边，如图 10.22 所示。增加的边的宽度通常根据感受野确定。具体来说，卷积操作会降低特征图分辨率，但是更希望 512×512 的输入图像的边界点能够保留到最后一层特征图。所以需要通过加边的操作增加图像的分辨率，增加的尺寸即是感受野的大小，也就是说每条边界增加感受野的一半作为镜像边。

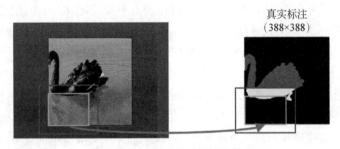

图 10.22　U-Net 模型的镜像操作

　　根据图 10.21 中所示的压缩路径的网络架构，可以计算其感受野为

$$\mathrm{rf} = \{[(0\times2+2+2)\times2+2+2]\times2+2+2\}\times2+2+2 = 60$$

所以，U-Net 输入图片的边长为 512+60=572。输入大小设定为 572 也确保了每次降采样操作时特征图的尺寸都是偶数。

　　训练时，U-Net 使用的是带边界权值的损失函数：

$$E = \sum_{\boldsymbol{x}\in\Omega} w(\boldsymbol{x})\log(p_{\ell(\boldsymbol{x})}(\boldsymbol{x})) \tag{10.8}$$

式中：$p_{\ell(x)}(x)$ 为交叉熵损失，而 $\ell:\Omega\in\{1,\cdots,K\}$ 是像素点的标签，$w:\Omega\in\mathbb{R}$ 是对应像素点在损失中的权值，训练时用于关注图像中贴近边界点的像素，并且有

$$w(\boldsymbol{x})=w_c(\boldsymbol{x})+w_0\cdot\exp\left(-\frac{(d_1(\boldsymbol{x})+d_2(\boldsymbol{x}))^2}{2\sigma^2}\right) \tag{10.9}$$

式中：$w_c:\Omega\in\mathbb{R}$ 为平衡类别比例的权值；$d_1:\Omega\in\mathbb{R}$ 为像素点到距离其最近的目标的距离；$d_2:\Omega\in\mathbb{R}$ 为像素点到距离其第二近的目标的距离；w_0、σ 为常数。

10.2.4　DeepLab v3+

　　DeepLab 系列是谷歌团队提出的一系列语义分割算法[10]，其中 DeepLab v1 于 2014 年推出，并在 PASCAL VOC2012 数据集上取得了分割任务第二名的成绩。DeepLab 认为之前的语义分割结果比较粗糙主要有两个原因：一是池化导致的信息丢失；二是没有利用标签之间的概率关系。因此，一方面 DeepLab 首先使用空洞卷积来进行下采样，从而避免了池化带来的信息损失，并且空洞卷积可以在增大感受野的同时不增加参数量；另一方面 DeepLab 还使用条件随机场（CRF）进一步优化分割精度。具体来说，DeepLab 将每个像素点看作图的节点，将像素与像素间的关系看作图的边，即构成了一个条件随机场。条件随机场通过二元势函数描述像素点之间的关系，并鼓励相似的像素被分配到相同的标签，而相差较大的像素则被分配不同标签。DeepLab 框架结构如图 10.23 所示。

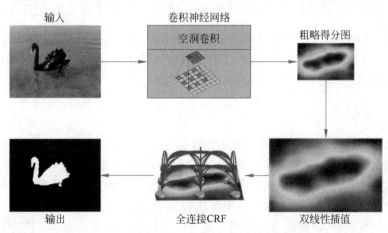

图 10.23　DeepLab 框架结构

　　2017—2018 年，谷歌公司又相继推出了 DeepLab v2[11]、DeepLab v3[12] 和 DeepLab v3+[13]。DeepLab v2 的不同之处是提出了空洞空间金字塔池化（Atros Spatial Pyramid Pooling，ASPP），即并行地采用多个采样率的空洞卷积提取特征，再将特征进行融合，从而保证目标在图像中表现为不同大小时仍能够有良好的分割结果。DeepLab v3 则是对 ASPP 进一步优化，包括添加卷积和批归一化层等操作，其基本框架如图 10.24 所示。

　　DeepLab v3+ 仿照 U-Net 的结构，将原本的双线性插值操作改为一个向上采样的解码器模块，用于优化分割结果的边缘精度。此外，DeepLab v3+ 还加深了网络层数，将步

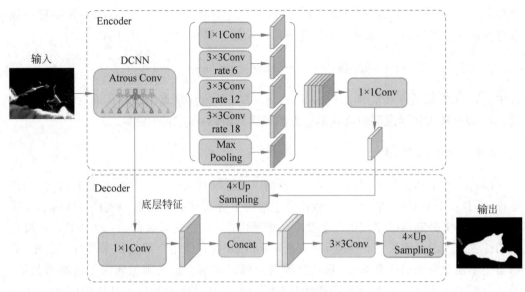

图 10.24　DeepLab v3＋的基本框架[10]

长为 2 的最大池化层替换为深度可分离卷积,便于随时替换为空洞卷积,并在深度可分离卷积之后增加了批归一化层和 ReLU 激活层。

10.3　其他典型应用

除了检测和分割外,卷积神经网络在超分辨率、图像生成、光流估计和目标追踪等越来越多的应用场景得到了应用。本节分别介绍卷积神经网络在上述应用中的具体实现,以及不同应用场景下的经典深度学习算法。

10.3.1　图像超分

超高分辨率成像(SR)一般用于图像处理和超高分辨率显微镜,主要任务是从一幅低分辨率图像恢复出高分辨率图像。目前,图像超分辨率研究可分为基于插值、基于重建和基于学习的方法三个主要范畴。超高分辨率成像可以视为是一种图像恢复问题。其中基于学习的方法是近年来超高分辨率算法研究中的热点,它采用大量的高分辨率图像构造数据集训练模型,在对低分辨率图像进行恢复的过程中引入由学习模型获得的先验知识,以得到图像的高频细节,获得较好的图像恢复效果。随着深度学习的迅速发展,在超高分辨率成像问题上有了很大的突破,即通过训练卷积神经网络来学习低分辨率图像与其对应的高分辨率图像之间的映射关系,从而提取高频信息。基于深度学习的算法可以分为特征提取、非线性映射和图像重建三个步骤。

早期深度学习算法是将低分辨率图像先上采样到原图大小。这一步骤通常采用简单快速的插值算法,例如双线性插值。然后训练一个端对端的神经网络来重构高频信息。例如,经典的算法 SRCNN,它是卷积神经网络用在超高分辨率成像应用上的开创者[14]。它的网络结构十分简单,如图 10.25 所示。

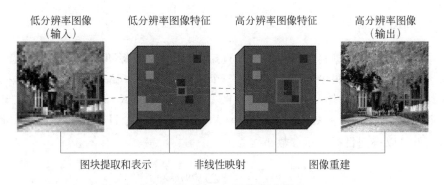

图 10.25　SRCNN 图像超分框架

　　SRCNN 网络由三层卷积层组成,此算法先采用双三次插值算法将 LR 图像放大为目标尺寸大小的图片,接着通过三层卷积神经网络实现端到端的非线性映射,最后输出高分辨率图像。可分别解释为图像特征提取、非线性特征映射和高分辨率图像重建。相比传统方法,SRCNN 不仅在峰值信噪比(PSNR)等指标上有了明显提升,而且在视觉效果上有了较大的改观。

　　将低分辨率图像上采样输入到神经网络(先上采样)会大大地增加神经网络的运算量与训练时间,因此后来的神经网络省去了最初的上采样步骤,其中间步骤的特征图与输入图像大小相同,只在网络末尾进行上采样,这种方式称为后上采样,如经典方法 FSRCNN。

　　FSRCNN 是对之前 SRCNN 的改进,主要体现在三方面:一是在最后使用了一个反卷积层放大尺寸(上采样),因此可以直接将原始的低分辨率图像输入网络中,而不是像 SRCNN 那样需要先通过插值方法放大尺寸;二是改变特征维数,使用更小的卷积核和使用更多的映射层;三是可以共享其中的映射层,如果需要训练不同上采样倍率的模型,那么只需要微调最后的反卷积层。

　　由于 FSRCNN 不需要在网络外部进行放大图片尺寸的操作,同时通过添加收缩层和扩张层将一个大层用一些小层代替,因此 FSRCNN 与 SRCNN 相比有较大的速度提升。FSRCNN 在训练时也可以只微调最后的反卷积层,因此训练速度更快。FSRCNN 与 SRCNN 的结构对比如图 10.26 所示。

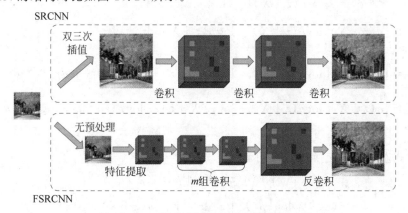

图 10.26　FSRCNN 与 SRCNN 的结构对比

10.3.2　图像生成

图像生成模型从数据集学习图像的先验知识,从而可以将随机噪声映射到逼真的目标图像。假设目标数据集中的图像都服从一个未知的分布 $p(X)$,希望通过一些观测样本估计其分布。假设 X 服从正态分布,则概率密度函数 $p(X)$ 的表达式形式已知,只需要再确定均值、方差两个参数值便可得到 $p(X)$。即采样 n 个目标 $x_1, x_2, \cdots, x_n$ 通过极大似然法就可以得到目标分布参数 θ^*:

$$\theta^* = \underset{\theta}{\arg\min} - \sum_{i=1}^{n} \log p(\boldsymbol{x}_i; \theta) \tag{10.10}$$

但是,由于自然图像中不同像素之间存在复杂的依赖关系,很难用一个明确的模型直接描述其依赖关系,建模 $p(X)$ 比较困难。因此,图像生成模型的目标往往是近似得到 $p(X)$ 概率密度函数,或者直接产生符合 X 本质分布的样本。此时就可以借用卷积神经网络强大的拟合能力拟合相关函数从而显式地构造 $p(X)$。经典的方法是基于可微生成器网络,使用可微函数 $g(z)$ 将隐变量 z 的样本变换为样本 X 上的分布。其典型代表便是 VAE[17],它将 X 显式建模为 $p(z \mid X)$,然后变分法近似最大似然函数。首先考虑贝叶斯公式:

$$p(z \mid X) = \frac{p(X \mid z) p(z)}{p(X)} \tag{10.11}$$

那么可将图形生产问题看作是已知分布 $p(z \mid X)$ 的近似,生成符合条件 z 的图像 X。但是式(10.11)等号右边仍无法直接计算得到,因此 VAE 借用了变分推断的思想并结合自编码器,然后通过假设隐变量 z 服从某种分布(通常为高斯分布)解决这一问题。

具体而言,可以用一个变分函数 $q(z \mid X)$ 代替 $p(z \mid X)$,VAE 则使用一个编码器表示变分函数。当编码器能够将真实数据编码为服从一定分布的隐变量时,解码器就能将服从这一分布的隐变量解码为接近真实数据的生成数据。因此 VAE 通过最小化 $q(z \mid X)$ 和 $p(z \mid X)$ 这两个分布的 KL 散度使两者尽可能相近:

$$\begin{aligned}
&\mathrm{KL}(q(z \mid X) \parallel p(z \mid X)) \\
&= \int q(z \mid X) \log \frac{q(z \mid X)}{p(z \mid X)} \mathrm{d}z \\
&= \int q(z \mid X) [\log q(z \mid X) - \log p(z \mid X)] \mathrm{d}z \\
&= \int q(z \mid X) [\log q(z \mid X) - \log p(X \mid z) - \log p(z) + \log p(X)] \mathrm{d}z \\
&= \int q(z \mid X) [\log q(z \mid X) - \log p(X \mid z) - \log p(z)] \mathrm{d}z + \log p(X)
\end{aligned} \tag{10.12}$$

将等式左右项目交换,就得到了下式:

$$\begin{aligned}
&\log p(X) - \mathrm{KL}(q(z \mid X) \parallel p(z \mid X)) \\
&= q(z \mid X) \log \int p(X \mid z) \mathrm{d}z - \mathrm{KL}(q(z \mid X) \parallel p(z))
\end{aligned} \tag{10.13}$$

而在给定数据 X 时,$p(X)$ 是固定的,因此只需让等式右边第一项似然的期望最大化,然后让第二项的 KL 散度最小化,就可以实现优化目标。首先考虑第二项,假定 z 是一个均值为 μ、协方差为对角矩阵 $\boldsymbol{\Sigma}$ 的多维高斯分布,其中 $\boldsymbol{\Sigma}$ 的对角向量表示为 $\boldsymbol{\sigma}$。然而在采样 z 时,实际上做了一个不可导的计算,这会导致编码器和解码器之间无法传递梯度,但是在假设中 z 必须依赖于编码器 q,这会导致模型无法训练。因此 VAE 采用了一种重参数化的技巧,即先从一个标准正态分布采样一个值 ε,然后用通过 q 得到的 μ 和 $\boldsymbol{\Sigma}$ 将这个值变换到 q 得到的分布上:

$$z = \mu(X) + \boldsymbol{\Sigma}^{1/2}(X) \cdot \varepsilon \tag{10.14}$$

这样就实现了从观测数据 X 到隐含数据 z 的转变,从而使采样过程变成可导的,继而能够训练编码器的参数。因此,第二项公式将进一步简化为

$$\mathrm{KL}(q \parallel p) = \frac{1}{2} \left[-\log[\det(\boldsymbol{\Sigma}_q)] - d + \mathrm{tr}(\boldsymbol{\Sigma}_q) + \mu_q^{\mathrm{T}} \mu_q \right] \tag{10.15}$$

由于前面的模型已经计算出了一批观察变量 X 对应的隐含变量 z,那么这里就可以再建立一个卷积神经网络,根据似然进行建模,输入为隐含变量 z,输出为观察变量 X。如果输出的图像与前面生成的图像相近,就可以认为似然得到了最大化。这个模型称为解码器。

另一种典型的生成模型是生成对抗网络(Generative Adversarial Network,GAN)。自 2014 年由 Ian Goodfellow 等提出后[15],GAN 也越来越受到学术界和工业界的重视。GAN 的主要结构包括一个生成器 G 和一个判别器 D,如图 10.27 所示。其中生成器需要生成尽可能与真实图像相似的合成图像,而判别器则需要尽力区分合成图像和真实图像。这两个模型在零和博弈中对抗训练,直到鉴别器模型无法再区分生成样本,即生成器模型生成的样本足够接近真实样本。

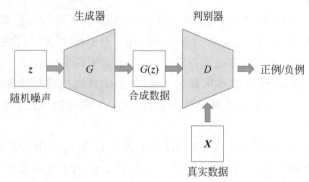

图 10.27　GAN 的基本框架

生成器并不直接学习输入样本的分布,而是通过"欺骗"判别模型的方式提高输入分布的逼近程度;判别器则使用生成样本和真实样本提高判别准确率。对于生成模型 G 和判别模型 D,GAN 的优化目标如下:

$$\min_G \max_D E_{\boldsymbol{x} \sim p_{\mathrm{data}}} \left[\log D(\boldsymbol{x}) \right] + E_{z \sim p_z} \left[\log(1 - D(G(z))) \right] \tag{10.16}$$

式中:p_{data} 表示样本的真实分布;p_z 表示随机分布 z,通常用均匀分布或者高斯分布表

示，$G(z)$ 是生成器基于随机分布生成的样本；$D(x)$ 是判别器，用于判断样本 x 是否来自真实数据集。

可以使用梯度下降法对生成器和判别器参数进行优化。每次分别随机取出 m 个真实和生成样本，通过梯度上升优化判别器：

$$f(\theta_d) = \frac{1}{m}\sum_{i=1}^{m}\left[\log D(x^{(i)}) + \log(1 - D(G(z^{(i)})))\right] \tag{10.17}$$

再生成 m 个样本，通过梯度下降法优化生成器：

$$g(\theta_g) = \frac{1}{m}\sum_{i=1}^{m}\left[\log(1 - D(G(z^{(i)})))\right] \tag{10.18}$$

这样就形成了生成器与判别器的对抗优化，如图 10.28 所示。在图 10.28(a) 中，随机参数初始化时的判别模型 D 和生成模型 G 效果都很差，生成器只能生成随机分布，而判别器同样无法区分真实样本和生成样本，即使生成样本分布，与真实样本分布差异也较大。

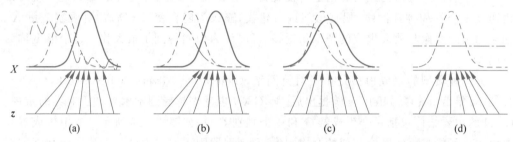

图 10.28　GAN 中生成器和判别器的博弈过程

注：虚线表示样本 X 在一维上的真实分布，实线表示生成模型 G 的输出分布，点状线表示判别模型判断 X 属于真实的概率；箭头表示随机分布 z 到生成样本 X 的映射。

在图 10.28(b) 中，通过训练，判别器 D 现在能够正确区分样本的真伪。D 在此刻变为最优。也就是说，在当前的生成器 G 固定时，对于每个样本 X（不管它是来自真实数据集，还是通过 G 生成），判别器都能正确输出 X 属于真实样本的概率。

在图 10.28(c) 中，取生成样本来训练生成器 G，G 试图生成能够混淆的伪样本，让生成的 x 在判别器中属于真实类的概率尽可能高，此时生成器生成样本的分布已经越来越接近真实样本的分布。

在图 10.28(d) 中，网络已经过多轮训练，生成器 G 生成的图像与真实分布一致，判别器 D 无法区分图像是否为伪造的，这时生成器 D 可以用于生成真实图像。

GAN 的优点是无须计算或者拟合数据分布，即不需要 $p(X)$ 的明确定义，而是通过神经网络通过黑盒的方式学习，将随机分布映射到真实数据分布，从而生成逼真的样本。最初的 GAN 使用全连接层作为其基本的模块。后来 DCGAN 使用卷积神经网络实现了更好的性能，从那以后卷积层成为许多 GAN 模型的核心组件[16]。从此，GAN 在计算机视觉、医学和自然语言处理等领域的研究一直保持着活跃状态，并产生了许多流行的架构，如 StyleGAN、BigGAN、StackGAN、Pix2pix、Age-cGAN 和 CycleGAN 等，其发展历程如图 10.29 所示。

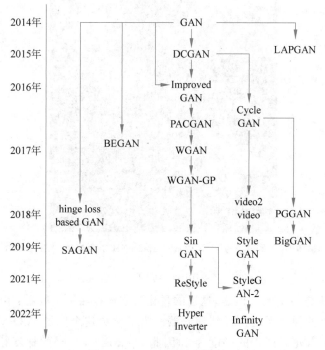

图 10.29 GAN 算法发展历程

GAN 中判别器 D 的判别能力很容易影响 G 的生成能力,而 WGAN 工作中从理论上证明在 D 训练到最好的情况下,原始 GAN 中 G 的损失函数存在自相矛盾的缺陷,这也就导致 GAN 很难训练,对微调敏感。另外还有一种问题是模式崩溃,即模型学习到真实样本分布的一部分,导致模型生成的样本非常单一,样本差异较小。

为了解决上述 GAN 模型存在的问题,VQ-VAE 利用有损压缩的思想,令生成模型可以忽略对不重要信息的建模。事实上,JPEG 等图像压缩技术已经表明,在不对图像质量产生显著影响的情况下,可以移除超过 80% 的数据。VQ-VAE 延续了这种思想,即通过将图像压缩到特征的离散隐变量空间的中间表征来压缩图像。这些中间表征小于原始图像的 1/30,但仍然能解码并重建为极其逼真的图像。利用 VQ-VAE 生成的 ImageNet 中金翅雀的随机样本如图 10.30 所示。

VQ-VAE 相比 VAE 有两个重要的区别:一是 VQ-VAE 采用离散的隐变量,而不像 VAE 那样采用连续的隐变量,即使用整数表示图像特征;二是 VQ-VAE 单独训练了一个基于自回归的模型(如 PixelCNN)以学习先验分布,而不是像 VAE 那样采用一个固定的先验(标准正态分布或高斯分布)。

具体而言,VQ-VAE 定义了一个离散隐变量空间 $e \in \mathbb{R}^{K \times D}$,其中 K 为嵌入空间大小,即嵌入向量的个数,而 D 为每个嵌入向量 e_i 的维度。VQ-VAE 计算编码器的输出向量与每个嵌入的欧几里得距离,然后选择最近嵌入的索引进行量化:

$$z_q(\boldsymbol{x}) = \mathrm{Quantize}(z_e(\boldsymbol{x})) = e_k \tag{10.19}$$

式中

图 10.30 利用 VQ-VAE 生成的 ImageNet 中金翅雀的随机样本

$$k = \arg\min_{i} \| z_e(\boldsymbol{x}) - \boldsymbol{e}_i \|_2 \tag{10.20}$$

嵌入通过 L_2 损失进行更新。但是,这里的量化过程还存在一个问题:由于 arg min 操作不可导,重建误差的梯度无法传导到编码器。为了解决这个问题,VQ-VAE 采用了直通估计器,即假设离散化时产生的梯度为 1,因此 $z_q(\boldsymbol{x})$ 和 $z_e(\boldsymbol{x})$ 的梯度相同,从而能够对编码器进行训练。

图 10.31 展示了 VQ-VAE 模型的编码和解码两个阶段。其与自编码器类似,只是中间额外使用事先定义好的码表来将每个编码向量转化为一个序号,以此实现离散化编码并进一步压缩图像信息。例如模型的输入是一张 256×256 的图像,它会将此图像先编码为编码向量,再把每个向量转化为码表中与其欧氏距离最近的向量的编号,由此压缩为 64×64 的量化编码(64×64 个表示编号的自然数),然后在解码阶段将每个量化编码替换为码表中的向量,再重建出图像。

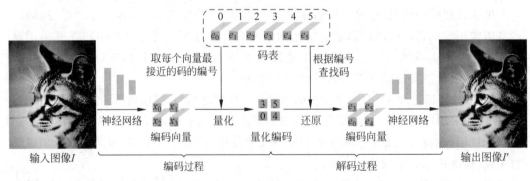

图 10.31 VQ-VAE 算法框架

10.3.3 光流估计

光流估计也是计算机视觉领域中一个经典问题,光流定义为图像中对象的移动,即视频图像中代表同一物体位置的像素点从某一帧到下一帧的移动量,该移动量可以使用二维向量表示(分别代表 x 和 y 方向的运动)。根据是否选取图像特征点进行光流估计,可以将光流估计分为稀疏光流和稠密光流。稀疏光流仅对运动特征明显的点进行光流估计和跟踪,而稠密光流需要描述整幅图像中每个像素向下一帧运动的光流。

由于光流包含潜在的运动信息,因而在视频目标检测、目标分割、行为识别、目标跟踪、机器人导航以及形状信息恢复等领域都有着非常重要的应用。经典的传统光流算法有 LK 光流法[27]、PCA-Flow[28] 和 EpicFlow[29] 等算法。但是,这些算法的准确性和速度的平衡上往往制约了其在实际工程中的广泛应用。光流估计示例如图 10.32 所示。

(a) 原图　　　　　　　　　　　　(b) 预测的稠密光流

图 10.32　光流估计示例[18]

卷积神经网络的发展给该领域带来了突破性的进展:一方面对于有监督学习,通过虚拟采集构建数据集,基于深度学习的光流估计网络无论在速度和准确率上都超过了传统光流算法,极大地推动了该方向的发展;另一方面利用无监督学习算法,基于深度学习的光流估计网络也达到了传统光流算法的准确率,而且其速度远超传统算法。

2015 年,Alexey Dosovitskiy 等提出的 FlowNet 是最早使用深度学习 CNN 解决光流估计问题的方法[18,19]。他们尝试使用深度学习端到端的网络模型解决光流估计问题,该模型的输入为待估计光流的两张图像,输出即为图像每个像素点的光流。此外,为满足深度学习模型对大量数据的需求,他们还设计了一种生成的方式,得到包括大量样本的训练数据集 FlyingChairs。通过将椅子的 3D 模型随机覆盖在一些图像上,做成合成图像,再对椅子和背景分别做随机的仿射变化,从而获得带有光流真值的图像对,如图 10.33 所示。

图 10.33　FlyingChairs 数据集(每个数据实例包括两张图像及其对应的光流图)[18]

对于网络设计,在 FlowNet 中,Alexey Dosovitskiy 等基于编码器-解码器架构设计了如图 10.34 所示的两种不同的架构。这两种架构具有相同的解码器,区别主要在于编码器的设计。

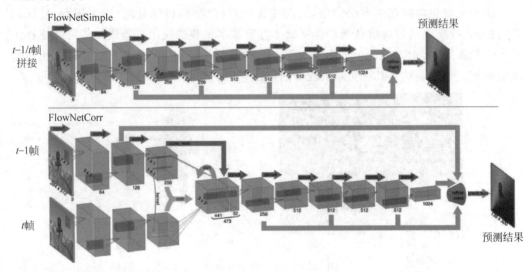

图 10.34　FlowNet 的神经网络架构[18]

其中最简单的方案是将相邻两帧的图像在通道维度上拼接到一起作为网络输入,然后经过一系列卷积、池化和上采样操作最终改进为与输入图片一样的大小,并得到估计的光流结果,这种架构简称为 FlowNetS。原则上,如果该模型参数量足够大并且数据足够多,那么足以学习和预测光流。实际上,受参数量的限制,无法确定这种简单的设计是否可以使网络学习到这种知识。因此,手动设计一种通用性较低的网络架构,在给定的数据和优化技术下可能会表现更优。

考虑到估计光流实际上是让网络做像素级别的匹配,他们提出了另外一种基于相关联层的架构,在该架构中两帧图像通过两个单独编码部分进行特征提取,然后在编码器的后续阶段将它们组合起来。通过这种架构,网络首先对两帧图像进行特征提取,然后基于从两个图像分块中提取的特征进行对比和组合。他们将两个大小为 $2k+1$ 的图块 $\boldsymbol{x}_1$ 和 $\boldsymbol{x}_2$ 的相关性定义为两个对应特征矩阵的卷积:

$$c(\boldsymbol{x}_1,\boldsymbol{x}_2)=\sum_{\boldsymbol{o}\in[-k,k]\times[-k,k]}(f_1(\boldsymbol{x}_1+\boldsymbol{o}),f_2(\boldsymbol{x}_2+\boldsymbol{o})) \tag{10.21}$$

但是,计算所有图像块的复杂度开销是巨大的,因此 FlowNet 限制了比较的最大位移,并且还在两个特征图中引入了步长的概念。具体来说,给定最大位移 d,对于每个图块 $\boldsymbol{x}_1$,仅在大小为 $2d+1$ 的邻域中计算 $\boldsymbol{x}_1$ 与 $\boldsymbol{x}_2$ 的相关性。这个改进的架构简称为FlowNetC。

在解码细化的过程中,每个反卷积层不仅以前一层的输出为输入,同时还输入前一层预测的低尺度的光流和对应编码模块中的特征层。这样使得每一反卷积层在细化时,不仅可以获得深层的抽象信息,而且可以获得浅层的具象信息,以弥补因特征空间尺度的缩小而损失的信息。

10.3.4 目标跟踪

目标跟踪是计算机视觉领域的一个重要问题,目前广泛应用于体育赛事转播、安防监控、无人机、无人车和机器人等领域。目标跟踪可以分为以下几种任务。

(1) 单目标跟踪:给定一个目标,追踪这个目标的位置。

(2) 多目标跟踪:追踪视频中多个目标的位置。

(3) 行人重识别:给定一个行人在某设备下的监控图像,检索其他设备下该行人的图像,旨在弥补固定摄像头的视野范围限制,并可与行人跟踪技术相结合。

(4) 多目标多摄像头跟踪(MTMCT):跟踪多个摄像头拍摄的多个人。

早期的目标跟踪算法主要分为以下两类:

(1) 基于目标模型建模的方法:首先对目标外观模型进行建模,然后利用区域匹配、特征点跟踪、基于主动轮廓的跟踪算法或光流法等方法从后续帧中找到跟踪目标。其中最常用的是特征匹配法,该方法首先提取目标特征,然后在后续的帧中找到最相似的特征进行目标定位,常用的特征有 SIFT 特征、SUR 特征和 Harris 角点等。

(2) 基于搜索的方法:随着研究的深入,人们发现基于目标模型建模的方法需要对整张图片进行处理,实时性差。因此,人们将预测算法加入跟踪中,在预测值附近进行目标搜索,从而缩小搜索范围提高速度。常见的预测算法有卡尔曼(Kalman)滤波和粒子滤波方法。另一种减小搜索范围的方法是内核方法,即运用最速下降法的原理,朝梯度下降方向对目标模板逐步迭代,直到迭代到最优位置。常见的内核算法有 MeanShift 和 CamShift 算法。

多目标多摄像头跟踪算法示例如图 10.35 所示。

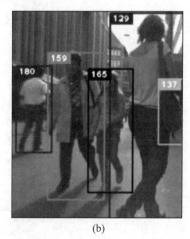

图 10.35　多目标多摄像头跟踪算法示例

随着深度学习方法的发展,人们开始考虑将其应用到目标跟踪中,并建立全新的跟踪框架。初期的应用方式是把网络学习到的特征直接应用到相关滤波的跟踪框架里,从而得到更好的跟踪结果。这类方法本质上是利用卷积输出得到的特征来表示目标,这样得到的特征更优于 HOG 或 CN 特征。

作为计算机视觉中的一项中级任务，多目标跟踪有许多实际应用，如视频监控、人机交互和虚拟现实。这些实际需求引起了人们对这一话题的极大兴趣。而多目标跟踪任务需要在每帧中单独定位目标，由于目标的外观会立即发生变化，并且会出现极端的遮挡，因此这仍然是一个巨大的挑战。此外，多目标跟踪框架需要执行多个任务，即目标检测、轨迹估计、帧间关联和重新识别。

下面介绍基于深度学习的 DeepSORT[22]算法，它是多目标跟踪最经典的算法之一，而它的前身就是基于卡尔曼滤波和匈牙利匹配算法的 SORT 算法[21]。卡尔曼滤波算法需要设计状态量 x、观测量 z、各个协方差参数(P,Q,R)、运动形式 F 和转换矩阵 H。

具体来说，SORT 将每个目标的状态 x 建模为 $g[u,v,s,r,\dot{u},\dot{v},\dot{s}]$。其中，$u$ 和 v 代表目标中心的 x、y 坐标，s 和 r 表示坐标框的尺寸（面积）和长宽比。这里假设前后帧的长宽比是固定的，$\dot{u}$、$\dot{v}$、$\dot{s}$ 表示下一帧的预测中心的坐标和检测框面积。然后 SORT 算法利用 Faster RCNN 算法进行目标检测，检测结果就充当了观测量 z。各个协方差参数则使用了经验设定：

$$P = \mathrm{diag}([10 \quad 10 \quad 10 \quad 10 \quad 1e4 \quad 1e4 \quad 1e4]^\mathrm{T})$$
$$Q = \mathrm{diag}([1 \quad 1 \quad 1 \quad 1 \quad 0.01 \quad 0.01 \quad 1e-4]^\mathrm{T})$$
$$R = \mathrm{diag}([1 \quad 1 \quad 10 \quad 10]^\mathrm{T}) \tag{10.22}$$

而在 SORT 和 DeepSORT 中，运动形式和转换矩阵的确定都是基于匀速运动模型，即跟踪的目标被假设为一个匀速运动的目标，即

$$
\begin{bmatrix} u \\ v \\ s \end{bmatrix} = \begin{bmatrix} u \\ v \\ s \end{bmatrix} + \begin{bmatrix} \dot{u} \\ \dot{v} \\ \dot{s} \end{bmatrix} \Rightarrow F = \begin{bmatrix} 1 & 0 & 0 & 0 & 1 & 0 & 0 \\ 0 & 1 & 0 & 0 & 0 & 1 & 0 \\ 0 & 0 & 1 & 0 & 0 & 0 & 1 \\ 0 & 0 & 0 & 1 & 0 & 0 & 0 \\ 0 & 0 & 0 & 0 & 1 & 0 & 0 \\ 0 & 0 & 0 & 0 & 0 & 1 & 0 \\ 0 & 0 & 0 & 0 & 0 & 0 & 1 \end{bmatrix}
$$

$$
z = Hx \Rightarrow \begin{bmatrix} u \\ v \\ s \\ r \end{bmatrix} = \begin{bmatrix} 1 & 0 & 0 & 0 & 0 & 0 & 0 \\ 0 & 1 & 0 & 0 & 0 & 0 & 0 \\ 0 & 0 & 1 & 0 & 0 & 0 & 0 \\ 0 & 0 & 0 & 1 & 0 & 0 & 0 \end{bmatrix} \begin{bmatrix} u \\ v \\ s \\ r \\ \dot{u} \\ \dot{v} \\ \dot{s} \end{bmatrix} \tag{10.23}
$$

然后 SORT 匈牙利算法先对卡尔曼滤波器预测阶段得到的运动估计和观测进行关联，代价矩阵为二者之间的 IoU。匹配成功的跟踪轨迹进行卡尔曼滤波器的更新，匹配失败的跟踪轨迹视为丢失，匹配失败的观测量视为新增轨迹。

但是，由于 SORT 假定目标长宽比不变，当目标发生形变时追踪框无法根据目标状

态更新长宽比。而且一旦物体受到遮挡或者其他原因没有被检测到,卡尔曼滤波预测的状态信息将无法和检测结果进行匹配,该追踪片段将会提前结束。当物体再次出现时,会被认为是新的目标而被赋予一个新的 ID。

为了解决形变问题,DeepSORT 首先进行了状态量的调整,即每个目标的状态向量 x 更新为 $g[u,v,\gamma,h,\dot{u},\dot{v},\dot{\gamma},\dot{h}]$,其中 γ 为长宽比,h 为目标框的高,这样在追踪过程中目标的长宽就可以进行调整。此外,DeepSORT 中还采用了一个简单的 CNN 来提取被检测物体(检测框中物体)的外观特征(低位向量表示),在每帧检测和追踪后,进行一次物体外观特征的提取并保存[20],从而能够在一定程度上继续追踪遮挡或者检测丢失的目标。后面每执行一步时,都要执行一次当前帧被检测物体外观特征与之前存储的外观特征的相似度计算,从而发现中途丢失的跟踪对象。

另外,SORT 解决分配问题使用的是匈牙利算法,该算法仅使用运动特征计算代价矩阵,用来解决"由滤波算法预测的位置"与"检测出来的位置"间的匹配问题。而在DeepSORT 中,作者结合了外观特征(由小型 CNN 提取的 128 维向量)和运动特征(卡尔曼滤波预测的结果)来计算代价矩阵,进而根据该代价矩阵使用匈牙利算法进行目标的匹配。

通过上述特征匹配算法,DeepSORT 相比于 SORT 算法大概减少了 45% 的 ID 切换现象,并且由于结合了外观特征的提取和存储,DeepSORT 对遮挡目标的追踪效果大大提升。

本章小结

本章介绍了卷积神经网络在视觉任务中应用的基本流程和相关的经典算法,并着重介绍了目标检测和语义分割的经典算法。随后,根据不同的任务场景分别介绍了如何将卷积神经网络应用到图像超分、图像生成、光流估计和目标跟踪等场景。

针对具体算法,本章在目标检测任务介绍了 Faster RCNN 这一经典的两阶段目标检测算法以及 SSD 和 YOLO 两种经典的单阶段目标检测算法的思想以及具体实现;在目标分割任务上详细介绍了 FCNN、U-Net 和 DeepLab v3+这三个模型的基本原理;在图像超分、图像生成、光流估计和目标跟踪这四个任务上分别介绍了其对应的经典算法。

除视觉任务外,卷积神经网络在其他一些领域也得到了广泛应用。例如:在大气科学中,卷积神经网络用于统计降尺度、预报校准、极端天气监测等[22-24];利用卷积神经网络进行特征分类也可以基于进程行为检测到恶意软件进程[25-26]。读者可以查阅相关资料进一步了解卷积神经网络及其他深度学习方法的优势与广阔的发展前景。

习题

1. 假设在数据集上训练了一个识别小猫的模型,测试集包含 100 个样本,其中小猫 60 张,小狗 40 张。测试结果显示为小猫共有 52 张图片,其中确实为小猫的共 50 张,也就是有 10 张小猫照片没有被模型检测出来,而且在检测结果中有 2 张为误检。当关注小猫的检测情况时,计算本次实验的 recall 和 precision 值。

2. 如下图所示的 7 张图片中总共有 12 个目标(浅色的框)以及 19 个预测边框(深色

的框),计算 IoU 阈值等于 0.5 时的 mAP。

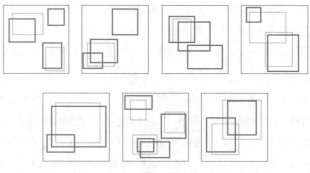

习题 2 图

3. 补全下列计算 IoU 的 Python 代码:

```
def bb_intersection_over_union(boxA, boxB):
    boxA = [int(x) for x in boxA]
    boxB = [int(x) for x in boxB]
    xA = max(boxA[0], boxB[0])
    yA = max(boxA[1], boxB[1])
    xB = min(boxA[2], boxB[2])
    yB = min(boxA[3], boxB[3])
    [待填写]
    return iou
```

4. 假设有如下特征图和感兴趣区域,ROI Pooling 期望得到的特征图大小为 2×2,计算处理后的结果。

0.1	0.3	0.4	0.3	0.1	0.1	0.3	0.4
0.3	0.6	0.8	0.6	0.3	0.3	0.6	0.8
0.4	0.8	1.0	0.8	0.4	0.4	0.8	1.0
0.3	0.6	0.8	0.6	0.3	0.3	0.6	0.8
0.1	0.3	0.4	0.3	0.1	0.1	0.3	0.4
0.1	0.3	0.4	0.3	0.1	0.1	0.3	0.4
0.3	0.6	0.8	0.6	0.3	0.3	0.6	0.8
0.4	0.8	1.0	0.8	0.4	0.4	0.8	1.0

习题 4 图

5. 下面两个框中 IoU 为多少? 其中左上角的框为 2×2 大小,右下角的框为 2×3 大小,重叠部分为 1×1 大小。

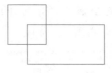

习题 5 图

6. 假设在图中的预测框中使用非最大值抑制,其参数是放弃概率小于或等于 0.4 的框,并决定两个框 IoU 的阈值为 0.5,使用非最大值抑制后会保留多少个预测框?

习题 6 图

7. 假如使用 YOLO 算法,以及 19×19 格子检测 20 个分类,使用 5 个锚框,那么最后的输出维度是多少?

8. 假设 Faster RCNN 中有一个目标的真值框和对应的锚框,真值框的左上角和右下角坐标分别为 $(200,200)$ 和 $(600,600)$,锚框的中心点坐标为 $(420,390)$,长、宽分别为 $(480,360)$。该锚框是正样本,分别计算该锚框的目标偏移量 t_x^*、t_y^*、t_w^*、t_h^*。

9. 假如使用 YOLO 算法,输入图像中某个目标的四角坐标为 $(52,135.5,320,368.5)$,并且预测的坐标为 $(62,125,301,348)$,计算该预测框的目标置信度。

10. 假设设计了一个 U-Net 模型,图像输入大小为 256×256,并进行了三次步长为 2 的下采样和三次步长为 2 的上采样,卷积核大小均为 3×3,并且每个模块中有 3 组卷积,计算感受野和拓展后的图像输入大小。

参考文献

第 11 章

计算机视觉的实践应用

随着计算机视觉技术的不断发展,其在诸多领域都得到了广泛应用,给人们日常生活带来了极大便利。本章将展示计算机视觉在现实世界的一些典型应用案例。11.1节介绍智慧交通系统,展示如何利用计算机视觉技术提升交通领域的智能化水平;11.2节介绍计算机视觉技术在空对地监视系统的应用;11.3节展示计算机视觉技术如何辅助医生进行医学图像诊断。通过本章的学习,可以更深刻地感受到计算机视觉技术巨大的实践价值及其对人们日常生活无处不在的影响。

11.1 智慧交通系统

智慧交通系统又称为智能运输系统,是将先进的科学技术有效地综合运用于交通运输、服务控制和车辆制造,加强车辆、道路和使用人员三方面的协同,从而形成的一种安全高效、改善环境和节约能源的综合运输系统。本节将从交通监视和自动驾驶两个方面展示计算机视觉在智慧交通系统中的应用。

11.1.1 交通监视

有效的交通监视要求实时、完整地记录道路上的交通信息与交通相关信息。

1. 交通信息检测现状

我国是交通大国,截至2022年,我国公路总里程已达528万千米、高速公路达16.1万千米,居世界第一[1]。如今公路交通已成为人们的刚需,对日常生活有着重要影响。因此,高效的道路交通组织和管理对于维护交通的平稳运行、保障人民日常出行安全至关重要。

但是,随着路面上车辆的增多,交通事故发生的频率也在不断升高,人员伤亡和财产损失也相应增加。尽管人们采取了多项措施以改善道路监控技术,比如用监控摄像捕捉超速汽车,通过罚款等手段规范交通秩序,但依然难以防止交通事故的发生。同时,由于缺乏及时的交通事故报告,常导致受害者得到的医疗援助不够及时。

此外,当前的交通管理技术严重依赖人工判读路面摄像装置采集的图像。需要操作人员花费大量的精力,且突发事件的自主实时反馈差。据统计,我国每年有约6万人在道路交通事故中丧生,约25万人受伤或致残。因此,通过更智能化的交通监控手段,实现更高效的道路管理十分必要。

近年来,为了提升道路监控的效率,基于人工智能技术的交通监视系统得到了广泛应用,计算机视觉技术在其中发挥了重要作用。本节以一个道路交通监视系统实例为例,重点分析计算机视觉技术在车辆跟踪、流量统计、车牌识别、闯红灯违章检测和不礼让行人违章检测等方面的应用,指出计算机视觉技术在智能交通领域进一步发展面临的局限,展望未来发展趋势。

2. 道路交通监视系统流程

图11.1展示了一种典型的道路交通监视系统流程图。第一步是多目标检测,即采用目标检测方法(如YOLOV4[2])对目标进行检测,将检测结果进行分类,筛选出车辆、

行人和交通信号灯三类目标,并结合交通管理员设置的卡口范围(如收费站、交通或治安检查站等)确定系统跟踪的车辆;第二步是多目标跟踪,即采用跟踪算法(如 DeepSORT[3])跟踪车辆;第三步是遍历跟踪结果,即统计车流量,检测被跟踪车辆的车牌车速,同时结合检测到的交通信号灯和行人信息,判断该车是否具有违章行为,如果具有违章行为,将当前帧以及违章车辆车牌号写入文件;最后,管理员查看违章记录时采用预训练的模型识别车型、颜色等。

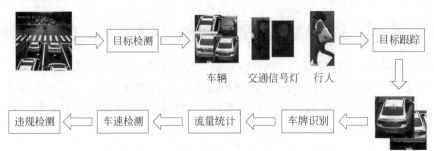

图 11.1　道路交通监视系统流程图

图 11.2　车辆跟踪效果

3. 车辆跟踪技术

本系统利用 VeRi 车辆重识别数据集[4]训练神经网络进行车辆跟踪。VeRi 数据集在不同的视角、光照和遮挡下拍摄每辆车,有利于提高车辆跟踪的鲁棒性,跟踪效果如图 11.2 所示。

4. 流量统计及对比分析

系统根据跟踪的结果进行流量统计。具体来说,系统将目标跟踪中跟踪框的数量作为当前视野内车辆的数量。另外,为了对比分析东西向和南北向道路流量情况,该系统可支持多视频检测,利用多线程同时检测两个方向的道路统计车流量并将流量分析结果可视化,同时将流量统计结果写入文件,管理员查看历史路况即可分析流量高峰。流量统计效果如图 11.3 所示。

图 11.3　流量统计效果

5. 车速检测+车牌检测

由于道路中的相机固定,系统需要事先标定比例尺,确定画面中两像素点之间对应真实场景的物体距离。之后根据不同帧的目标跟踪结果,结合比例尺,可以推算出车辆的行驶距离。再结合帧率,进而可以求解出车辆的行驶速度。

同时,为了后续精准地指认违章车辆,系统需要识别出车的车牌号。为此,该系统将车辆跟踪中生成的跟踪框裁剪出来,进而利用开源车牌识别框架 HyperLPR[5] 进行车牌识别。车速检测和车牌检测效果如图 11.4 所示。

图 11.4　车速检测和车牌检测效果

6. 闯红灯行为检测

闯红灯是路面交通领域非常危险的行为。系统为了检测闯红灯违章行为,首先需要判断交通信号灯状态,然后根据车辆所在的车道选择对应的交通信号灯作为判断依据。由于相机和交通信号灯的位置是固定的,因此只需要检测固定区域的颜色信息就能够判断出当前交通信号灯的状态。在红灯期间,车辆通过停止线且位移超过阈值,即判定当前车辆发生了闯红灯行为。如图 11.5 所示,在红灯期间,中间直行车道的轿车越过停止线,且越过停止线的距离超过了阈值,因此系统将其判定为闯红灯违章行为。

图 11.5　闯红灯行为检测效果

7. 斑马线不礼让行人检测

为了维护路面交通的秩序和行人安全,车辆在人行道前需要礼让行人。该系统还设计了相应功能以检测违章车辆。整体流程包括三部分:一是检测出斑马线区域;二是检测行人和车辆;三是根据前两步的检测结果,对人和车辆的运动轨迹进行分析,判断是否存在违章行为。

具体来说,针对斑马线检测,系统对输入图片进行预处理,通过 Canny[6] 提取边缘,求水平和竖直方向梯度。然后通过滑动窗口预测,统计一定梯度范围内的点数得到点直方图,取峰值方向(梯度一致性)的点数作为判断量,高于阈值则判为斑马线。由于相机和斑马线位置固定,因此检测行为不必一直持续进行。之后,结合斑马线位置,利用跟踪模型对图片中的行人和车辆进行检测并跟踪。最后,利用跟踪模型的结果,获取斑马线周围行人和车辆的移动方向,结合它们的相对位置判断车辆是否存在不礼让行人的行为。图 11.6 是系统运行该功能的效果图,可以检测出该车在红灯期间不礼让行人。

图 11.6　斑马线不礼让行人检测效果

8. 局限与展望

虽然计算机视觉技术在智能交通领域已取得比较广泛的应用,但在一些较为复杂的环境(如夜间等)中,计算机视觉技术的应用还存在一定限制。在这种场景下,仅通过二维图片难以准确识别场景中的内容。这时,就需要采集对环境描述能力更强的数据,例如,通过激光雷达获取环境的三维点云数据,并与二维图像的特征进行融合,以获取更精准的场景认知结果。相信随着计算机硬件和深度学习技术的进一步发展,基于视觉算法的检测精度和速度都会有很大的提高,计算机视觉技术在智能交通中的应用也会更加广泛。

11.1.2 自动驾驶

自动驾驶系统是一个汇集众多高新技术的综合系统,尤其是作为关键环节的环境信息获取和智能决策控制功能模块,依赖传感器技术、图像识别技术、电子计算机技术与控制技术等一系列高新技术的创新和突破。

1. 自动驾驶的基本概念

自动驾驶又称无人驾驶、电脑驾驶,是依靠计算机与人工智能技术在没有人为操纵的情况下进行完整、安全和有效驾驶的一项前沿科技[8]。

在21世纪,由于汽车用户不断增加,公路交通面临的拥堵、安全事故等问题越发严重。自动驾驶技术在车联网技术和人工智能技术的支持下,能够高效协调出行路线与规划时间,从而极大地提高出行效率,减少能源消耗。同时,自动驾驶还能帮助规避醉驾、疲劳驾驶等安全隐患,减少驾驶员失误,提升安全性。因此,近年来自动驾驶也成为许多国家的研究重点。

2. 自动驾驶的发展

自动驾驶至今已有超过20年的研究历史。1999年,美国卡耐基梅隆大学研制的无人驾驶汽车Navlab-V(图11.7)完成了第一次无人驾驶试验。之后,许多相关法律、法规也相继出台,多地也为无人车开放道路进行实验[7]。经过不断地开发研制,自动驾驶技术不断发展,逐渐开始受到更广泛的关注。

图11.7 美国卡耐基梅隆大学研制的无人驾驶汽车Navlab-V

如表11.1所示,自动驾驶共有6个级别($L_0 \sim L_5$)[8]。L_0级别是完全由驾驶员进行驾驶操作;L_1级别是指特定情况下汽车能辅助驾驶员完成某些驾驶任务;到了L_2级别,自动驾驶能自主完成某些驾驶任务,但驾驶员需要时刻监视周围环境的变化,遇到危险情况随时准备接管,这是目前许多自动驾驶汽车已达到的自动驾驶技术要求;在L_3级别中,驾驶员几乎不用时刻准备接管,汽车可以独立完成全部动作;L_4和L_5级别是完全自动驾驶技术,汽车已经完全不用驾驶员的操控,区别在于L_4级别只有在高速公路等特定条件下才可完全独立,而L_5级别则在任何条件下都成立。

随着人工智能与深度学习算法的进步,无人驾驶越来越趋向实用化、商业化。图11.8是2014年谷歌公司首次展示的第一款无方向盘、无油门刹车踏板的无人驾驶汽车原型,这也是首个出现在大众视野的实现了100%自动驾驶的无人驾驶汽车。

表 11.1　自动驾驶的不同级别

自动驾驶分级	名　　称	定　　义	驾驶操作
L_0	人工驾驶	由人类驾驶者全权驾驶汽车	驾驶员
L_1	辅助驾驶	车辆对方向盘和加减速中的一项操作提供驾驶,驾驶员负责其余的驾驶动作	驾驶员和车辆
L_2	部分自动驾驶	车辆对方向盘和加减速中的多项操作提供驾驶,驾驶员负责其余的驾驶动作	车辆
L_3	条件自动驾驶	由车辆完成绝大部分驾驶操作,驾驶员需保持注意力集中以备不时之需	车辆
L_4	高度自动驾驶	由车辆完成绝大部分驾驶操作,驾驶员无须保持注意力,但限定道路和环境条件	车辆
L_5	完全自动驾驶	由车辆完成绝大部分驾驶操作,驾驶员无须保持注意力	车辆

3. 视觉处理流程

视觉系统是人类认知世界最重要的功能手段。生物学研究表明[9],人类获取外界信息75%依靠视觉系统,而在驾驶环境中这一比例甚至高达90%。如果能够将人类视觉系统应用到自动驾驶领域,将大幅度提高自动驾驶的准确性。不同于人类视觉系统,一般来说,机器的视觉系统包含摄像系统和图像处理系统。这里主要介绍计算机视觉技术在自动驾驶应用中的障碍物检测与道路检测两方面。

图 11.8　谷歌公司 2014 年研发的无人驾驶汽车

1) 障碍物检测

障碍物的准确识别是车辆自动驾驶过程中安全性的重要保证。在行驶过程中,障碍物的出现是不可预知的,一切可能妨碍车辆正常行驶的物体和影响车辆通行的异常地形都可认为是障碍物。因此,车辆无法根据现有的电子地图避开障碍物,只能在车辆行驶过程中及时发现,并加以处理。

目前,障碍物检测的算法主要有基于特征的障碍物检测算法、基于光流场的障碍物检测算法和基于立体视觉的障碍物检测算法。在三种算法中,基于立体视觉的障碍物检测算法因为不需要障碍物的先验知识,对障碍物是否运动也无限制,还能直接得到障碍物的实际位置,从而成为障碍物检测的主流方式。但其对摄像机的标定要求较高,而且在车辆行驶过程中,摄像机标定参数会发生漂移,需要对摄像机进行动态标定。

2) 道路检测

自动驾驶过程中,道路检测主要是为了确定车辆在道路中的位置和方向,以便控制车辆按照正确的路线行驶。另外,它还可以为后续的障碍物检测缩小搜索空间,降低算法复杂度和误识率。然而,由于现实中的道路种类多样,再加上光照、气候等环境因素的影响,因此道路检测是一个十分复杂的问题。

在自动驾驶中,为了实现对障碍物和道路的准确检测,自动驾驶系统主要运用了目标检测和语义分割技术。同时,为了弥补普通光学图像的不足,点云数据也在自动驾驶中得到了广泛应用。

4. 自动驾驶中的目标检测

目标检测是自动驾驶视觉感知系统的核心。自动驾驶中的目标检测实例如图11.9所示,它对行人、汽车和交通信号灯等目标进行了识别和分类。自动驾驶中的目标检测同时要求高精度和高速度,而深度学习技术的快速发展满足了自动驾驶中目标检测任务的各种要求。基于深度学习的目标检测算法大致可以分为两类:一类是 SSD、YOLO 等单阶段网络结构,这类网络在具体的实验中虽然速度快,但容易丢失细节,因此精度有待提升;另一类是 RCNN、Faster RCNN 等两阶段网络结构,这类网络虽然精度较高,但是处理速度相对较慢,往往难以满足自动驾驶实际环境的需求。针对不同情形的不同检测对象,如行人、车辆、车道线以及路侧标识等,都还需要更加深入的研究。例如,在实际行车过程中,超车或转弯时,在视觉范围内只能显示车的一部分,这给准确检测目标带来了较大挑战,这时就需要对前后多帧图像进行上下文信息的判断融合及目标跟踪。

图 11.9　自动驾驶中的目标检测实例

5. 自动驾驶中的语义分割

语义分割任务在自动驾驶领域有着非常重要的地位。在车辆行驶的视角下,道路环境中的许多目标,如道路、交通线、人行道和绿化带等,很难通过边界框来准确定义其位置。这时,就需要通过语义分割技术在采集的图像中逐像素点地识别出这些区域。图11.10是自动驾驶中对道路环境进行语义分割的示例图。不难发现,不同区域的像素被很好地区分并标识了出来。这对于车辆准确感知周边环境,实现更安全、平稳的自动驾驶有着重要意义。

实际的自动驾驶对语义分割的速度要求很高,这就需要当前语义分割技术在保证分割精度的前提下进一步提升分割算法的处理速度。例如,当前常用的 MINet 分割速度为 $20\sim80$ 帧/秒[10]。

(a) 实际图像   (b) 分割结果

图 11.10　自动驾驶中的语义分割实例

6. 自动驾驶中的点云数据处理

虽然二维图像的处理与识别能力在近几年取得了巨大的成功,但是当面临雨、雪、雾等恶劣天气时,受光线等干扰,光学传感器的成像质量会大大下降;此外,视觉传感器是三维目标映射到二维平面所获得的图像,损失了一维信息,因此通过感知算法难以获得障碍物的距离信息。综上,单一的视觉传感器很难满足自动驾驶系统中感知模块对安全性的要求。如图 11.11 所示,为了弥补这个不足,现有自动驾驶技术中广泛采用激光雷达获取环境的三维点云数据,然后根据点云数据进行环境感知与目标识别。通过这种方式弥补了二维图像缺乏距离信息且易受环境干扰的不足。同时,二维图像也可以提供点云数据所缺乏的色彩信息,实现高效的互补[11]。

图 11.11　3D 点云图像标注

7. 自动驾驶现状介绍

特斯拉公司在当今电动汽车市场上占据主导地位。特斯拉自动驾驶汽车中装配有八个摄像头和一个毫米波雷达。八个摄像头中包含一个三目前置摄像头,组合视野范围可达 360°,对周围环境的检测距离最远可达 250m。同时,特斯拉所配置的前置毫米波雷达的可视范围可达 160m,能够有效检测车辆所处环境的数据。摄像头获取的环境数据在经过视觉算法处理后,系统可通过深度学习网络等方法学习,从而达到全范围认知路况,增进系统控制精度的目的。

近几年,我国自动驾驶领域也取得了飞速发展,无人驾驶技术已经在很多地方得到了推广应用。疫情期间,无人配送机器人在消毒巡查、物流配送方面起到了关键的作用。比如,西安航天基地的京东无人配送车,通过遥控技术将衣物、菜和生活用品等送给需要的人,实现了全程无人员接触,极大程度减少了病毒的传播,为我国疫情防控做出了巨大贡献。

此外,无人驾驶出租车已经在我国部分城市完成试运营。百度、文远知行和小马智行等积极展开无人驾驶出租车的探索与尝试。2021年5月2日,如图11.12所示的百度无人驾驶出租车 Apollo Robotaxi 在北京首钢公园启动并运营。用户通过应用程序寻找附近的 Robotaxi,然后扫描二维码和健康码验证身份后即可使用。

图 11.12　百度无人驾驶出租车 Apollo Robotaxi

同时,我国作为互联网经济大国,庞大的物流需求也带来了对货运的巨大需求,催生出了无人驾驶货车。早在2018年双十一期间,由飞步科技自主研发的无人驾驶货车就在浙江地区上线,展开真实环境(包含城市、省道、县道、乡道、高速、隧道等)下的日常运营,成为行业内率先在真实环境下成功落地无人驾驶货运物流的商业公司。目前,我国区域货运物流已初步实现商业化落地,城配物流和终端配送处于测试阶段。

另外,环卫领域属于劳动密集型行业,成本高、过程乱和质量差等问题一直是环卫行业的痛点。无人驾驶清扫车通过自主识别道路环境,规划路线并自动清洁,可实现全自动、全工况、精细化、高效率的清洁作业。国内的无人驾驶清扫车的商业落地也已初现端倪。2017年9月11日,百度携手智行者推出如图11.13所示的国内首款无人驾驶环卫车,实现了我国无人驾驶环卫车的首次商用。

图 11.13　智行者无人驾驶环卫车

总的来说,随着计算机视觉与人工智能技术的飞速发展,自动驾驶取得了长足的进步,越来越多的产品应用于不同的实践场景中,为我们的生活带来了许多切实的便利。相信在未来,随着技术的积累与成熟,自动驾驶技术可以为人们带来更多意想不到的惊喜。

11.2 空对地监视系统

前一节介绍的智慧交通系统主要是地面对地面的观测与识别,物体所呈现的状态与人眼观察世界时的视角非常相近。要想获取地面更广的视角和更大的视野范围,就需要从更高处进行观测,这就是空对地的监视。常见的空对地监视有空基监视和星基监视。空基监视通常利用无人机等飞行器平台,采集地面目标图像;而星基监视则通过装载了高精度遥感采集设备的卫星,对地面进行观测。通过空对地的监视设备,可以获得更广的视野,实现更高效的观测与监视,在军事、农业等领域都有着广泛应用。但是,由于空对地系统所采集图像与目标域常规视角有很大不同,在俯视视角下物体典型特征也更不明显,对算法的鲁棒性也提出了更高的要求。本节分别从无人机监视和遥感图像识别两方面对空对地监视系统进行介绍。

11.2.1 无人机监视

无人机可实现高分辨率影像的采集,在弥补卫星遥感经常因云层遮挡获取不到影像的缺点的同时,解决了传统卫星遥感重访周期过长、应急不及时等问题。

1. 无人机监视在军事中的意义

对地面目标检测与识别是现代无人机的主要用途之一。装有高分辨率计算机视觉传感器的无人机在低空飞行时,可以采集高分辨率的地面图像,通过计算机视觉技术的分析,再结合图像预处理和特征提取过程,有效地识别图像中待检测的目标,能够为民用领域和军事领域提供可靠的服务。在民用领域,可以通过无人机实时准确地完成目标检测任务,如交通监控、自然灾害监测、野外救援、水电巡查、物质勘测、农业播种和工程监控等;在军事领域,可以利用无人机体积小、机动性高、成本低和携带方便等特点,提高军事侦察效率,更好地执行低空侦察、远程打击等高风险任务[12]。图 11.14 展示了我国自主研制的彩虹-5 无人机。

图 11.14　彩虹-5 无人机

下面将对无人机中用到的计算机视觉关键技术进行分析和介绍,包括无人机视角下的目标检测、目标跟踪,以及军用无人机中的光电侦察、监视系统。

2. 无人机视角下的目标检测

在无人机的诸多应用中,不论是军事上的侦察监视,还是民用领域的交通监控和自然灾害监测,都需要准确理解画面中的场景。而要实现这个功能,需要准确检测并识别图像中的目标。

无人机采集图像并进行检测的可视化结果如图 11.15 所示。不难发现,由于无人机飞行高度较高,所以无人机影像中的潜在目标普遍较小,且大范围拍摄造成的尺度差异悬殊,很多已在常规数据集上验证有效的深度学习方法难以直接使用。针对这个问题,很多研究根据无人机影像特点改造现有深度学习模型,通过更优的空间金字塔、跨层特征融合等结构实现从度特征图内有效获取多尺度空间信息,提高小目标检测精度[13]。

图 11.15 无人机视角下的目标检测与跟踪效果图[13]

此外,因为无人机采集图像时视野更大,所以图像中覆盖的场景区域更多、通常背景更复杂。在这种情况下,待检测物体的显著性较低,更容易受到背景环境的干扰而难以准确检测。针对这个问题,许多方法应用注意力机制[14],突出重要的前景目标,弱化无关的背景特征,从而更好地对关键区域进行目标检测。

3. 无人机视角下的目标跟踪

基于无人机视觉技术的动态目标跟踪能力是无人机自主完成任务的基础之一,只有无人机能够识别到目标物并能够进一步跟踪,才可能完成接下来更高难度的任务。基于视觉的目标跟踪作为当前最活跃的研究课题之一,可以辅助无人机在不同类型的应用场景中实现自主飞行。虽然最近几年众多的视觉跟踪算法被提出,但由于对象的光照变化、尺度变化、遮挡、形变、运动模糊、平面内旋转、超出视野、背景杂斑和低分辨率等问题的干扰,加上无人机面临机械振动、风扰动和快速飞行等不可避免的实际情况,通过机载视觉系统跟踪任意 2D 或 3D 对象仍然是一个具有挑战性的任务。

传统的无人机视觉目标跟踪首先对图像中感兴趣的区域建立模型,然后利用目标数学模型来获得后续图像序列中目标物的位置信息,最后进行无人机的运动控制。如何在多重干扰因素下根据无人机拍摄得到的视频数据对任意对象或者区域进行追踪,已成为国内外各大院校和科研单位的研究热点,在重要的国际会议(如 CVPR、ECCV、ACCV)和国际期刊(如 TPAMI、IJCV)中目标跟踪都是主流的研究内容之一。此外,在世界范围也举办了众多无人机视频序列跟踪比赛,如 VisDrone 挑战赛[15]等。

11.2.2　遥感图像识别

由于遥感图像具有探测视野宽、覆盖范围广的特点,被广泛用于军事监视与目标识别。

1. 遥感图像概述

遥感是指非接触、远距离的探测技术。该技术运用现代光学、电子学探测仪器,能够在不与目标物接触的情况下,远距离记录目标物的电磁波特性,进而通过分析、解译以揭示出目标物本身的特征、性质与变化规律。在遥感监视中,合成孔径雷达(Synthetic Aperture Radar,SAR)图像和光学遥感图像占据着重要地位。下面分别介绍这两种不同的遥感图像。

合成孔径雷达是在 20 世纪 50 年代由美国 Goodyear 宇航公司的 Carl Wiley 提出并开始发展起来的,其原理是通过载体(飞机、卫星等)的运动形成大孔径的雷达虚拟天线阵列,然后通过相应成像算法将接收到的无线电波散射特性转变成雷达图像数据,从而获取高空间分辨率和高方位分辨率的二维目标图像。自 1978 年第一颗合成孔径雷达卫星成功发射以来,随着 SAR 技术的不断发展及在军事领域和国民经济领域中日益广泛且有效的应用,对 SAR 图像的目标识别研究也越来越受到国内外学者的关注[16]。

随着成像技术的进步,多种多样的商业化光学遥感卫星也逐步投入使用,如美国的"地球眼"(GeoEye)卫星、"快鸟"(Quickbird)卫星和世界观测(Worldview)卫星,法国SPOT 卫星系统的"高分"系列卫星等。这些卫星采集了大量光学遥感图像,极大促进了遥感监视技术的发展与应用。相较于 SAR 图像,光学遥感图像通常具有更高的分辨率,可提供观测目标的清晰空间纹理信息,且更符合人眼的视觉观察习惯,图像内容易于解读。但是,其易受到自然天气影响,难以提供全天时、全天候的监视[17]。

利用计算机视觉技术对 SAR 图像和光学遥感图像进行处理与分析,可以自动识别目标,对相应区域进行自主监视。且由于遥感图像视野宽、覆盖面广,因而可以实现对国土的广域监视,在空对地监视领域有着重要应用。下面将分别介绍 SAR 图像与光学遥感图像的具体应用案例。

2. SAR 图像目标检测

SAR 图像具有全天候、全天时、不受天气影响等成像特点,是目前人们对地观测的重要手段之一。

1) SAR 图像船舰目标检测

我国拥有约 300 万平方千米的海域面积,是世界上的海洋大国之一,海洋资源丰富,海事活动频繁。同时,我国在海上与多个国家接壤,国际形势与地缘政治错综复杂。因此,为了维护我国海域安全,保障海洋经济健康发展,需要对海域进行有效监视。SAR 系统凭借视野大、覆盖广、全天候的特性,成为这个领域的主要力量。

近些年,随着 SAR 成像技术的快速发展,在海洋舰船目标检测领域,SAR 技术已经可以提供较成熟且语义信息丰富的高分辨率 SAR 图像,如图 11.16 所示。当前,高分辨率星载 SAR 系统的空间分辨率甚至可以达到 1m 左右,这意味着在 SAR 图像中,不同尺寸舰船的可检测性与可识别性提高。此外,不同舰船结构的细节差异可以在高分辨率 SAR 图像上被区分出来。

图 11.16　有舰船目标的 SAR 图像

面对复杂的海洋环境,SAR 系统的成像除了受到自身参数的影响,还不可避免地受到电磁散射、海杂波和地物干扰等其他干扰因素的影响,为舰船的检测带来了许多困难。早期的 SAR 图像目标检测主要依赖以人工设计特征模型为主的方法。近几年,随着深度学习的兴起,卷积神经网络在 SAR 图像检测中也发挥了越来越重要的作用,并取得了较好的效果。但是,其在具体应用中也面临许多挑战。

2) 基于深度学习的 SAR 目标识别的挑战

凭借计算机技术不断发展而带来的强大算力支持,深度学习算法模型为 SAR 目标识别提供了实践基础。但是,基于深度学习的 SAR 图像识别依旧面临着不小的挑战。

(1) 小样本问题。深度学习的应用一般依赖大数据量,然而实际应用中 SAR 图像很难获取,难以满足学习所需的样本量,所以如何构建一个能够很好应用于小样本 SAR 图像问题的深度学习模型是一个重要挑战。

(2) 网络结构及参数设计问题。深度学习模型参数众多,如何获取性能良好的参数值是一个耗时费力的过程,并且网络结构的不同也会影响训练的效果,所以如何智能化地解决关键参数寻优及网络结构问题也是深度学习用于 SAR 目标识别所面临的挑战。

(3) 实际应用问题。SAR 图像具有平移敏感性、姿态敏感性、强度敏感性,以及由此引起的相干斑噪声敏感性和遮挡敏感性,这些因素在 SAR 图像目标识别的实际应用中都会对算法性能产生影响。所以如何设计一个鲁棒性强的算法,以适应复杂的 SAR 图像具有极大的挑战性。

3. 光学遥感监视

得益于卫星技术的发展,现代航天光学遥感技术对地观测能力获得了大幅提升,获取到的遥感数据质量不断提高,遥感图像处理技术的实际应用价值有着显著的增加。

1) 船舶检测

相比于合成孔径雷达图像,光学遥感图像分辨率高、噪声小,其中船舶目标的结构纹理信息也更加清晰,更利于检测中船舶特征的提取和分析。在遥感领域,基于光学遥感卫星图像的船舶目标检测得到了广泛的关注。

与普通光学图像相比,光学遥感图像包含的信息数据量大、复杂度高,这些特点提高了光学遥感图像中船舶检测难度,使用传统检测方法需要人工设计模型的特征和参数,并且往往只能有效提取到遥感船舶的浅层特征,导致检测结果准确率低。相比于传统的目标检测方法,基于深度神经网络的船舶检测可以从遥感图像中学习到更丰富、更高级的船舶语义特征,在多场景中具有更强泛化能力。光学遥感图像中船舶存在多尺度、小目标、密集和背景复杂等特点,这对基于深度神经网络的光学遥感船舶检测也是极大的挑战,如何针对不同场景的光学遥感船舶图片的特性,设计最适用的模型也是当下的研究热点。

2) 飞机检测识别

在各国越来越重视制空权的背景下,为确保制空权不受到影响,对以机场停泊飞机为代表的高战略价值目标的检测识别是目前高分辨率遥感领域研究的热点,其发展对军事和民生应用均有着重要意义。在军事领域,对各种军用飞机如战斗机、运输机或加油机的状态进行准确检测,可据此对敌方军事动态进行评价分析,对战场预警提供支持,同时也为制空权区域的军事部署起到支持作用,为国土安全提供有力保障;在民生领域,基于遥感图像对飞机目标的检测识别可为航空交通管制提供有力技术支撑,通过分析机场停泊飞机数量位置以及历史信息等,可以科学安排航班、进出港路线及停泊位置,这对于提高机场监控效率,提升机场自主化管理水平等有着重要意义[18]。图 11.17 所示是四种典型停泊飞机的遥感图像。

战斗机 运输机 加油机 客机

图 11.17　四种典型停泊飞机的遥感图像[18]

基于空基光学遥感图像中丰富的细节信息,可有效获取目标的灰度、几何形状、尺寸等方面特征,对提高飞机目标识别准确性有重要意义。不同分辨率下的停泊飞机目标遥感图像如图 11.18 所示。虽然空基观测角度下获取的图像具有空间分辨率高、视场大等优点,但是飞机检测识别依旧面临不小的挑战。一方面,不同种类飞机间外形、轮廓等高度相似,相互之间区分度较低,属于典型的细粒度分类问题,要在空基视角下准确识别不同型号的飞机仍然具有较大挑战。另一方面,飞机自身的外观、涂鸦等也具有较大的变化,这导致其在高分辨率图像中纹理特征、形状特征和颜色特征等存在明显的多样性,常规的特征提取方法难以对飞机的光学特性实现详尽准确的描述。总的来说,如何在复杂环境中获取的光学遥感图像中快速、准确地检测飞机目标仍是目前研究的热点与难点。

 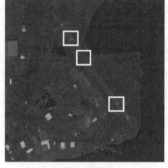

(a) 高分辨率　　　　　　　　　　　(b) 低分辨率

图 11.18　不同分辨率下的停泊飞机目标遥感图像[18]

3) 场景分类

遥感图像场景分类技术广泛地应用在城乡规划、自然灾害处理和森林资源调查等领域,如何快速高效地进行遥感图像的场景分类已经成为遥感图像领域的重要研究内容[19]。UC-Merced 数据集是场景分类工作中常用的数据集,部分示例如图 11.19 所示。

   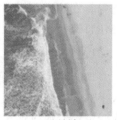

(a) 农田　　　　　　(b) 飞机　　　　　　(c) 棒球场　　　　　　(d) 沙滩

图 11.19　UC-Merced 数据集图像示例[19]

不同场景往往具有不同的特征,很多分类方法会根据不同场景的图像具有的不同特征进行分类,因此能否有效地提取特征决定了场景分类模型的性能。传统的人工提取特征的方法针对场景的特点显式直观地设计特征实现分类。由于高分辨率遥感图像中含有丰富的信息,人工难于设计对各种各样场景都有判别力的特征,且人工提取特征的方法往往具有一定的局限性,基于人工提取特征的分类模型的泛化能力和准确率仍然有很大的提升空间。随着深度学习的方法的迅速发展,越来越多的学者使用神经网络进行迁移学习,将在大规模图像数据集上训练好的深度卷积神经网络迁移到遥感图像数据集中,并在遥感图像场景分类任务中取得了一定成功。

11.3 医学图像诊断

　　随着现代医学的发展,医学影像已成为当前组织病变或损伤检查的关键手段,为疾病的诊断提供可靠的可视化信息。医生利用所获取的组织影像辅助诊断和治疗,极大地提高了病变诊断的有效性和及时性。随着图像处理技术的发展应用,计算机辅助诊断系统的出现在一定程度上提高了医疗诊断的可靠性,简化了诊断流程。近年来,人工智能技术的发展,特别是深度学习的应用,为计算机辅助诊断系统智能化提供了可能,有望进一步提高诊断速度和诊断准确性,进而为病人提供更好的个性化治疗方案。此外,计算机智能辅助诊断系统还能弥补医生人工诊断的不足,有效降低误诊率。11.3.1节从常见的医学图像类型入手介绍常见的医学图,11.3.2节介绍骨折诊断、肝肿瘤识别和脑肿瘤分割等常见的医学图像应用,11.3.3节展示了计算机视觉技术与医学图像在近几年新冠防疫中的应用。

11.3.1　常见的医学图像类型

　　医学图像是指为了医疗或医学研究,对人体或人体某部分以非侵入方式获取的内部组织影像。几十年来,随着成像技术和图像处理水平的发展,医疗设备的成像清晰度和成像分辨率获得巨大提升,为医生准确诊断病灶提供了基础。临床中的医学影像包括医学成像系统和医学图像处理两个相对独立的系统。前者是指图像形成的过程,包括对成像机理、成像设备、成像系统分析等问题的研究,本书暂不讨论;后者是指对已经获得的图像做进一步的处理,为临床诊断提供更清晰的图像,或者突出图像中的某些特征信息等。在这些图像中常见的数据有 X 射线、电子计算机断层扫描(CT)、核磁共振(MRI)等。

　　1. X 射线

　　1895 年,德国物理学家伦琴在从事阴极射线的研究时发现了 X 射线,并拍下了他夫人手部骨骼的 X 射线图像,这也是人类历史上第一张 X 射线医学图像。自此之后,许多科学家探究如何将 X 射线用于医学领域。拉塞尔·雷诺兹制成了第一台 X 光机,它使人类得以在没有切口的情况下,观看人体内部结构。

　　X 射线穿越人体不同组织结构时受到的吸收程度不同,如骨骼吸收的 X 射线量比肌肉吸收的量要多。因此,X 射线穿越人体后,根据其在不同区域的强度,在荧光屏上或摄影胶片上引起的荧光作用或感光作用的强弱就有较大差别,因而将显示出不同密度的阴影,通过这种方式就可以观察到人体不同部位的结构状态。X 射线最常见的应用之一就是观察人体骨骼状态,可以让医生更直观地了解患者骨骼是否完好,判断是否存在骨折、骨头错位、脊柱弯曲等疾病。此外,X 射线也广泛用于肺结核检测、消化道造影等任务。图 11.20 展示了人体胸部和手部的 X 射线图像。

　　2. CT

　　由于人体内部分器官对 X 射线的吸收差别极小,通过 X 射线很难发现前后重叠的组

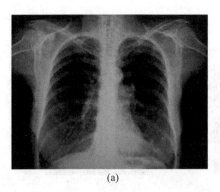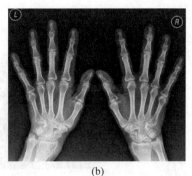

(a)   (b)

图 11.20   人体胸部和手部的 X 射线图片

织的病变。1967 年,英国工程师亨斯菲尔德制作了一台能够加强 X 射线放射源的简单扫描装置,即后来的 CT,用于对人的头部进行实验性扫描测量。之后,他使用这种装置测量人体全身,同样取得了效果。1971 年,亨斯菲尔德与一位神经放射学家合作,在伦敦郊外的一家医院安装了他设计制造的装置,开始对病人头部进行检查。1972 年 4 月,亨斯菲尔德在英国放射学年会上首次公布了自己研发的 CT 机,如图 11.21 所示,正式宣告了 CT 的诞生。

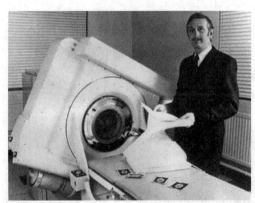

图 11.21   亨斯菲尔德 1971 年研制的世界上第一台 CT 机

CT 是用 X 射线束对人体某部一定厚度的层面进行扫描,由探测器接收透过该层面的 X 射线,转变为可见光后,通过光电转换将其变为电信号,最后转为数字信号输入计算机进行处理,从而获得检查部位不同层面的影像。由于 CT 是对组织部位进行断层成像,故 CT 相比 X 射线可更好地对组织内部进行成像展示,便于发现组织的细小病变。图 11.22 展示了人体脑部和腹部的 CT 图像。

3. 核磁共振

1973 年,物理学家保罗·劳特伯尔开发出了基于核磁共振现象的成像技术,依据所释放的能量在物质内部不同结构环境中不同的衰减,通过外加梯度磁场检测所发射出的电磁波,即可得知构成这一物体原子核的位置和种类,据此可以绘制成物体内部的结构图像。由于人体各种组织含有大量的水和碳氢化合物,氢核的核磁共振灵活度高、信号

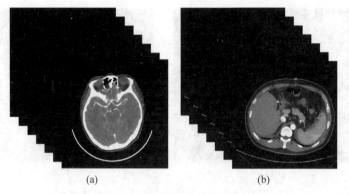

(a)　　　　　　　　　　　　(b)

图 11.22　人体脑部和腹部的 CT 图像

强,故将氢核作为人体成像元素,核磁共振成像的"核"即为氢原子核。由于核磁共振是基于磁场成像,没有放射性,故被广泛应用于各类骨骼相关的软组织诊断,但相对于 CT 和 X 射线而言,其扫描费用更贵,禁忌也相对多一些。影响核磁共振影像结果的因素较多,主要包括质子的密度、弛豫时间的长短、血液和脑脊液的流动、顺磁性物质以及蛋白质,故核磁共振扫描利用这些差异性对不同的组织结果进行成像显示。图 11.23 展示了人体脑部和脊柱的核磁共振图像。

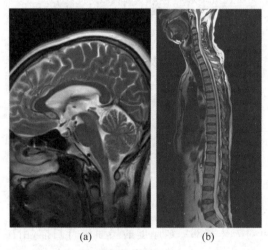

(a)　　　　　　　(b)

图 11.23　人体脑部和脊柱的核磁共振图像

11.3.2　常见的医学图像应用

随着精准医疗概念的提出,医学影像在各项诊断段中发挥的作用越发凸显。本节以骨折诊断、肝肿瘤识别和脑肿瘤分割等常见的医学图像应用为例,介绍视觉技术在 X 射线、CT 和核磁共振医学图像中的应用。

1. 骨折诊断

骨折是一种高发性、并发性疾病,往往发生较为突然,且对诊断速度和精度有较高要求。若诊断不及时、不准确,则无法尽快对骨折部位实施相应的处理措施,进而可能造成愈后困难等情况。X射线在骨科应用非常广泛,具有操作简单、出片快速和成本低廉等优点,因此成为骨折诊断的首选方法。

在人体各骨折部位中,许多部位关节联结繁杂,X射线下的检测和诊断容易受到拍摄角度、图像质量等因素的影响。图像处理技术,特别是基于深度学习的端到端图像处理技术,有效提高了医学图像成像质量,越来越多的研究人员开始关注深度学习技术在医学辅助诊断中的潜在能力。在一些特定部位的图像增强、图像恢复等方面已取得了较为不错的成就。具体应用方面,为减少X射线对患者扫描的加载,通过采用低剂量X射线或快速照射进行成像,然后通过已训练的图像增强模型进行处理[20],即可获得清晰的全剂量X射线图像,如图11.24所示。

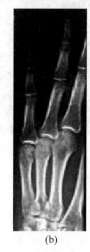

(a)　　　　　　　(b)

图11.24　人体手部的X射线图像的数据增强示例(图(b)为增强后的图像)

由于当前的深度学习模型大多采用监督方式进行训练,而医学图像的标注需要专业医生花费大量时间和精力,当前对于复杂部位的辅助诊断离专业医生的诊断结果仍具有较大差距。此外,人体各个组织部位成像形态的多样性和医学扫描成像质量的差异性,为深度学习网络的训练进一步增加了难度。

2. 肝肿瘤识别

肝癌是致死率最高的癌症之一,根据世界卫生组织的统计,2020年全球肝癌新发病例约90万例,中国约占46%,超过41万例;全球肝癌死亡病例约83万例,中国约占47%,超过39万例。也就是说,全世界将近一半的肝癌患者都来自中国,中国俨然已成为一个"肝癌大国"。目前肝癌的治疗方式主要以切除肝肿瘤为主,而了解肿瘤的大小、形状、位置是肝肿瘤切除手术的第一步。因此,从肝中准确识别肿瘤十分重要。

肝肿瘤分割是医学图像处理中的一个热点问题,其主要包括三个难点:一是肝肿瘤与正常肝组织灰度差异较小。如图11.25(a)所示,白框内为肿瘤所在区域。在CT图像中,肿瘤区域和正常区域呈现的灰度值非常接近,这给准确识别肿瘤区域带来了挑战。二是肝肿瘤边缘较为模糊,如图11.25(b)所示,准确分割出肿瘤区域十分困难。三是肝肿瘤形状大小差异很大,且大部分较小,如图11.25(c)所示,这会影响卷积神经网络准确提取肿瘤特征的过程[21]。

为了解决上述问题,在识别、分割肝肿瘤区域的过程中,需要充分利用图像的浅层细节信息和空间位置信息,以更好地识别肿瘤区域的边缘。同时,还需要通过多尺度学习的手段,提取不同肿瘤形态的多尺度特征以进一步提高模型训练的有效性。众所周知,医学图像标注极其烦琐且专业化要求程度高,而实际临床诊断过程中的各肿瘤形态不一,依靠有限的标注数据训练所获得的模型难以满足实际诊断需求,故通常还需引入数据扩充策略对训练数据进行扩充,提高模型训练的鲁棒性。常见的数据扩充包括旋转、翻转、随机剪切、加噪等。

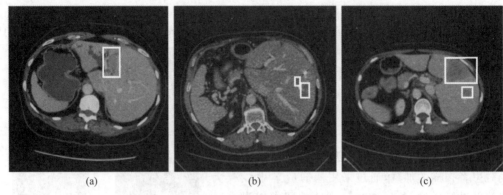

图 11.25　肝肿瘤图像示例[21]

3. 脑肿瘤分割

脑肿瘤是常见的恶性肿瘤之一,其致死率较高,目前只有通过手术或放疗来治疗。因此,脑肿瘤的早期诊断对于改善患者的病情至关重要。核磁共振成像可以帮助医生观察到病人大脑内部的情况,迅速地确定病灶的区域。然而,由于脑肿瘤结构复杂,具有不同的亚结构区域,通过核磁共振扫描得到的影像也存在各不相同的差异性,很难区分肿瘤和正常组织的边缘连接部分。目前,通常由影像科专家手动标注来对肿瘤区域进行分割,但这种方式极其耗时且可能存在误差,从而影响了进一步的医疗诊断。因此,人们对计算机辅助诊断的技术进行了深入研究,希望通过人工智能的方法来实现更加高效精准的医学诊断。

具有侵蚀性的神经胶质瘤是最难治疗且死亡率极高的脑肿瘤病症。约 20% 源自神经胶质细胞的肿瘤为恶性肿瘤,其中仅有 5% 被诊断为恶性肿瘤的病人在确诊五年后仍然可以存活[22]。胶质瘤有着特殊的病理学特征,并且成像时会产生伪影,相邻的亚结构之间的边界也比较模糊,这为精确的分割带来了众多挑战[23]。

为了实现对脑肿瘤准确分割,需要在解决扫描的强度不均匀性的基础上,提高多尺度上下文信息的学习能力。同时需要加入对特定区域有用的显著特征的获取,减少冗余信息的干扰。由于脑部组织的复杂性,在进行脑肿瘤分割过程中通常会使用多模态序列的方法,提高对病灶组织和正常组织的区分性能。如图 11.26 所示,利用 T_1 和 T_2 两种模态的 MRI 作为模型输入,共同学习病灶位置和形态。

4. 新型冠状病毒感染辅助诊断

新型冠状病毒(COVID-19)传染性强、隐蔽性高、潜伏期长,是一种烈性呼吸道传染疾病。它可以通过多种途径传播,主要依靠呼吸道飞沫传播和接触传播,隐性感染者也可能成为传染源,病情严重时可引起严重的急性呼吸或多器官功能性衰竭。为了提高疫情防控效率,研究人员也在不断探索如何利用计算机视觉技术实现新冠病毒感染的自主快速准确诊断。

在新冠病毒感染的医学影像诊断方面,需要专业放射科医生对检查结果进行详细观

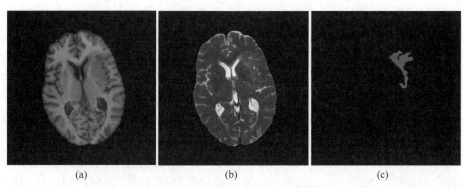

图 11.26　脑部 T_1、T_2 以及对应的肿瘤分割结果图

察,才能确定患者的患病情况。然而在许多医疗资源匮乏的地区,往往比较缺乏专业的放射科医生以对影像进行判断。并且由于新冠病毒感染者的影像结果和普通肺炎的检查结果在视觉上较为相似,如果医护人员没有接受过相应的训练或拥有一定的阅片经验,很难判断患者是否感染新冠病毒。即使对于专业的放射科医生来说,每天大量的医学影像结果判断任务对其精力也是很大的挑战,一定程度上可能会降低其对新冠病毒感染的诊断准确率和效率。

使用核酸检测的方式具有等待时间长且检出率低的缺陷,而 CT 影像(图 11.27)作为肺炎的常规诊断工具则有助于患者筛查以及病情评估。由于不同类型肺炎具有多种感染区域和相似的影像学特征,利用 CT 影像人工筛查病灶区域充满挑战。此外,由于新冠病毒感染者的病情在短期内会发生迅速变化,因此需要多次 CT 复检才能对病情有较为清晰的了解,而大量 CT 影像的筛查工作将带给医生更加繁重的工作。因此,研究基于 CT 影像的辅助诊断方法将有助于减轻医生的工作量,并提高工作效率[24]。

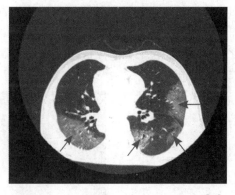

图 11.27　新冠病毒感染 CT 影像示例[24]

将计算机视觉技术引入新冠病毒感染的 CT 影像辅助诊断系统中,可以充分发挥CT 影像的潜力,并能够开展更多临床研究,这对帮助治疗新冠病毒感染具有重要意义。具体来说,基于计算机视觉技术的 CT 影像辅助诊断主要包括分类任务和分割任务:分类任务主要是对患者所患的疾病类型进行确认,鉴别出该患者是否感染新冠病毒;分割任务则是对肺部病灶区域进行定位。

分类作为新冠病毒感染辅助诊断中的关键任务,主要是根据胸部 CT 影像对疑似新冠病毒感染者提供快速、精确的判断。就基于 CT 影像的患者筛查来说,以新冠病毒感染者为主要关注目标,主要包含两类分类目标:一类是肺炎患者与非肺炎患者,另一类是肺炎患者中的新冠病毒感染者和其他肺炎患者。新冠病毒感染与其他病毒性、细菌性或社区获得性肺炎具有相似的影像学特征,尤其是病毒性肺炎,影像医师对其识别非常困难,新冠病毒感染者与其他肺炎患者的鉴别对于加速临床实践中的筛查具有显著意义。目前,国内外学者研究的基于 CT 影像的新冠病毒感染分类方法所表现出的结果准确率较高,对新冠病毒感染的分类方法的研究有助于疾病的早期发现,并能够协助影像科医师解决诊断结果的不确定性问题。

分割是新冠病毒感染评估和量化分析中的关键任务,主要是对胸部 CT 影像中的肺、肺叶、支气管肺段、感染区域或病灶区域等重要区域进行标记勾画。可对分割出的区域进一步提取手工或自主学习的特征,用于分类诊断和其他应用。目前主要包括两类分割方式,即面向肺部区域的分割方式和面向肺部病灶的分割方式。面向肺部区域的分割方式旨在将 CT 影像中的肺部区域和背景区域分离,即全肺和肺叶的分割,通过这种方式可以进一步计算出肺部和肺叶的感染率。面向肺部病灶的分割方式旨在从肺部区域中分割出肺部病灶,由于病灶区域可能很小,并且具有多种形状和纹理,而关注病灶区域可以有效改善新冠病毒感染的诊断结果,因此定位病灶区域是必需的。如图 11.27 所示,方框内的灰色区域表示病灶区域。

尽管对于新冠病毒感染最有效的识别方法主要是核酸检测和胸部 CT 检测,但 X 射线检查设备在各地医院已广泛普及。在临床实践中,通过结合临床症状和体征,X 射线图像检测被认为是识别新冠病毒感染更高效、更安全的方法。如图 11.28 所示,X 射线图像也拥有较多新冠病毒感染者的病灶信息,能够应用在新冠病毒感染的跟踪和后期治疗[25]。因此,X 射线图像检测方法在限制新冠病毒传播以及治疗肺炎的过程中起着至关重要的作用。

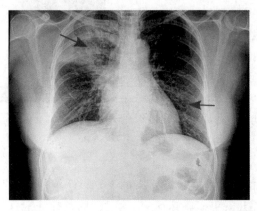

图 11.28　新冠病毒感染者的肺部 X 射线图像[25]

虽然目前对于常见疾病的医学图像分析和自动识别相关研究已经相对成熟,通过对疾病图像特征的提取识别可以较为有效地对常见普通疾病进行分析,但由于对于新冠病毒感染有着图像样本少、数据场景复杂、与病毒性肺炎重叠的放射学特征等,传统的用于医学图像分类的诸多计算机视觉方法会出现识别结果不准确和检测速度慢等问题。如何对来源众多且图像数量稀少的新冠病毒感染数据集进行图像特征的提取,并做到准确快速地对新冠病毒感染进行识别,是当前新冠病毒感染识别和诊断研究中重点与难点。

本章小结

  计算机视觉作为一门应用型学科,在诸多领域都得到广泛应用,极大地改善了我们的生活。在交通领域,计算机视觉技术可以用于智慧交通系统,促进交通监视等技术的自主化;在国防领域,计算机视觉技术可以实现对国家领土更高效的监视与保障;在医学领域,计算机视觉技术可以辅助医护人员进行医疗诊断,尤其是在新冠病毒肆虐的大背景下,基于计算机视觉技术的医学应用为防疫工作的推进做出了巨大贡献。随着计算机视觉技术的发展,我们坚信,未来在交通监管、国防安全、医疗健康等领域会有更多的智能化应用,为保障国家安全、人民健康以及生活便捷提供技术支撑。本章通过这些具体应用案例,展示了计算机视觉技术的实践价值。读者可以基于本章所提及的应用案例进行思考与探索,尝试将所学的知识用于更多现实场景,做到学以致用,融会贯通。

习题

  1. 从身边寻找一个计算机视觉应用的具体案例,介绍其应用了何种计算机视觉算法,并分析其优劣,同时设想进一步改进和优化的方案。

  2. 设计一个简单的计算机视觉应用系统。比如利用 PyQt 框架搭建系统界面,基于轻量化的 YOLO 算法,在校园中进行行人检测。

  3. 查阅相关文献,了解计算机视觉在医学图像处理的其他领域的应用,并完成不少于 800 字的报告。

参考文献